アイリアノス

動物奇譚集 1

西洋古典叢書

魚づくし海のにぎわい

（ポンペイ出土モザイク、ナポリ国立考古学博物館所蔵。
Credit：Carole Raddato / Flickr / CC BY-SA 2.0）

マングースとコブラ

（ポンペイ出土モザイク、ナポリ国立考古学博物館所蔵。提供：Bridgeman Images / アフロ）

凡例

一、本書はアイリアノス『動物奇譚集』の全訳である。底本は M. G. Valdés, L. A. L. Fueyo, L. R.-N. Guillén, Clavdivs Aelianvs de natvra animalivm. Berlin/ New York 2009 (Teubner) であるが、これに関する注意点は解説に記した。

二、従来標準テクストとされてきた Hercher 版と章番号が異なる場合、Hercher 版の番号を（ ）で示した。

三、各章の題は原文になく、訳者が試みに置いたものである。

四、底本の読みについて問題のある箇所は〈 〉で囲み、簡単な説明を付した。但し、大意に影響を及ぼさない校異はいちいち記さない。

五、註に回すまでもない言い換えと補いは（ ）で示した。

六、固有名詞の母音の長短は原則として示さないが（ホメーロスでなくホメロスとする）、慣用や語感を考慮して音引きを残した場合も少なくない。

七、ϕ, θ, χ の音は π, τ, κ の音として扱った。

八、撥音（ペロポンネソス等）、促音（カッリマコス等）を用いたが、アポロン（及びその派生語）とアキレウスには「ッ」を加えない。

九、本訳書は二分冊とし、地図・度量衡単位の説明・章番号対照表は両冊に掲げ、博物学索引・固有名詞索引・典拠索引は「2」に纏めた。

目次

第二巻

第三巻

第四巻

第五巻

第六巻

第八巻

第九巻

動物奇譚集　1

中務哲郎　訳

序

人間ならば賢くて正義を守り、我が子には細心の、両親には最適の心配りを致すこと、生きる糧を自分で求め、悪巧みから身を守ること、その他自然が与えてくれる限りの才能を備えていることは何ら不思議とするにあたらぬでしょう。何しろ人間は何よりも貴重な言葉を授けられていますし、限りなく有能で有益な論理的思考を賦与されているのですから。その上、人間は神々を畏れ敬うことも知っています。しかし、もの言わぬ動物たちも生まれつき何がしかの美質を備えており、〈自分で判断して選び取ったものではないにしても〉[1]人間の卓越性を驚くほどたくさん共有しているのは、これはもう大したことなのです。そして、それぞれの動物に備わる特性を的確に知り、動物のことも人間のことに劣らず研究されて来たことを知ることは、教養を積み多くを学んだ知性にふさわしいことなのです。

さて、この問題については他の人々によっても研究がなされて来たことをよく承知していますが、私としてはできる限りの材料を集め、それに日常的な言葉を纏わせて、決してなおざりにはできない家の宝を作り上げたと信じています。もしこれを有益そうだと思って下さる方には利用していただけばよいし、そうお思いにならぬ方は、大事に扱うよう父上に託して下されば宜しい。全てのものが全ての人に結構なわけではないし、全ての人が全てのものを研究に値すると思うとは限らないのですから。私は数多くの一流の学者の後に生まれて来ましたが、私もまたこれまで以上の発見と表現の故に注目に値する学問成果を世に問うことを得たのなら、たまたま後の時代の人間だというだけで私への賞賛が翳ることのないようにと願っています。

註 （1）このように訳すには無理のある語法故、Hercher はこの部分を削除。

第一巻

一　ディオメデイア島の迎え鳥

ディオメデイアという島には多数の水薙鳥《ミズナギドリ》(1)が棲息している。人々の言うところでは、この鳥は異国人には危害を加えぬ代わり近づきもしないのだが、ギリシアからの旅人が上陸すると、霊感のようなものが働くのか、翼を両手のように広げて近づいて行き、歓迎の意をこめて抱擁する。ギリシア人が撫でても逃げず、じっと動かずにされるがままであるし、座った人の膝の上に止まるのは、まるで饗応に招かれたかのようである。この鳥はディオメデス(2)と共にトロイア攻撃に参加した戦友で、元の本性を変えて鳥の姿になっても、ギリシア人でギリシア人好きであることを今も留めている、と伝えられている。(3)

註　(1) 原語 erōdios はふつう青鷺を指すが、ここでは水薙鳥とされる。(2) ホメロス『イリアス』で活躍する、アキレウスに次ぐ英雄。後年南イタリアに渡り、ダウヌス王より娘と領土を与えられ、その地で死んで、彼の名を冠する島（イタリア東海岸沖、トレミティ諸島の一つ）に葬られた。(3) この話はカリュストスのアンティゴノス（前三世紀）『驚異集』一七二（Keller 版）に見える他、ディオメデスの部下の鳥への変身はウェルギリウス『アエネイス』一一-二七一以下、オウィディウス『変身物語』一四-四五七以下、アントニヌス・リベラリス『変身物語集』三七、他でも語られる。

二　武鯛《ブダイ》の色欲

武鯛は海藻や石蓴《アオサ》を餌にするが、魚類中最も性欲が強く、雌に対する飽くなき欲望が仇となって捕獲される。腕の良い漁師はそのことをよく知っているので、こんな風に仕掛ける。雌の武鯛を捕まえたら、エスパルト(1)製の細い釣糸を口先に括りつけ、海の中を生きて泳いでいるように引っぱってゆく。武鯛の寝床や餌場、集まる場所は先刻承知だ。漁師たちは、引く力が重く形は円形、長さは三ダクテュロスの重い鉛を作っておき、両端から糸(2)で繋ぎとめて、囮《おとり》に捕まえた魚を引っぱってゆく。そして、釣船の乗組の一人が口の広い筌《うえ》を船べりに取り付け、それを囚われの武鯛の方に向けておく。その筌は頃合いの石で少し重くしてある。すると、雄どもは色っぽい娘を目にした若者たちのように、逆上して追いかけ始め、てんでに一番駆けをして、雌に近づき身を擦りつけようと焦るのは、恋に狂った人間が口づけとかいちゃつきとか、果ては秘密の情事を物にしようとするのと異ならない。そこで漁師は、雌を優しく慎重に導きながら、悪巧みを胸に機を窺い、謂わば愛人と求愛者たちを一網打尽に、筌へと直行させる。即ち、雄どもが筌すれすれまで来ると、漁師はかの鉛を筌の中に落としこむ。鉛は釣糸と共に沈みつつ雌を引っぱりこむ。すると雄の武鯛も一緒になだれこみ、捕まってしまうが、こうして情欲の罰を受けるわけである(3)。

註 (1) エスパルト(スペイン語)はイネ科のアフリカハネガヤで、紐、籠、粗布等の材料。(2) ἐξ ἄκρων (エクス・アクローン)を「両端から」と訳したが、何の両端か訳者には分からない。(3) オッピアノス『漁夫訓』四-七五以下に同じ漁法が歌われる。

三 ケパロスの節制

ケパロスは沼沢地に棲む魚で、食欲を抑制し、極めてつつましい生き方をすると信じられている。というのは、生きているものを襲うことがなく、全ての魚と平和的な関係にあるからである。もしも横たわっている魚に出会ったら、それはケパロスの食い物になる。それでも、尾鰭で突っついてみるまでは食いつかない。相手が動かなければ餌にするが、動くようだと引き下がるのである。

註 (1) 鯔《ボラ》の一種。アリストテレス『動物誌』五四三b一四以下に、鯔(kestreus)の類として khelōn(クチビル)、sargos(タイ)、muxōn(ベト)、kephalos が列挙される。kephalē(頭)から作られた呼称である。(2) 沼沢地と訳した helos はナイル・デルタなども指すから、汽水域ということか。

四　アンティアースと武鯛の仲間思い

熟練の漁師たちがアンティアース(1)と呼び慣らわすのは海に棲む魚であるが、誠実な人間や心正しい戦友と同じように、互いに助け合いをする。即ち、仲間が針に懸かったことに気付くと、誰も彼もが大急ぎで泳いで行き、仲間に背中を寄せかけたり、力の限り突き当たったり押したりして、釣り上げられるのを阻止しようとする。

武鯛《ブダイ》も仲間の群れにとって頼もしい救援者である。捕まった魚を救出するために、彼らは殺到し、懸命に釣糸を噛み切ろうとするのである。糸を切って救出し、まんまと自由の身にしてやることが多いが、助命の報酬は求めない。しかし、うまく行かず失敗することも少なからず、それでも自分たちの務めをひたむきに行う。話によると、武鯛が筌《うえ》に嵌《は》まってしまい、尾鰭の部分だけを外に出している場合には、捕まらずに周りを泳ぐ連中が尾鰭に噛みつき、仲間を外に引きずり出そうとする。逆に頭の部分だけが外に出ている場合には、外にいる魚が自分の尾鰭を差し伸べ、中の魚がそれを銜《くわ》えてついて出るという。この魚はこのようなことを行うのだが、人間たちよ、この愛は学んだものではなく、生まれつきのものなのだよ。

註　(1) アリストテレス『動物誌』五七〇b二〇他、アテナイオス『食卓の賢人たち』二八二b他、しばしば登場するが同定不可能の魚。アンティアースの救出についてはオッピアノス『漁夫訓』三-三二三以下で、武鯛の救出については同書四-四〇以下で歌われる。プルタルコス『動物の賢さについて』九七七Cも両方の魚の救出を語る。

五　噛《カ》ミ魚《ウオ》と海豚の戦い

噛ミ魚（1）という魚は、名前が、そして何より口がその本性を表している。たくさんの歯が櫛比《しっぴ》して生え、何であれ当たるを幸い切り裂いてしまうほど強力である。それ故、釣針に懸かっても、この魚ばかりは引き下がるどころか、釣糸を切断してやろうと突き進む。しかし、漁師も対策を工夫している。釣針の継手の金具を長く作っておくのである。それでも魚の方は跳躍力もあるようで、しばしばこの継手より高く跳ねて、髪を編んだ導き糸を切って、魚たちのたまり場へと帰って行くのである。

この魚はまた、仲間の群れを語らって海豚《イルカ》を襲いに行くことがある。たまたま一頭はぐれたのがいると、周りを取り囲んで激しく攻めかかる。海豚が彼らに噛まれることにとても敏感なことを知っているのである。噛ミ魚たちが執拗に攻撃すると、海豚は跳ね上がったり、とんぼ返りを打ったりするのが目に見えるが、苦痛のために身をよじっていることが分かる。ぴったり取りついた噛ミ魚たちが海豚の跳ねるのに合わせて、一緒に水面上に現れるほどだからである。海豚は彼らを振りほどき突き放そうと必死だが、こちらは放すものではなく、まだ生きている相手を食う。しかし、銘々が一齧りだけすると、それを持って離れ去るのである。海豚は、言うなれば、招かれざる客を自分の苦痛でもてなした上で、喜々として泳ぎ去る。

註　（1）原語 trōktēs（噛むもの）は狐鮫（alōpēx）のことかとされる。狐鮫が釣糸を切って逃げることはアリストテレス『動物誌』六二一a一二、オッピアノス『漁夫訓』三–一四四以下にも見える。オッピアノス同書一–五三三以下では海豚とアミアー（amiā, 鰹か）の争いが歌われるが、海豚と狐鮫の争いとは別話であろう。

六　人間に恋をした動物

犬が竪琴弾きのグラウケに恋をした、というのを聞いたことがある。犬ではなくて雄羊だと言う人、いや鵞鳥だと言う人もいる。キリキアのソロイでも、クセノポンという名の少年に犬が恋をしたし、スパルタでも別の美少年に黒丸烏《コクマルガラス》が恋をして、その姿に焦がれて病みついた。

註　（1）エジプト王プトレマイオス二世（前三世紀前半）の竪琴弾きで、鵞鳥と雄羊が彼女に恋をしたという（プリニウス『博物誌』一〇–五一）。本書五–二九、八–一一にも見える。（2）キリキア地方（小アジア東南部）のギリシア人植民都市。住民が正しいギリシア語を忘れたところから、文法的誤用を指す soloikismos（英語 solecism）という語が生じた。（3）アイリアノス『ギリシア奇談集』九–三九にほぼ同じ話が再録され、アテナイオス『食卓の賢人たち』六〇六B以下には別の例がたくさん挙げられる。

七（七、八）　ジャッカルと犬の忠義

ジャッカルは極めて人間好きの動物だと言われている。人間に出会うと遠慮するかのように避《よ》けるし、他の動物に危害を加えられている人を目にすると、助けに入るのである(1)。

ニキアスなる狩人が思いもよらず炭焼の窯に落ちこんだ時、ついて来た犬たちはそれを見てその場を去らず、初めのうちは窯の周りで空しく鼻を鳴らし吠えなどしていたが、いよいよ最後になって、通りがかりの人たちの上着をそっと遠慮深く噛んで、現場へ引っぱって行こうとしたのは、まるで犬たちが主人の救援に人々を呼び寄せたかのようである。事実、一人がこれを見て変事を疑い、犬について行ったところ、ニキアスは窯の中で焼け死んでいたが、遺骸から出来事を推し量ったのであった。

註（1）ジャッカルの人間好きはアリストテレス『動物誌』六三〇a九にも見える。

八（九）　雄蜂《ケーペーン》の巣荒らし

蜜蜂の間で生まれる雄蜂は、昼間は巣の中に身を潜めているが、夜になると蜜蜂が眠っているのを見すまして、蜜蜂たちの労働の成果に忍び寄り、蜂巣《はちす》を荒らしまわる。殆どの蜜蜂は疲れきって眠っているが、少数のものが見張っていて、これに気がつく。蜜蜂は泥棒を捕まえると手加減しながら打ち、羽根で外へ押し

出して追放に処す。雄蜂はしかし、これでも学ばない。怠け者で大食いという、二つの悪癖に生まれついているからだ。そこで、雄蜂は巣の外に隠れていて、蜜蜂たちが花畑へと出かけて行くと、押し入って自分の仕事に取りかかり、たらふく食い、蜜蜂の甘い財宝を略奪する。しかし、蜜蜂が花畑から戻って来て雄蜂と鉢合わせすると、今度はもはや打つにも手加減はせず、追い出すだけでも済まず、針をもって激しく襲いかかり、強盗を打ちのめす。こんな罰を受けるのも文句の言えないところで、食い意地と貪食の報いを命で支払うのである。養蜂家たちがこう語り、私は信じている。(1)

註 (1) 蜜蜂と雄蜂の生態については、アリストテレス『動物誌』六二三b二五以下、その他に記述がある。

九(一〇) 蜜蜂の分業

蜜蜂の中にも怠け者はいるが、雄蜂《ケーペーン》とは生き方が異なる。即ち、怠け者蜜蜂は巣を荒らしたり蜜を狙ったりせず、花で身を養い、自らも飛び回り、他の蜜蜂と行動を共にするのである。巣作りや蜜集めの技術を持たぬとはいえ、全く仕事をしないわけではない。ある者は王蜂(1)や長老蜂のために水を運んで来るが、その長老蜂も王蜂に近侍し、警護役に選ばれている。技術を持たぬまた別の者たちには、死んだ蜜蜂を巣の外に運び出すという仕事がある。蜜蜂の巣は清潔でなければならず、死体が中にあることが堪えられないからである。他にも夜の見張り役がいて、蜜蠟でできた家を小さな城市のように守っているわけである。(2)

註　(1) 雌雄は知られていなかったようだが、もちろん女王蜂である。(2) 死んだ蜜蜂を巣の外に運び出すことはアリストテレス『動物誌』六二五a二三、ウェルギリウス『農耕詩』四-二五五等にも見える。『農耕詩』四-一四九以下は蜜蜂の分業を詳細に歌う。

一〇（一一）　蜜蜂の年齢

蜜蜂の年齢はこのようにして見分けられる。当歳の蜜蜂は艶々《つやつや》して、肌の色はオリーブ油のようであるのに対して、年嵩の蜜蜂は見た目にも触った感じでもざらついていて、老いからくる皺が見える。その代わり、蜜作りの技を時に教えられて、経験と技術はより豊かである。蜜蜂はまた予言者めいていて、雨や寒気が近づくと予知する。そのどちらかが、あるいは両方がありそうだと予想する時には、住処から飛行距離を伸ばさず、巣の周りを飛び回って、まるで門衛のようである。養蜂家はこういったことを前兆にして、嵐が来そうだということを農夫にあらかじめ知らせてやるわけである。ところで、蜜蜂は豪雨や雪ほどには寒気を恐れない。逆風を衝いて飛ぶことも多く、そんな時には飛行の邪魔にならない程度の小さな石を足で運ぶ。これを一種の重しとして、襲い来る風に対抗する工夫とし、とりわけ、風によって進路を逸らされないようにするのである。(1)

註　(1) プリニウス『博物誌』一一-二〇に蜜蜂の門番のこと、蜜蜂による天気予報のことが見える。石を運ぶことについてはアリストテレス『動物誌』六二六b二四、ウェルギリウス『農耕詩』四-一九四以下等にも見える。本書五-一三参照。

一一（一二）　ケパロスの恋狂い

魚でも多くの種類のものが恋神《エロス》の力を知っているのは、恐るべきこの神が、海底や深海に棲む生物をも見下げたり軽蔑したりしていないからである。現にケパロスはこの神の奴隷であるが、全てではなく、魚の種類や違いを知り分ける人たちが「顔の尖ったケパロス」と呼ぶものがそうである。この魚はアカイア湾(1)のあたりでたくさん獲れるということである。様々な獲り方があるが、次のような漁法がこの魚の恋狂いを最もよく示している。

漁師が雌のケパロスを捕まえると〈……〉(2)、長い葦竿か同じほどの長いロープに括りつけて、海辺に沿ってゆっくり歩きながら、口をパクパクさせつつ泳ぐ魚を引っぱって行く。その後ろから網を持った男がついて行くが、この網打ちは、何時何時《いつなんどき》何が起きるかを懸命に見張っている。こうして雌は曳かれて行くが、それを見た雄たちは、とびきり可愛い女の子が走り過ぎるのを見て色目を使う淫らな若者さながら、情交を求めて狂ったように殺到する。ここぞとばかりに網打ちが網を投じると、たいていは成功を収めるのは、欲望に突き動かされて魚たちが寄って来るからである。先の漁師が捕まえた囮《おとり》の雌は、美しく肉づきがよくなければならない。その方が多くの雄が突進して来て、誘《おび》き寄せる美の餌に食いつくからである。もし雌が痩せぎすなら、多くの雄は馬鹿にして去って行く。しかしそれでも、恋に狂った雄は去らないが、断言してもよい、それは美ではなく情交への渇望の奴隷になっているのだ。(3)

註 (1)アカイア地方は北方テッサリア地方に接する地と、ペロポンネソス半島北岸とがあるが、アカイア湾がどちらか決めがたい。本書一三-一九にレウカス島のケパロス漁のことが出るが、それなら後者に近い。(2) Hercher に従って三語を削除。(3)この漁法はオッピアノス『漁夫訓』四-一二七以下でも歌われる。琵琶湖の追いさで網漁法を思いだす。

一二(一三) 貞節な魚

一方また、操《みさお》正しい魚もいたものだ。例えばエトナ魚《ウオ》(1)と呼ばれる魚は、一旦自分の連合いと夫婦のようになり、寝床を分かち合ったなら、他の魚には触れないが、信義を守るための契約も持参金も必要としないし、醜行の罰を恐れることもなければ、ソロン(2)を憚ることもない。ああ、気高くも〈いとも尊い(3)〉掟よ。淫らな人間はそれを守らず恬《てん》として恥じないのだ。

註 (1)シケリア島のアイトネ(現エトナ)火山に因んだ名前のようであるが、不明。オッピアノス『漁夫訓』一-五一一にも出る。(2)ソロン(前六三九頃―五五九年頃)はアテナイの改革者、立法家。厳しい法の象徴として引かれる。(3) Hercher に従って改める。

一三（一四） ブラックバード魚《ウオ》の雄

ブラックバード魚（海の黒歌鳥）[1] が普段棲んでいるのは岩場とか窪みの多い洞穴である。この魚は一夫多妻で、岩穴を謂わば花嫁たちの寝室にして、自分は離れた所にいる。このように結婚を細分化し[2]、多くの妻に情欲を振り分けるのは、閨房に贅をこらす異国人の流儀と言えようし、真面目な話を冗談めかして言ってよければ、メディア人やペルシア人の生き方である[3]。この魚は普段から魚類の中で最も嫉妬深いが、花嫁たちが彼のために子を生む時には特にそうである。——人間界の用語を〈乱用して〉[4] 奔放すぎる言い方になるかもしれないが、自然のなす業がそれを許してくれるのである——即ち、雌がいよいよ陣痛を迎えて穴の中にじっと留まっているのに対して、雄は夫ゆえであろう、入口を守りつつ、赤子を脅かす悪巧みが外から入るのを防ぐ。どうやら彼は未生の子が愛しくて、父親ならではの不安にとらえられ、早おろおろしているようであり、何一つ口にせず終日見張りに過ごし、心配が糧となっている。夕方も遅くなって已《や》むなき任務から解放されると、餌を探し求めて食いはぐれることはない。中の雌たちはそれぞれ、陣中のさなかの者も既に生み終えた者も、穴の中や岩に着いた海藻をふんだんに見つけて膳にしているのである[5]。

註　（1）ギリシア語では鳥と魚を同じ語で表すことが多く、「海の黒歌鳥」もその例。島崎はクロウタドリ（ベラ）、柳沼・伊藤は黒鶫べらと訳す。（2）原文は「結婚の *θρυπτικόν*（トリュプティコン）」。これは *θρύπτω*（トリュプトー、粉砕する）の派生語で、「結婚における繊細、洗練、贅沢」などと訳される。しかしガレノスに「結石を破壊する薬」の意味で用いられることもあり、試みに「結婚を細分化すること」と訳した。（3）メディア王国とそれを滅ぼしたペルシア帝国はギリシア人からすれば贅沢の代名詞。（4）Hercher に従って改める。（5）オッピアノス『漁夫訓』四–一七二以下では、黒鶫ベラ（雄）が多数の鶫ベラ（雌）を妻に持つこと、妻たちの産卵中、雄が外で見張ることが歌われる。

一四（一五）　ブラックバード魚の雌

ブラックバード魚を釣ることに長けた漁師は悪巧みをこらすもので、釣針に重い鉛を取り付け、更に大きな目の小蝦《コエビ》を括り付けて餌として沈める。漁師が釣糸をゆっくり動かしながら狙う魚の注意を引き食い気を誘うと、小蝦は動き回ってブラックバード魚の穴に入りこみそうに見せかける。ブラックバード魚にはこれが何よりも憎らしい。それ故、これに気づくと憤りを発して――この際食欲のことなど彼の眼中にないからであるが――小蝦を恋敵と見なして突っかかり、完膚なきまでに打ちのめしてから離れ去るのは、食事より見張りを怠らぬことの方が名誉で重要なことだと信じてのことである。他の魚と遭遇して食ってやろうとする時には、軽く打ちのめしてダウンさせる。相手がパクパクするのも止めて死んだことを見てとると、ようやく齧りつくのである。ところでブラックバード魚の雌たちは、雄が謂わば彼女らの楯となって奮闘している間は、穴の中に留まって所帯を守っているが、雄の姿が見えなくなると取り乱してしまい、落胆のあまりふらふらと迷い出て、そこで捕まってしまうのである。[1] イピスの娘エウアドネ[2]やペリアスの娘アルケスティス[3]を哀悼の歌で称える我らが詩人たちは、これについて何と言うだろうか。

註　(1) オッピアノス『漁夫訓』四-二一八以下では、蝦に突っかかるブラックバード魚が鉤で釣り上げられ妻たちも外に出る、とあって話がより分かりよい。(2) テーバイを攻める七将の一人カパネウスの妻。ゼウスの雷火に撃たれて死んだ夫の火葬堆に身を投じた（エウリピデス『救いを求める女たち』）。(3) テッサリアの町ペライの王アドメトスの妻。夭折する定めの夫の身代わりに自分の寿命を差し出した（エウリピデス『アルケスティス』）。

一五（一六）　グラウコスの父性

魚の中でもグラウコスは何と素晴らしい父親であろう。連合いが生んだ子供が攻撃されたり傷つけられたりせぬよう、全力をあげて見守ってやる。子供たちが何の脅威もなく喜々として泳いでいる間は見張りを怠ることなく、殿《しんがり》を守ったり、そうでなければ右側とか左側を泳いで行く。もし恐怖を感じる赤ん坊がいれば、口を大きく開けて幼子を呑みこんでやる。危険の元をよく知っているのである。そして恐怖が去ると、避難していた子を呑みこんだ時のままに吐き出す。するとその子はまた泳ぎだす。[1]

註　(1) グラウコス（「灰青色の、灰緑色の」の意味の形容詞と同音）は灰色鯊《ハイイロハゼ》、あるいは鮫の一種かとされるが同定不可能。口内育仔（mouth-brooding）するのはシクリッドが有名。アリストテレス『動物誌』五六五b二三以下、オッピアノス『漁夫訓』一-七三四以下には子供を体内に隠して守る魚が並べられる。

一六（一七）　犬鮫《イヌザメ》の母性

犬鮫（海の犬）はお産が済むと、猶予することなく直ちに子供たちを一緒に泳がせる。もし子供が恐怖を感じたら、母親の陰部に再び潜りこみ、脅威が去ると出て来るのは、まるでもう一度生まれて来るかのようである。[1]

註　(1) このことから日本語でも鮫の幼魚を出入子《でいりこ》と呼ぶ。一-一五の註も参照。

一七（一八）　海豚《イルカ》の母性愛

女性は母性愛がとても強いと言って人は感嘆するが、息子か娘が死んだ後も母親が生き続け、時と共に悲しみが薄れて、苦しみを忘れてしまうのを私は目にしている。それに比べて海豚の雌は、母性愛の強いことは動物の中でも随一である。海豚は二頭の子を生む〈……〉[1]。漁師が海豚の子を簎《やす》で傷つけたり銛《もり》を打ち当てたりすると〈……〉[2]。銛は上部に穴をあけて長いロープが結びつけられていて、銛先が食いこんで獣を保持する。傷ついた海豚が苦しみつつも尚力を保っている間は、漁師はロープを緩めて、海豚が力まかせにロープを引きちぎらないよう、また、二つの損害が生じないようにする。つまり、海豚が銛を持ち逃げせぬよう、自分は獲物なしで終わらぬよう、注意するのである。しかし、相手が疲れ果て、傷のためにぐったりしていると見ると、そっと舟を寄せて行き、獲物を捕まえる。母親はしかしこの出来事に怯《ひる》みはせず、恐れて引き下がることもなく、名状しがたい本能のままに子供を慕ってついて行く。そして、どんなに嚇しつけても母海豚が追い払われないのは、血まみれの死に瀕した我が子を見捨てるに忍びないからで、漁師が母海豚を手で打てるほどである。打ちかかる漁師たちにそれほど肉薄するのは、まるで仇討ちをしようとするかのようである。そして、自らは助かって逃げて行けるのに、子と一緒に漁師に捕まるのである。もし子供が二頭とも傍らにいて、どちらか一方が先述のように傷つけられ引かれて行くのに気づいたなら、無事な方の子を追いかけ、尻尾ではたきつけたり口で噛んだりして追い払い、できる限り大きな鼻息を吹き上げる。それは不分明な音だが、無事に逃げよという合図なのである。こうして子は逃げおおせるが、母親は留まって捕まってしまい、囚われた子と死を共にするのである(3)。

註 (1)(2)〈……〉の部分はテクストの欠落が想定されている。(3)アリストテレス『動物誌』五六六b六によると、海豚は子を一頭生むが二頭生む時もあるという。母海豚と双児のことはオッピアノス『漁夫訓』五-五二六以下にも歌われる。

一八（一九）　牛鱏《ウシエイ》の人狩り

牛鱏（海の牛）は泥の中に生まれ、誕生の時は極めて小さいが、極小から最大に育つ。腹の下は白く、背中と顔と側面は甚だ黒くて、そして弱々しい。口は小さいのがついていて、歯は〈口が閉じている時には〉[1]見ることができない。体長も横幅も極めて大きい。実に多くの種類の魚を餌にするが、とりわけ人間の肉を食べるのを無上の喜びとする。力では何者にも劣るのを自覚して、図体だけを頼みにしている。そこで、泳いでいる人や素潜り漁で苦労する人を見ると、浮上して、その人の上に覆いかぶさって泳ぎ、上から重くのしかかり圧迫しながら待ち伏せ、〈恐怖をぶら下げながら〉[2]哀れな男の上に全身を屋根のように広げて、男が浮かび上がり息継ぎするのを妨げる。そのため呼吸を止められて、当然ながら男は死ぬが、牛鱏はそれに襲いかかって、一心に追い求めた食い物、待ちに待った報酬にありつくのである[3]。

註　（1）Hercher に従えばこのようになるが、Scholfield はむしろ「口が開いていても」と読みたいようである。（2）Hercher に従って改める。（3）この話はオッピアノス『漁夫訓』二-一四一以下に語られる。牛鱏は伊藤訳では糸巻鱏。

一九（二〇）　蟬の歌

美しい声で〈歌を歌う他の鳥たち〉(1)は人間のように舌で発声するが、蟬は腰の辺りで止む時もなくおしゃべりをする。露を餌とし、夜明けから市場の出盛る頃(2)までは沈黙しているが、太陽が熾熱《しねつ》を帯び始めると自ずから喧《かまびす》しい音を発する。まるで弛《たゆ》むことない合唱隊のようだと言えるかもしれず、近くの牧人や道行く人や穫り入れの人たちの頭上から歌を降らせるが、この歌好きの性質は自然が雄に与えたものなのである。蟬の雌は声を持たず、花恥ずかしい乙女さながら沈黙しているように見える。(3)

註（1）底本「インドの鳥たち」をHercherに従ってこう読む。（2）午前十時頃。（3）「すると、蟬は幸せ者じゃあないか。蟬の女房は声がないのだから」（前四世紀の喜劇詩人クセナルコス、断片一四（Kassel-Austin））。「蟬は歌う方が雄で、そうでないのが雌である」（アリストテレス『動物誌』五五六b一一）。

二〇（二一）　蜘蛛の糸

機織りと糸紡ぎを発明したのは女神エルガネだと人々は言うが、(1)蜘蛛を巧みな織姫に仕込んだのは自然である。蜘蛛は〈何かを真似して〉(2)その技を行うのでなく、外から織糸を取って来るのでもなく、自分の腹から糸を引き出して、(3)まるで鳥網《とりあみ》を張るように、羽根の生えた軽い生き物を捕える罠を拵える。蜘蛛はまた体内から引き出して蜘蛛網《くものい》の素材とするもので体を養うが、その勤勉なことは、最も手技に優れ、手のこんだ糸を紡ぎ出すのに長けた女たちでさえ比べものにならぬほどである。蜘蛛の糸は繊細さで髪の毛にも勝るからである。(4)

註 (1) 工芸の守護神アテナの別名 (ergon は仕事の意)。(2) Hercher の読みに従う。(3) アリストテレス『動物誌』六二三a三〇以下は、蜘蛛の糸は体内からの排出物だというデモクリトス説に反対して、体表から出る樹皮のようなものとする。(4) 蜘蛛の話はアイリアノス『ギリシア奇談集』一-二にも見える。アテナが機織り自慢の少女アラクネを罰して蜘蛛に変えた話はオウィディウス『変身物語』六-五以下に詳しい。

二一 (二二) 蟻の日読み

バビロニア人とカルデア人(1)は天文学に秀でると作家たちは賞賛するが、蟻も、空を見上げることもなければ月の日数《ひかず》を指折り数えることもできないのに、不思議な才能を自然から与えられている。毎月の朔日《さくじつ》には自分たちの住処の内に留まり、巣穴を越えて出ることなくじっとしているのである。

註 (1) カルデア人は前七世紀末、アッシリア帝国を倒して新バビロニア王国を建てた。天文学・占星術に優れた。

二一（二三）　サルゴスの恋の罠

サルゴス(1)という魚の住処は岩場や窪みであるが、そこには小さな裂け目や隙間があって、太陽光線が届いて、この隙間が光に溢れるようになっている。サルゴスはどんな光でも喜ぶが、とりわけ太陽光線を渇望するのである。同じ場所に大勢で棲むが、また澱《よど》みや浅瀬をたまり場とし、陸近い辺りをとりわけ好む。言葉を持たぬ動物の中では山羊が大好きである。事実、水際《みぎわ》近くで草食む山羊の影の一つ二つが水面《みなも》に映ろうものなら、サルゴスたちは喜々として泳ぎ行き、嬉しくてたまらぬといった風に飛び跳ね、普段は全く跳躍力がないのに、山羊に触れたい一心で水から跳び出ようとする。波の下を泳いでいても山羊の匂いを嗅ぐことができ、喜びのあまり山羊たちに近づこうと逸る。しかし、件《くだん》の動物への恋に狂うばかりに、恋い慕うそのものによって捕まえられることになる。

即ち、漁師は角を付けたまま剝いだ山羊の皮を身に纏う。そしてこの狩人は、獲物に対する悪巧みを胸に、太陽を背にすると、山羊脂のスープに浸《ひた》した碾割《ひきわ》り大麦を、件の魚が棲む辺りの海面にばら撒く。サルゴスは何か魔法にかかったかのように、その匂いに引き寄せられて近づき、碾割り大麦を食べ、山羊に見える皮に魅惑されるのである。漁師は丈夫な釣針と白い亜麻の釣糸でどっさり釣り上げるが、糸は葦竿ではなく山茱萸《サンシュユ》の棒に結びつけられる。それは、食いついた魚を難なく引き上げ、残りの魚たちを動揺させないためである。サルゴスはまた手摑みもできる。身を守るために逆立てている棘を、頭から下の方に向けてゆっくりと撫で下ろして寝かしつけ、身を隠すために鮨詰めになっている岩場から、押さえつけながら引っぱり出せばよいのである。[2]

註　（1）黒鯛に近いタイ科の魚。（2）オッピアノス『漁夫訓』四-三〇八以下、および五九三以下に同じ話が歌われる。

二三（二四）蝮《マムシ》の交尾

蝮は雌に絡みついて交尾する。雌は花婿を受け入れ、何ら危害を加えない。しかし愛の営みが終わると、花嫁は夫に対し、交わりのお礼として悪辣な好意でお返しをする。即ち、雄の首筋にしがみつき、頭もろとも噛みちぎるのである。雄は死ぬが、交尾は実を結んで雌は妊娠する。そして卵ではなく赤子を生むが、赤子は早くも彼らの極悪の本性に従った行動をする。何と母親の子宮を食い破り、同じように父親の仇を討って出て来るのである。[1]親愛なる悲劇詩人たちよ、オレステス[2]やアルクマイオン[3]のような人物たちもこれに比べれば何であろう。

註　（1）蝮の雌の雄殺し、子の母殺しのことはヘロドトス『歴史』三-一〇九に記述がある。蝮の卵胎生についてはアリストテレス『動物誌』五一一a一六他に見える。（2）ミュケナイ王アガメムノンの子。愛人と共謀して父を殺害した母クリュタイムネストラを殺す。（3）アンピアラオスとエリピュレの子。首飾りで買収されて父を死地に送り出した母を殺す。

二四（二五）　ハイエナの性転換

今年、あなたが雄のハイエナを見るとしよう。次の年には、同じハイエナが雌であるのを見るだろう。今雌であるのは後には雄になるのだ。ハイエナは性愛の両方の形を持っており、夫にも妻にもなって、年ごとにすっかり性を変える。それ故、この生き物がカイネウス[1]やテイレシアス[2]を古くさい話だとするのも、自慢ではなく事実に基づいている[3]。

註　(1) 元はカイニスという名の女性であったが、ポセイドン神に愛された時、不死身の豪傑になることを願って叶えられた。(2) 盲目の予言者。山中で交尾する蛇を見て打ったところ女に変じ、後に同じものを見て男に戻った。(3) ハイエナの性転換は『イソップ寓話集』(Perry版) 二四二と二四三、オウィディウス『変身物語』一五-四〇八以下、オッピアノス『猟師訓』三-二八九等にも見える。プリニウス『博物誌』八-一〇五はこのことを記すと共に、アリストテレスの否定説（『動物発生論』七五七a二以下）を紹介する。アリストテレス（『動物誌』五七九b一六以下）はハイエナの雄の尻尾の下に雌の陰部を思わせる部分があるにすぎないと言う。

二五（二六） 甲虫魚《カブトムシウオ》の一夫一婦主義

美人をめぐる鞘当てさながら、雄山羊は雄山羊と、雄牛は雄牛と、雌をめぐって戦うし、雄羊は雌羊をめぐって恋敵と戦う。甲虫魚（海の甲虫）(1)も雌に向けて性欲を昂らせる。この魚はいわゆる〈荒々しい〉(2)場所に生まれ、嫉妬深いので、雌をめぐって激しく戦うのが見られよう。ただ、サルゴスの戦いと異なり(3)、この魚の争いは多数の妻をめぐるものではなく、自分の連合いをめぐってのものであるから、メネラオスが妻をめぐってパリスと争ったようなものである(4)。

註 (1) 鯛の一種で、トンプソンによれば Black Bream. (2) 原語 ἄσπροις（アスプロイス）はギリシア語では見かけぬ語で、ラテン語 asper（荒い、険しい）のギリシア語化かと考えられている。(3) サルゴスの多数の妻を求める戦いは本巻二二章では語られないが、オッピアノス『漁夫訓』四-三七四以下に歌われる。(4) スパルタ王メネラオスはトロイア王子パリスに妻ヘレネと財宝を奪い去られたため、トロイア遠征の軍を興した。ホメロス『イリアス』の背景となる物語。

二六（二七） 蛸のオートファジー

蛸は〈ありとあらゆる食物〉(1)で身を養う。恐るべき貪食ぶりで、悪巧みにかけても札付きの悪《わる》であるが、その訳は、海の生き物の中でも無類の何でも食いであることにある。それが証拠に、獲物がない時は自分の巻腕を齧り、それで腹を満たして餌不足を解消する。後ほど欠けた部分を再生させるのは、自然がそれを蛸のための救荒食として準備しているかのようである。(2)

註 (1) Hercher の読みに従う。(2) 蛸が自分の腕(足)を齧ることは古くヘシオドス『仕事と日』五二四に見えるが、アリストテレス『動物誌』五九一a四は否定する。「悪巧み」とは体色を岩に同化させて獲物を待ち受けることで、アリストテレス『動物誌』六二二a八以下、プルタルコス『動物の賢さについて』九七八E以下、アイリアノス『ギリシア奇談集』一-一等で語られる他、テオグニス(『エレゲイア詩集』二一五以下)、ピンダロス(断片四三)、ソポクレス(断片三〇七)などの詩にも歌われる。アテナイオス『食卓の賢人たち』三一六A以下には蛸の情報が豊富。

二七(二八) 雀蜂の発生

打ち捨てられた馬から雀蜂が発生する。馬が腐ってゆくと、骨髄からこの生き物が飛び出すからで、最速の動物から羽根ある子供が、馬から雀蜂が生じるわけである。(1)

註 (1) オウィディウス『変身物語』一五-三六一以下は、腐敗した死体から小動物が発生する諸例を挙げる中で、雀蜂のことにも触れる。牛から蜜蜂が発生することについては、本書二-五七への訳註参照。

二八（二九）梟《フクロウ》の媚態

人に取り入るのがうまくて魔法使いにも似た生き物といえば梟だ。(1) この鳥は捕まると、捕まえた狩人を真っ先に虜《とりこ》にする。実際狩人たちは、梟をペットか、それどころか護符のように肩に乗せて連れ回す。梟も夜は彼らのために寝ずの番をして、取り入るような、魅惑するような誑《たぶら》かしの技を忍ばせつつ、呪文めいた声で鳥たちを引き寄せ、傍ら近く止まらせる。昼は昼で、鳥たちを誘う別の罠を繰り出して、からかったり、刻々に顔の形を歪めたりするので、若い鳥たちは皆虜になり、その場を動けない。梟の百面相にすっかり肝魂を奪われてしまうのである。(2)

註 (1) この梟は知恵の女神アテナの聖鳥で、正確には小金目梟《コキンメフクロウ》とされる。(2) 梟を使って小鳥を捕まえることがアリストテレス『動物誌』六〇九a一五に見える。

二九（三〇）鱸《スズキ》と小蝦の共倒れ

鱸は小蝦に負ける。(1) そして〈ふざけた言い方〉(2) をするなら、これは魚類中最大の美食家であろう。そこで、沼に棲む鱸は沼の小蝦を待ち伏せする。ところで小蝦に三種あり、ここに言うものと海藻で生きるもの、そして第三に岩場に棲むものである。小蝦は身を守ることができないので、共倒れを選ぶが、その狡猾なやり口をためらわず語ればこうである。小蝦は捕まりそうだと気づくと、頭から突き出た棘を——それは三段橈船の衝角にも似て大そう鋭く、その上鋸のような切れこみがある——気高い小蝦は巧妙にそれの向きを変えて、軽快なステップで飛んだり跳ねたりする。一方、鱸は口を一杯に開けるが、喉のところが柔らかいのである。こうして鱸は弱った小蝦を捕まえ、食ってやろうと思うのだが、小蝦は勝利のダンスのようなと言えばよかろうか、自由に動き回れる広々とした喉の奥で小躍りする。すると、哀れなハンターに棘が突き刺さり、内部は傷だらけ、膨れ上がる血を夥しく放って小蝦の息の根を止めるが、前代未聞のことながら、殺した者もまた殺されるのである。(3)

註 (1) 鱸 (labrax) は labros (狂暴な) を語源とし、狂暴な魚が小蝦に負けるという含みがある。(2) Hercher の読みに従う。(3) この話はオッピアノス『漁夫訓』二-一二八以下にも歌われる。蛇が雀蜂に頭を刺されるが撃退できないので、車輪の下に頭を突っこんで雀蜂と心中する (『イソップ寓話集』(Perry 版) 二一六「雀蜂と蛇」)、ヘラクレスに殺されたネッソスの毒血が後にヘラクレスを殺すことになる (ソポクレス『トラキスの女たち』一一六二)、作者はこのような話を念頭に置いているのであろう。

三〇（三一）　山荒《ヤマアラシ》の武器

熊や狼、豹やライオンは鋭い爪と切り裂く歯を頼みにしている。山荒はそのようなものを持たないけれども、己れを守る武器なきままに自然から見放されている訳ではないということである。例えば、害意をもってかかって来る者に対しては、背中の毛を逆立て、剛毛を飛び道具のように放って、しばしば命中させる。剛毛は弓弦《ゆづる》から放たれたように飛んで行くのである(1)。

註　(1) 山荒が迫る犬の口を棘で刺し、犬が離れると棘を発射することはプリニウス『博物誌』八-一二五にも見える。

三一（三二）　海の三すくみ

もの言わぬ動物の場合でも、生まれついての敵意や憎しみが深く根を張ってしまうと、恐ろしい災いとなり激しい病毒となって、拭い去るのも容易でなくなる。例えば、鱓《ウツボ》は蛸を憎み、蛸は伊勢海老を目の敵にし、伊勢海老は鱓と不倶戴天の仲である。鱓は鋭い歯で蛸の巻腕を食いちぎり、更に敵の腹中に潜りこんで同じことを続ける。それも道理で、鱓が泳ぎ上手であるのに、蛸は這うものに似るからである。蛸が岩に合わせて体色を変えても、そんな小細工が功を奏さぬらしいのは、鱓が相手の手管を見破るに敏だからである。

その蛸は伊勢海老の息の根を止め、死体にしてからその肉を吸い出す。伊勢海老はといえば、その角《つの》を擡《もた》げ、角に怒気を含ませて鱓に挑戦する。〈……〉(1)そこで鱓は、突き出された敵手の突き棒を、浅はかにも噛み潰そうとする。こちらは鋏を両手のように振りかざし、相手の喉首の両側をしっかと摑まえて放しはしない。鱓は困じ果て、身をもがいて甲殻の棘皮にからみつくが、それが体に突き刺さるままに、力萎え気力失せ、遂には力尽きて横たわる。伊勢海老は敵手を食らう(2)。

註 (1)一部テクストが毀れている。(2)オッピアノス『漁夫訓』二-二五三以下に鱓と蛸、伊勢海老と鱓、蛸と伊勢海老の三すくみが詳述される。アリストテレス『動物誌』五九〇b一五以下には蛸が伊勢海老に勝ち、伊勢海老は穴子《アナゴ》に勝ち、穴子は蛸を食う、という三すくみが記される。

三二（三三）　金槌魚《カナヅチウオ》の脱走

金槌魚(1)という魚は海が養う。網に囲まれてしまった時には、泳ぎまわって、網の目の粗い所とか綻びを実に巧みに探し、見つけるとそこから脱出して、再び自由の世界で泳ぎ出す。一匹が幸運に巡りあうと、一緒に捕まった残りの同類たちもその逃げ道から外に出るのは、リーダーに道案内されるようなものである。

註 (1)原語 sphuraina（sphūra は金槌の意）で、魳《カマス》の一種とされる。

三三（三四）　甲烏賊《コウイカ》の墨

その道の達人漁師が甲烏賊を捕まえようとすると、察知した甲烏賊は体内から墨汁を噴き出し、自身に注ぎかけ、全身を覆って見えなくするので、漁師は視界を隠される。甲烏賊は目の前にいるのに、漁師には見えないのである。(1)ホメロスが語っているが、ポセイドンがアイネイアスに雲を被せてアキレウスを欺いたのもこんな風であった。(2)

註（1）軟体類はみな驚くと墨汁を出すが、甲烏賊は特に著しいという（アリストテレス『動物誌』五二四b一六以下、六二一b二八）。（2）トロイアの将アイネイアスとギリシア方随一の英雄アキレウスの一騎打で、アイネイアスが不利と見たポセイドン神が助けに入る。正確には、アイネイアスに雲を被せるのでなく、アキレウスの目に靄を注ぎかけるのである（『イリアス』二〇-三二一）。

三四（三五）　鳥類の邪視対策

もの言わぬ生き物たちも名状しがたい不思議な本能で、呪術師や魔法使いの邪視から身を守る。例えばこのような話を聞いている。森鳩《モリバト》は月桂樹の細枝を齧って来ると、自分たちの巣の中に入れ、雛たちを庇う邪視除けの護符とするとか。(1)鳶《トビ》はラムノス（黒梅擬《クロウメモドキ》の類）を、キルコス（隼《ハヤブサ》？）は苦草を、(2)また小雉鳩《コキジバト》はアイリスの実を、大烏は西洋人参木を、戴勝《ヤツガシラ》は美髪草とも呼ばれる孔雀羊歯《クジャクシダ》を、嘴細烏《ハシボソガラス》はアリステレオーン（熊葛《クマツヅラ》科の草）を、それから、ハルペー（同定不能の猛禽）は木蔦《キヅタ》を、青鷺は蟹を、鷓鴣《シャコ》は葦の穂を、鶫《ツグミ》はミルテの若枝を、護符にする。雲雀《ヒバリ》がお守りにするのは行儀芝《ギョウギシバ》、鷲の場合は、この鳥に因んで鷲石[3]と呼ばれる石である。この石はまた妊娠中の女性にも効あり、流産を防ぐとか。

註　（1）家鳩の雛が孵ると、邪視の害を受けぬよう男親が唾を吐きかけてやるという（アイリアノス『ギリシア奇談集』一－一五）。邪悪な視線が人畜作物を害するとの迷信については、拙稿「鳩の唾吐きについて」（『物語の海へ』岩波書店、一九九一、所収）、エルワージ『邪視』（奥西峻介訳、リブロポート、一九九二）参照。（2）牛舌草《ウシノシタクサ》、菊苦菜、菊萵苣、等案はあるが同定は難しく、直訳とした。（3）鷲石についてはプリニウス『博物誌』一〇－一二、三六－一四九他に記述がある。南方熊楠が'The Eagle Stone'、「鷲石考」（全集10所収）で考証を行っている。

三五（三六）　動植物の異能

痺鱏《シビレエイ》という魚は触れたものにその名を思い知らせ、痺れさせる。エケネーイス[1]は舟を止めるが、その仕業故に我々は「舟止め魚」と呼ぶわけである。翡翠《カワセミ》が孕んでいる間は海は凪ぎ、風も平和と友好を運んで来る。即ち、冬のさなかに孕むにもかかわらず、大気の静穏が安全を与えてくれる。我々もこの時期に「翡翠

の日々」を送る。(2)

馬が偶然に狼の足跡を踏むと、痺れに取りつかれる。疾走する四頭立戦車の下に狼の踵《アストラガロス》の骨を投げこむと、馬たちがその骨を踏むことになって、戦車は固まったようにして止まるであろう。ライオンが赤𡨸樫《アカミガシ》の葉の中に足を踏み入れると、やはり麻痺が起こる。狼も、海葱《カイソウ》の葉に近づくだけでそうなる。そこで、狐が狼の巣穴にこの葉を投げこむのも道理で、狐は狼から攻撃されるため、狼には強い敵意を抱いているからである。

註 (1)「舟を止めるもの」の意で、鯊《ハゼ》(?)(アリストテレス『動物誌』五〇五b一九)、小判鮫(プルタルコス『食卓歓談集』六四一D以下、伝オウィディウス『釣魚書』九九)、八目鰻(オッピアノス『漁夫訓』一-二一二以下)についてこの語が用いられる。プリニウス『博物誌』九-七九に見えるエケネーイスは小判鮫とされるが、とても小さいとある。(2)「翡翠の日々」は冬至の前後二週間を指す(アリストテレス『動物誌』五四二b四以下、プルタルコス『動物の賢さについて』九八二F)。但し、実際の翡翠の繁殖期は春から夏。

三六(三七) 植物の効能

鸛《コウノトリ》は自分の卵に悪さをする蝙蝠《コウモリ》を防ぐによき知恵を用いる。蝙蝠は卵に触れるだけで孵《かえ》らぬ無精卵にしてしまうのであるが、それにはこんな対策がある。プラタナスの葉を巣の上に敷くと、蝙蝠は卵に近づいたとたん、体が麻痺して危害を加えることができなくなるのである。自然は燕にも同じような賜物を与えている。燕の場合もゴキブリ[1]が卵に害を加えるのであるが、母鳥が雛の前にセロリの葉を積んでおくと、ゴキブリはそこから進めないのである。

蛸にヘンルーダを投げつけると、蛸は動かずじっとしている、という話がある。蛇を葦で打ち据えると、最初の一打では蛇は動かなくなり、金縛りにあってじっとしているが、二撃三撃を加えると、再び元気づけることになる。鱓《ウツボ》を大茴香《オオウイキョウ》で打つとたちまちおとなしくなるが、何度も打つと、怒りに燃え上がらせる。オリーブの若枝を波打ち際に置いておくと、蛸たちも陸に上がって来る、とは漁師たちの話である[2]。

象の脂はあらゆる有害動物への対抗策となり、それを体に塗っておくと、どんなに強い毒をもった動物と鉢合わせしても、たとえ裸でいても傷つけられずに立ち去れるのである。

註 (1) silphē は普通ゴキブリと訳されるが、ここでは鳥獣に寄生する虱蠅《シラミバエ》の類かともされる。(2) 蛸がオリーブに恋することはオッピアノス『漁夫訓』四-二六六以下にも見える。

三七（三八） 象の恋

象は角ある雄羊と仔豚の叫び声に怯える[1]。エペイロスの王ピュッロスの象部隊をローマ軍が潰走させ、赫々の勝利を収めたのもそれがためである、と言われている[2]。この動物はまた美しい女性に弱くて、美貌を見ると心も空に怒りも失せる。エジプトのアレクサンドリアでは、花輪を編む女をめぐって、象とビュザンティオンのアリストパネスとが恋敵であった、とも言われる。[3] 象はまた良き香りなら何でも好み、香料や花の芳《かぐわ》しさにうっとりする。[4]

註（1）凶暴な象も雄羊を見て静まるという（プルタルコス『食卓歓談集』六四一B）。（2）エペイロス（ギリシア西北部）の王ピュッロスはタレントゥム（南イタリアのギリシア人植民地）を助けてローマと戦い、象部隊を駆使して何度も勝ったが、前二七五年に大敗を喫した時のことを言うか。（3）文献学者アリストパネスと象の恋の鞘当てのことはプルタルコス『動物の賢さについて』九七二Dにも見える。（4）本書一三‐八にも花の香愛でる象のことが出る。

三八　動物の嫌うもの

泥棒や強盗が獰猛極まりない犬を黙らせ逃げて行かせたい時は、人を荼毘に付す薪の山から燃え木を取って来て、それを持って突進すれば犬たちは怯える、と言われている。またこんな話も聞いたことがある。狼に噛まれた羊の毛を刈り、毛糸にして作った肌着は、着た人に苦痛を与える。むず痒くさせる、という話だ。[1] 宴席に諍いや悶着を惹き起こそうと思うなら、犬が噛んだ石を葡萄酒に放りこんでおけば、酔客一同を苦しめ狂乱させる。玉押金亀子《タマオシコガネ》は臭い動物であるが、これに香料を振りかけると、芳香に耐えられず死んでしまう。(2) 同様に皮鞣《なめ》し職人は、悪い空気の中で暮らしているので、香料には吐き気がするとのことである。エジプト人の話によると、蛇は全てイービス（鴇《トキ》の仲間）の羽根を恐れるという。(3)

註 (1) 狼に食われた羊の毛皮やその糸から作った衣類は虱がつきやすいという（アリストテレス『動物誌』五九六b七以下、プルタルコス『食卓歓談集』六四二B）。(2) 玉押金亀子のことはプルタルコス『食卓歓談集』七一〇E他に見える。(3) エジプトのイービスはアラビアから飛来する有翼の蛇を滅ぼすという（ヘロドトス『歴史』二‐七五）。

三九　赤鱝《アカエイ》の音楽漁

赤鱝漁を極めた人の漁は、このような仕方で行ってしくじることは殆どない。足場を定めて節面白く踊り且つ歌えば、赤鱝は耳に聞くより心奪われ、踊りを見るなり魅了されて、咫尺《しせき》の間まで近づいて来る。漁師は慌てず騒がず、歩一歩と後ずさり。そこにはもちろん、哀れな魚の罠が待ち受け、網が広げられている。赤鱝はそれに飛びこみ捕まえられるのだが、その前に歌と踊りに捉えられているのである。(1)

註 (1) 本書一七‐一八に同話がある他、一五‐二八にも関連する話あり。

四〇　黒鮪の逃げ技

黒鮪といえば巨大な魚で、自分にとって最も役に立つことを心得ているが、それは技というより生まれつき身につけた才能である。現に、釣針にかかってしまったら深みに潜り、海底に身を押しつけぶつかり、口を打ちつけて鉤を外そうとする。それができないとなると、今度は傷口を広くして、痛みの因《もと》を吐き出して虎口を脱する。ただ、この試みがうまく行かないことも多く、すると漁師は嫌がる魚を引っ張り上げて獲物を確保するのである。(1)

註　(1) オッピアノス『漁夫訓』三-一三二以下に同じことが歌われる。

四一　メラヌーロスは天の邪鬼

メラヌーロス(尾黒魚《オグロウオ》)(1)がこの上なく臆病な魚であることは、漁師らの証言するところ。実際、この魚は筌《うえ》では捕まえられないし、それに近づきもしないが、ふと曳き網に囲まれてしまうと、知らぬ間に捕まっていることがある。海が穏やかに凪いでいる時には、海底の岩や海藻に寄り添いじっとして、できる限り防御を固めて姿を見えなくしている。ところが、荒天となり、他の魚たちが襲いかかる波を避けて深みへ潜るのを見てとると、こちらは勇気凜々、陸に近づいて行き、岩場に泳ぎ寄るのは、頭上に広がる波の花が彼らを覆い隠して、十分に守ってくれると考えるからである。海が荒れ、恐ろしい波が沖天にまで沸き上がる、そのような時は昼も夜も、漁師は海に出ることが叶わぬのを、いかなる訳か、この魚はよく知っているのである。餌を得るのが正に荒波たち騒ぐ時で、あるいは岩場からこそげとり、あるいは岸から引きはがす。メラヌーロスは、他の魚ならよほどの餓えに苛まれぬ限り軽々に口にしないような、いとも汚いものを食す。凪の時には、ひたすら砂の上で餌を漁《あさ》り、それで身を養う。この魚の獲り方については別の人に語ってもらいましょう。

註（1）メラヌーロス（黒い尾の意）の学名は *Oblata melanurus.* 鯛の近縁。オッピアノス『漁夫訓』三-四四三以下にも歌われている。

四二　鷺の利目

鷺は視力最も鋭い鳥である。ホメロスもそのことを知っており、「パトロクロスの段」でメネラオスをこの鳥になぞらえることで証言している。メネラオスがアンティロコスを探し出し、アキレウスの許への使者に立てようとする場面である。アキレウスは心友パトロクロスを戦いへと送り出し、切なる願いにもかかわらず彼を迎え入れることは叶わなかったのであるが、そのパトロクロスの死を伝える、辛いがやむをえぬ使者であった(1)。

鷲は自分のために視力を役立てるばかりでなく、人間の目にとっても有効だと言われる。目の悪い人が鷲の胆汁とアッティカの蜜を混ぜて塗布すると、見えるようになるどころか、この上なく鋭い視力を得るという。(2)

註（1）アキレウスの武具を纏って戦場に出たパトロクロスは敵将ヘクトルに討たれる。メネラオスはアンティロコスにその悲報をアキレウスに伝えさせようとする。「空飛ぶものの中で視力最も鋭いと言われる鷲のようにメネラオスは八方に目を配りながら」（『イリアス』一七-六七三以下）。（2）アッティカはアテナイを含む地域名で、そのヒュメットス山の蜜蜂は名高い。鷲の胆汁の効能はプリニウス『博物誌』二九-一二三にも見える。

四三　歌姫ナイチンゲール

ナイチンゲールは最も声美しく歌の上手な鳥である。どの鳥にも負けない面白の節とよく通る声で、誰もいない場所を歌で満たしている。ナイチンゲールの肉は寝ずに起きていたい人の特効薬だと言う人がいる。しかし、このようなものを食する輩は下劣で、もの知らずにも程がある。ホメロスは「神々と人間の王なる眠りよ」と言っているが、(1)その眠りから逃れるために、この鳥の肉の力を借りることの下劣さよ。(2)

註（1）女神ヘラは夫ゼウスを色仕掛けで眠らせようとして、眠りの神《ヒュプノス》にこのように呼びかける（『イリアス』

一四-二三三）。(2) ナイチンゲールは眠らず常に目を覚ましているという俗信（アイリアノス『ギリシア奇談集』一二-二〇）に関連する記事であろう。

四四　鶴二題

鶴の叫びは雨を呼ぶ、と言われる。また、鶴の脳味噌は女たちを愛欲の喜びへと促す呪力のようなものを持つ。最初にそれを観察した人たちが十分な証拠である。

四五　禿鷲《ハゲワシ》、そして啄木鳥《キツツキ》

禿鷲の羽根を燃やすと蛇を巣穴や潜んでいる所から簡単に引っぱり出せるということだ(1)。

啄木鳥という鳥はその行動から名づけられた。曲がった嘴を持ち、それで木を突《つつ》くところからで、木に洞穴を開け、それを巣にして雛を入れるから、乾いた小枝も、それを編んで巣に構築する必要もない。ところで、この鳥の巣の入口に石をはめて塞いでやると、啄木鳥はすわ攻撃と察知して、この石に対抗する薬草を採って来て石にかぶせる。重苦しくなった石は耐えられずに飛び出すので、この鳥の逃げこみ場所が再び開かれるのである。

註（1）このことはプリニウス『博物誌』二九-七七に見える。

四六　シュノドーンの群居

シュノドーン[1]は独り者ではなく、孤独や仲間はずれが耐えられない。年齢毎に群居する習いがあり、若者は若者で隊を成し、成熟組もまた成熟組で纏まって泳ぐ。「同い年は同い年を」という諺があるが[2]、この魚もそれを喜び、同じ仕事、同じ気晴らしで朋友仲間が居合わせるようなものである。漁師らに対抗するのにもこの性質を用いる。釣り人が餌を下ろして来ると、皆が周りに集まり、輪になって互いを見やるのは、まるで沈んで来た餌に近づくな、触るなと、てんでに合図を出し合っているかのようである。この任務のために配置された魚たちは動かずにいるのだが、他の群れからシュノドーンがやって来て釣針を呑みこむと、はぐれ者の報いで捕まってしまう。そいつは釣り上げられ、群れの方はもはや捕まる怖れなしと安心するが、気の弛みから捕まるのである[3]。

註（1）sunodōn（シュノドーン）は（sunodous）シュノドゥースの語形もあり、「歯の合った」の意。黄鯛かとされる。（2）諺「同い年は同い年を喜ぶ」はプラトン『パイドロス』二四〇C、アリストテレス『弁論術』一三七一b一五などに見える。（3）オッピアノス『漁夫訓』三-六一〇以下ではやや異なる記述になっている。

四七　大烏の渇きの由来

夏の間、大烏は灼けつくような渇きで懲らしめられ、己れの罰を鳴き声で証ししている、という。人々が語るその謂れはこうである。アポロンが召使の大烏を水汲みにやったことがあった。大烏は伸びてはいるがまだ青い麦畑に行き会い、小麦が鬻りたくなって、麦穂が乾くまで待ち続け、主人の言いつけをなおざりにした。このため乾燥最も甚だしい時期に、大烏は喉が渇いて罰を受けるのだ、と。お伽噺のような話であるが、この神を敬って語る次第。(1)

註　(1)オウィディウス『祭暦』二―二四七以下では、アポロンに水汲みを命じられた烏が無花果の木を見つけ、実が甘くなるまで時間を潰した上、蛇が泉を占拠していたと嘘をつく。プリニウス『博物誌』一〇―三二には大烏の夏の渇きの事実のみ。

四八　大烏の能力

大烏は聖なる鳥とされ、それもアポロンの従者だと言われる。そこからこの鳥は予言の兆しで役に立つと認められており、鳥の居場所や叫び声、左手に飛ぶか右手に飛ぶかなどを解釈する人は、大烏の鳴き声に照らして予言を行うのである。

因みに、大烏の卵は髪を黒くするということも聞いている。自分の髪を染めようとする人はオリーブ油を口に含み口を噤《つぐ》んでおかねばならない。さもないと、髪と一緒に歯まで黒くなり、綺麗に洗い落とすことができなくなるというのだ。

四九　蜂喰《ハチクイ》の飛行

蜂喰という鳥は他の全ての鳥と正反対の飛び方をする。他の鳥が前方、目の方向へ飛ぶのに対して、この鳥は後ろ向きに飛ぶのである。この鳥が行うきわだった、常識はずれの、ユニークな動き方には私も驚かざるをえない。

五〇　鱓《ウツボ》と蝮《マムシ》

鱓は性欲が漲《みなぎ》ってくると陸に進出し、花嫁との、それも極めてたちの悪い花嫁との交わりを求める。なんと蝮の巣穴に近づき、両者は抱き合うのだ。話によると、蝮の方でも交尾への衝動に突き動かされると、海辺に降りて来て、まるで酔っぱらいが(1)笛の音と共に恋人の戸を叩くように、シュッシュッと音を発しつつ恋人に呼びかければ、鱓も寄って来て、自然は離れて棲む者同士を同じ欲望へと、一つ寝床へと結びつけるのである。(2)

註（1）「まるで酔っぱらいが……」、ソクラテスらの談論の場にアルキビアデスが乱入する場面（プラトン『饗宴』二一二C）と言葉の類似がある。また、恋人の戸口でセレナーデを歌うイメージ（テオクリトス『牧歌』三番）もある。（2）鱓と蝮の交尾についてはニカンドロス『有毒生物誌』八二六以下、プリニウス『博物誌』九-七六、オッピアノス『漁夫訓』一-五五四以下等にも記述がある。本書九-六六ではここで省いたことを補足する。

五一　蛇の発生

人間の死体の背骨は、腐り行くその髄を蛇に変じると言われている。猛《たけ》きものが発生する、最もおとなしいものから最も荒々しいものが這い出るわけだ。美しく正しく生きた人たちの遺体は、その魂が詩人によって歌われ称えられるように、ご褒美の平安を得て安らかに眠る。他方、邪悪な人間の背骨は、死んだ後までそのようなものを生む。というわけで、これが全てお話にすぎぬにせよ信じられるにせよ、悪人の死体が蛇の父親になるのは、生き方の報いを受けているのだ、と私は考える。(1)

註（1）カリュストスのアンティゴノス（前三世紀）『驚異集』八九（Keller版）は、アルケラオス（本書二-七の人物か）なる人物の説として人の骨髄からの蛇の発生を記す。本巻二七章参照。

五二　燕の来往

燕は最も美しい季節の到来を告げる。人間が好きで、人間という生き物と庇を同じくすることを喜び、呼ばれなくてもやって来て、好きな時、都合のよい時に去って行く。人間の方でも、ホメロス流の異人歓待の掟に則って燕を迎え入れる。留まる人は歓待し、行きたい人は送り出せ、とホメロスは言っている[1]。

註　(1)『オデュッセイア』一五-七四をパラフレーズしている。

五三　山羊の呼吸

山羊飼などの牧人の話によると、山羊は息を吸いこむことにおいて有利な条件を持っている。鼻ばかりでなく耳によっても呼吸するからで[1]、そして双蹄類の中で最も感覚が鋭いのだという。私はその理由を示すことができず、知っていることを言うばかりである。山羊もまたプロメテウスの創造物であるのなら[2]、いかなる意図でそのように創ったのか、彼が知っていればよいことだ。

註　(1)「クロトンのアルクマイオン（前五〇〇年頃、医師、哲学者）が、山羊は耳で呼吸すると言っているが、真実ではない」（アリストテレス『動物誌』四九二a一四以下）。「アルケラオスによると、山羊は鼻でなく耳で呼吸する」（プリニウス『博物誌』八-二〇二）。(2)ギリシア神話では人類の創造主ははっきりしないが、

「プロメテウスは我々人類を含む全ての生き物を創った」(前四世紀の喜劇詩人ピレモン、断片九三)、「プロメテウスはゼウスの指図に従って人間と獣を拵えた」(『イソップ寓話集』(Perry版)二四〇)などの証言が残る。

五四　毒虫

蝮やその他の蛇の咬傷に対しては対抗策がない訳ではないと人は言う。飲み薬もあれば塗り薬もあるというこ とだし、呪文もまたある種の蛇が注入した毒を和らげる。ところがコブラの咬傷ばかりは癒すこと叶わず、手の施しようがないという[1]。それ故、悪への特権を持ったこの生き物は憎むに値する。しかし、それにもまして忌わしく防ぎようがないのが魔法使いの女で、メデイア[2]やキルケ[3]がそれにあたることは我々の聞くところだ。コブラの毒は咬傷の作用であるが、魔法使いは触れただけで殺すからだ、と言われているのである。

註 (1) アリストテレス『動物誌』六〇七a二一もコブラの咬傷の致命的なことを述べる。(2) コルキス王の娘、魔法の力で英雄イアソンを助け結婚するが、後に夫に捨てられて子殺しに走る。(3) 太陽神ヘリオスの娘、メデイアの伯母。魔術でオデュッセウスの部下たちを獣に変えた。イタリア中部に住むマルシ族はキルケの子孫とされ、毒蛇を抑え、呪文と樹液で蛇咬を癒したという(ゲッリウス『アッティカの夜』一六-一一)。

五五　犬鮫《イヌザメ》の漁法

犬鮫（海の犬）に三種あり。一つは大魚の中《うち》最も勇猛なるものに数えられ、残る二種は泥に棲む習性で、身の丈一ペーキュスに及ぶ。二種の中一つをガレオス（小鮫）、他をケントリテース（棘鮫）と呼び慣わしているが、斑《まだら》模様のあるのをガレオスと呼び、その余のものをケントリテースとしておけば大過あるまい。体色が斑の方がその皮膚は軟らかく、頭は平たい。他方の小さく硬い種は、皮膚と鋭く尖りゆく頭と白っぽい色で区別できる。この種には、頭の謂わば鬣《たてがみ》の辺りと尾の所に棘が生えている。そしてこの棘は硬くて撓《たわ》まず、毒のようなものを放つ。

この小型の犬鮫は二種共に軟泥や泥土から釣り上げられるが、その漁法を語るのも悪くない。背骨を抜き去った白い魚を餌にして下ろしてゆく。一匹が捕まり釣針に絡むや、見ていた皆も一斉にそれに躍りかかり、引き上げられる魚の後を追って一路舟べりまで到るのは、思うに嫉妬心からそうするのだ。あいつは自分一人のために餌を何処《いずこ》かより掠《かす》めて来た、と考えるのである。こうして何匹かが舟の中にまで飛びこむことも少なからず、我から進んで捕まるのである。（1）

註　（1）犬鮫に三種あることはオッピアノス『漁夫訓』一-三七三以下に、その漁法については同じく四-二四一以下に歌われる。

五六　赤鱝《アカエイ》の棘

赤鱝の棘には太刀打ちできない。[1] 刺されたら即死で、海のことなら知り尽くした熟練漁師でさえ、この武器には身震いする。何しろ、他人には固より、傷つけた張本人にも癒せないのである。どうやらペリオン山の槍[2]にしか癒す力は与えられていないようである。

註　(1) 赤鱝の猛毒についてはオッピアノス『漁夫訓』二-四六二以下も歌う。オデュッセウスとキルケから生まれたテレゴノスは父を捜す旅に出て、イタケ島で家畜を荒らす時、防衛に来た父を知らずして赤鱝の棘の槍先で殺した（アポロドロス『ギリシア神話』摘要七-三六）。(2) 英雄アキレウスの槍はペリオン山の梣《トネリコ》で作られた（ホメロス『イリアス』一六-一四三）。アキレウスはミュシア地方の王テレポスをこの槍で傷つけたが、その傷は傷つけた者にしか癒せない。アキレウスが傷口から槍の錆を拭ってようやく傷は癒えた（アポロドロス『ギリシア神話』摘要三-二〇）。

五七　角蝮《ツノマムシ》とリビアの民

角蝮[1]は〈白い野獣[2]〉である。これは蛇で、額の上に二本の角があるのは蝸牛《カタツムリ》に似るが、その角とは異なり柔らかくない。他のリビア人の敵であるのに、その中のプシュッロイ族[3]と呼ばれる民とは友好的である証拠に、プシュッロイ族はこの蛇に咬まれても平気であるばかりか、運悪くこれに咬まれた人たちをも治療する。その治療法であるが、炎症が全身に広がる前に、プシュッロイ族の誰かが呼ばれて来るか偶然にやって来て、水で口を〈嗽《うがい》し〉(4)、別の水で両手を洗ってやり、その両方の水を咬まれた人に飲ませる。すると元気を回復して、その後はいかなる害にも遭わぬようになるのである。

リビアにはこんな話も行われている。プシュッロイ族の男が妻に疑いをかけ、姦婦として憎むばかりか、その生んだ子を自分たち一族にとっての紛《まが》いもの、私生児ではないかと疑う時には、まことに厳しい試しを行うと言われている。箱を角蝮で満たし、あたかも鍛冶が金を火に投じる如く、赤子をそこに投げ入れて、置き捨てにして嬰児を吟味するのである。角蝮どもはたちまち身をもたげ気を荒げ、持ち前の凶悪さで威嚇するが、嬰児が触れるや蛇どもは打ち萎《しお》れる。するとこのリビア人は、私生児ではなく嫡男の父であることを知るのである。この部族はまた他の有毒生物や毒蜘蛛の敵だとも言われている。もしこれがリビア人の語る虚誕であるのなら、彼らは私ではなく自分自身を騙していると知るべきである(5)。

註 (1) 原語 kerastēs は keras (角) を持つ蛇の意で *Cerastes cornutus* または *Vipera cerastes* とされる。ニカンドロス『有毒生物誌』二五八以下に記述がある。(2) 底本〈白い野獣〉を Hercher は「小さい野獣」とする。(3) リビアは北アフリカ一帯を指し、プシュッロイ族は現チュニジアの西辺りに住んでいた。(4) Hercher に従って改める。(5) プシュッロイ族が蛇の害を受けぬこと、嬰児を毒蛇で試すことはルカヌス『内乱（パルサリア）』九-八九三以下にも見える。本書一六-二七も参照。

五八　蜜蜂の敵

蜜蜂を害する敵となりうるのはこのようなものである。四十雀《シジユウカラ》という鳥とその雛、雀蜂、燕、蛇、毒蜘蛛、リュンゲー(1)。蜜蜂はこれらを恐れるので、養蜂家は小車《オグルマ》を燻《いぶ》すか、まだ青い罌粟《ケシ》を蜂巣の前に立てるか撒くかして、それらを追い払う。上に挙げたものの中、他の敵たちにはこれが嫌がられるが、雀蜂についてはこんな風にして捕まえる。巣の前に虫籠を取り付け、その中に小さなメンブラスかマイニスと、おまけにイオープスかカルキスを入れておく(2)。雀蜂は餌に誘われ持ち前の貪食に引っぱられて、群れなして飛びこみ、籠に閉じこめられたが最後、もはや飛び出して戻ることは叶わない。そこへ水を注ぎかければたやすく殺せるし、火をつけて焼き殺してもよい。

蜥蜴《トカゲ》や大蜥蜴も蜜蜂に害をなすが、こんな工夫でそれをやっつける。ヘッレボロスを染みこませた碾割《ひきわ》り大麦、あるいは灯台草《トウダイグサ》の乳液か銭葵《ゼニアオイ》の汁を振りかけた碾割り大麦を巣の前に撒いておくのである。これを味わった蜥蜴たちはお陀仏となる。

蜜蜂の飼主は毛蕊花《モウズイカ》の葉かナッツの類を池に投げ入れておくと、難なく御玉杓子《オタマジヤクシ》を殺せる。ランプに灯を点して蜂巣の前に置き、その下にオリーブ油をなみなみと入れた容器を据えておけば、〈毒蜘蛛〉(3)は夜の間に死んでくれる。炎に向かって飛んで来て、油にはまって死ぬのである。これ以外の仕方で捕まえるのは容易でない。四十雀は葡萄酒を染みこませた碾割り大麦を口にすると酔っぱらって倒れ、横になって踠《もが》くうちに捕まってしまうのがおかしい。飛び立とうと焦るのだが、立つことさえできないのである。燕については、殺すのは簡単なれど、歌の上手なのに免じて殺さない。蜜蜂の巣の近くに巣を営ませないだけで人間は満足している。

蜜蜂の方は鼻を打つ匂いは全て嫌いで、香料といえどもそれは同じ。異臭が耐えられないし、好い匂いでも淫靡なのは喜ばない。身持ちのよい町娘が悪臭を厭い淫靡な匂いを軽蔑するようなものである[4]。

註 (1)リュンゲーはギリシア語文献中他に見えず、不明。(2)メンブラス、マイニス、イオープス、いずれも餌にするしかない小魚で、同定は困難。カルキスも同定困難。オッピアノス『漁夫訓』一-二四四では群居する魚で鰯と解される一方、アリストテレス『動物誌』五三五b一八では音を出す魚で、島崎は的鯛《マトウダイ》とし、『動物誌』新訳はニシン科の淡水魚とする。(3)〈毒蜘蛛〉を「蛾」に変える校訂案に従う方がよいかもしれない。(4)ウェルギリウス『農耕詩』四-二四二以下には蜜蜂の敵として蠑螈《イモリ》、ゴキブリ、雄蜂、雀蜂、蛾の幼虫が挙げられる。

五九　蜜蜂の巣の優雅なしくみ

キュロス大王[1]はペルセポリスに自ら建てた王宮をいたく自慢していたと言われる。ダレイオス[2]も世に名高い居城をスーサに造営して、その設《しつら》えが自慢であった。小キュロス[3]は王子の身でありながら、かの豪奢な衣装を纏い、かの晴れやかで高価な貴石で身を飾りつつ、リュディアにある苑囿《えんゆう》に自分の手で植樹して、そのことを他のギリシア人や、とりわけスパルタのリュサンドロスに対して誇った。リュサンドロスがリュディアに小キュロスを訪ねた時のことである。

作家たちはこれらの建物を褒めそやすのに、遙かに賢く巧妙な蜜蜂の巣作りについては寸時も顧みない。帝王たちが造営するものは全て、民を大いに苦しめて造ったものであるのに対して、蜜蜂より賢いものはいないだけに、蜜蜂ほど優雅なやり方はない。蜜蜂が真っ先に作るのは王蜂の部屋であり、それは広くて上方に位置する。その周りに環状城壁のように垣を繞《めぐ》らし荘厳化するから、いかにも王の家らしくなる。蜜蜂は自分たちを三類に分かつので、家の種類もそれと同じになる。即ち、最も年長けた年寄り組は親衛隊か警護役のように王宮の隣に住む。その次には最も幼い組と当歳の蜂。若い盛りの蜂はその外側に住むから、最長老が王蜂の藩屏となり、若者組が一番幼いものらの防壁となるのである。

註 (1) アケメネス朝ペルシア草創の英主、前五三〇年頃没。(2) ダレイオス一世、ペルシアの第三代帝王。簒奪者と考えられる。ギリシア遠征してマラトンの戦(前四九〇年)で敗れる。ここの記述はアイリアノスの誤りで、ペルセポリスに大宮殿を建てたのはダレイオス一世。スーサは古くより栄えた都市で、アケメネス朝ペルシアの首都となった。但し、スーサにはダレイオスの造営にかかる宮殿もある。(3) 小キュロスはダレイオス二世の子でリュディア地方(小アジア西部)の大守、前四〇一年没。スパルタの将軍リュサンドロスを財政支援してペロポンネソス戦争で勝利させた。小キュロスとリュサンドロスの会見はクセノポン『家政論』四-二〇以下、キケロ『老年について』五九に見える。

六〇　王蜂の針

一説によると蜜蜂の王蜂には針がないというが、また別の説によると、極めて強力で鋭く研ぎすまされた針が生えているのだが、それは人間に対しても蜜蜂に対しても使われることはなく、ただ脅しのための見せかけとしてあるという。支配者でありこれほどの大群を監督する者が他を害するのは正しくないからだ、というのである。下々の蜜蜂が群れの支配者の御前《ごぜん》に出ると針を収めるのは、あたかも三尺下がって影を踏まぬ如し、とは蜜蜂を熟知した人たちの認めるところである。王蜂が果たしてどちらであろうとも一驚に値する。もし害する武器を持たぬのなら、それは由々しきことだし、もしまた害することができるのにしないのなら、それは遙かに優れたことだからである(1)。

註　(1) 王蜂は針があるのに刺さないから、針を持たないと考える人もいる、とアリストテレス『動物誌』五五三b五以下にも言う。

第二巻

一　鶴の渡り

鶴は普段はトラキアに棲んでいるが、酷寒のその地を去る時にはヘブロス川に集結する。[1] 各自が石を嚥《の》みこんでいるのは、それを食事にし、また吹きつける風に対する重しともするためである。[2] 引っ越してナイルへの旅立ちを試みるのは、その地の温暖と冬場の食物を恋いこがれてのこと。いよいよ飛び立ち、先を目指すに際して、最長老の鶴が群れ全体の周りを三度回り、そして倒れて息絶える。残る鶴たちは死体を埋葬してから、一路エジプト指して去って行く。翼を連ね渺々《びょうびょう》たる大海を渡って行く間、一度も陸に降りず休息も取らない。そしてエジプトの人たちが種蒔きをしているところに到着して、謂わば食べ放題の食卓を畠の中に見つけて、招かれずして饗応に与るのである。

註　(1) 冬期、鶴が暖地へと移動することは早くホメロス『イリアス』三-三以下に見える他、ヘロドトス『歴史』二-二二、アリストテレス『動物誌』五九七a四以下、六一四b一八以下、オッピアノス『漁夫訓』一-六二〇などにも記される。(2) 鶴が石を運ぶことはアリストパネス『鳥』一一三六等にも触れられるが、アリストテレス『動物誌』五九七b一はそれを否定する。

二　火ノ子虫

生き物が山で生まれ、空気中や海の中で生まれるのはさして驚くにはあたらない。素材と栄養と自然がそれらを生む原因となっているのであるから。しかし、火から生まれる羽根虫がいて、火ノ子虫と呼ばれ、火の中で元気よく生きて、あちこち飛び回るのは驚愕ものである。更に驚くべきは、棲み慣れた火からさまよい出て冷たい空気に触れると、たちまち死んでしまうことである。火に生まれ空気に滅ぶ原因は何か、他の人たちに語ってもらいたいものだ[1]。

註　(1) アリストテレス『動物誌』五五二b一〇以下に、キュプロス島の銅鉱石を焼く所で、蠅よりも少し大きな羽根虫が生じるとあるが、呼び名はない。プリニウス『博物誌』一一-一一九はこれを Pyrallis, Pyrotocon（火の子供）と呼ぶ。交尾・産卵のために燃えた松に集まる Black fire beetle のことか。その学名 *Melanophila acuminata* は爪赤長扁玉虫《ツメアカナガヒラタタマムシ》にあてられる。

三　燕の交尾

話によると、〈他の鳥では雄が乗りかかるが、燕はそうでなく、燕の交尾は逆である〉[1]。その理由は自然のみぞ知る、だ。通説によると、燕はテレウスに怯え、彼がいつか忍び寄って来て、再び惨劇を繰り広げるのではないかと怖れているのだという[2]。ところで、これもまた自然が燕に与えた極めて貴重な賜物だと私は思うのだが、燕はピンで目を潰されても、再び見えるようになるのである[3]。これでも私たちは、まだテイレシアスを誉め称えなければならないのだろうか。なるほどテイレシアスは地上では固より、ホメロス（『オデュッセイア』一〇-四九二以下）に言わせると、冥界《ハデス》の亡霊たちの中でも最も賢い男ではあるけれども[4]。

註　（1）テクストからはこのような意味にならないが、諸国語訳に倣っておく。（2）トラキア王テレウスはアッティカ地方の王女プロクネを娶り一子イテュスを儲ける。テレウスはプロクネの妹ピロメラに恋してこれを犯し、罪が露見せぬようピロメラの舌を切り取った。ピロメラが一部始終を織物に縫いこんで姉に知らせると、プロクネは復讐のためイテュスを殺して料理し、テレウスに食わせた。姉妹はテレウスに追われるが神々に祈り、プロクネはナイチンゲールに、ピロメラは燕に変身する。テレウスも戴勝《ヤツガシラ》に変じた（アポロドロス『ギリシア神話』三-一四-八）。この神話が燕の交尾とどう関係するのか分からない。（3）燕の雛は目を抉り出されても治癒するという（アリストテレス『動物誌』五六三ａ一四）。（4）テイレシアスは盲目の予言者で、数々の予言で名高いが、盲目が癒える燕の方が偉いというのである。

四　エペーメロン、短命の仕合わせ

エペーメロンと呼ばれる生き物がいるが、これは命の短さから付けられた名称である。このものは葡萄酒の中で生まれ、容器が開けられると外に飛び出し、日の光を見て死ぬ。即ち、自然はこのものに生の中へと踏み出すことを許すが、生における苦患からできるだけ速やかに解放して、自分の不幸を嘗めることも、また他人の不幸の目撃者になることもないようにしてやるのである。(1)

註　(1) ephēmeron は「一日だけ生きる」という意味で、ふつう蜉蝣《カゲロウ》を指すが、ここでは葡萄酒の中で生まれるとあるので、猩猩蠅《ショウジョウバエ》（*Drosophila*）の類とされる。「生よりも死が望ましい」とするギリシアの民衆知を昆虫に事寄せて語る（「思いみるに、生を享けぬに如《し》くはなく、この世に出て来てしまったら、せめてすみやかに、元来た処へ帰るのみ」ソポクレス『コロノスのオイディプス』一二二四以下、他）。

五　毒蛇二則

もちろん、長い時間の中で見ると、コブラの一撃をも癒してしまった人たちもいる。哀れな負傷者が切開(1)を受け入れるか、歯を食いしばって焼灼を堪《こら》えるか、毒が回らぬよう特効薬で毒を押しとどめるかして癒したのである。

ところがバシリスク(2)となると、長さは一スピタメーしかないのに、最も長大な蛇でもこれを見ると吐く息に中《あ》てられて、時を移さずたちまち干涸《ひから》びてしまう。もし人間が杖を持っていて、バシリスクがそれを噛めば、木の持ち主が死ぬのである。

註 (1)「切開」とした所は咬まれた腕などの「切断」とも考えられる。(2)蛇の王の意味、コブラ様の空想の毒蛇で、これを槍で突いただけで毒に冒されることはルカヌス『内乱(パルサリア)』九-八二八以下、プリニウス『博物誌』八-七八に見える。この蛇の恐ろしさについてはニカンドロス『有毒生物誌』三九六以下に記述がある。

六　海豚《イルカ》と少年

海豚の音楽好きと情愛の深さについては、前者は〈コリントス人〉(1)が言いふらしてレスボス島人が賛同し、後者は〈イオス島人〉(2)が言いふらしている。メテュムナの歌人アリオン(3)の物語は〈コリントス人〉が語り、〈イオス島〉の美少年のことや、彼と海豚が一緒に泳いだことは〈イオス島人〉が伝えている。

ビュザンティオンの人レオニダス(4)も語っているが、彼はアイオリス地方の沿岸を航行中、ポロセレネという町で、人懐《ひとなつ》こい海豚が港に棲みつき、その地の人たちを友達のようにしているのを見たと言う。その上、老婦人とその連合いがこれを養子にして育て、餌や気を惹くものをいろいろ与えていたとも言う。ところが、老夫婦には海豚と乳兄弟《ちきょうだい》になる息子があって、夫婦は海豚と我が子を二人ながら世話していたので、一緒に育てられるうちに、人間と動物とが知らぬ間に互いに愛し合うようになり、世に知られた表現を用いるなら、彼らの間にはいとも厳粛な報いる愛が育まれた。海豚は件《くだん》の町を祖国の如くに愛し、港を我が家の如くに慈《いつく》しむばかりか、育ての親に反哺《はんぽ》の孝を尽くしたのである。それはこんな風であった。

成長して餌を手渡してもらう必要がなくなると、海豚は沖まで泳ぎ出るようになり、海中の獲物を求めて泳ぎまわり、一部は自分の食事にし、一部は家人のために持ち帰った。人間の方ではこれを知って、海豚の貢ぎ物を楽しみに待つようになったのである。

これが実入りの一つであったが、他にもある。育ての親は息子同様、海豚にも名前を付けた。息子は一緒に育った安心から、海に突き出た所に立って海豚の名前を呼んでは、呼びながら甘い言葉をかけるのだった。海豚は船漕ぐ人たちと競走のようなことをしていても、その辺りをうろつく他の群れを尻目に曲泳ぎをしていても、空腹に責められて狩りをしていても、波しぶきを上げて突き進む船さながら、大至急戻って来て、恋人の傍らまで来ると一緒に遊んだりジャンプしたり、少年と並んで泳ぐかと思うと、海豚の方から挑戦するかのように、自分との泳ぎ競べへと恋人を促したりするのだった。更に驚くべきことには、まるで敗れるのが嬉しいと言わんばかりに、一位を譲り、二番手の泳ぎをすることもあった。このことが喧伝されると、船乗りたちはこの町の他の名物と並んでこれも見物《みもの》だと思うようになって、老夫婦と少年にとっても実入りとなったのである。

註（1）（2）Hercher の読みに従う。（3）メテュムナ（レスボス島の町）出身の抒情詩人、竪琴の名手（前七世紀後半）。イタリアで大金を稼ぎ、コリントス人の船でギリシアに帰る途中、船乗りたちに金と命を奪われそうになる。正装して祭礼歌を歌って海に飛びこんだところ、音楽を愛する海豚に救われ陸まで運ばれた（ヘロドトス『歴史』一-二三以下）。（4）魚についての著作を物したらしいが不詳。ポロセレネの海豚はパウサニアスも見たことがあると記す（『ギリシア案内記』三-二五-七）。オッピアノス『漁夫訓』五-四五八以下も同じ話を歌うが、悲劇に終わっている。

七　バシリスクの独擅場《どくせんじょう》

アルケラオスが言うには(1)、リビアでは多くの騾馬《ラバ》が傷つくか渇《かわ》きで力尽きるかして、死んで棄てられる。すると、しばしば蛇の群れが大挙して押し寄せ肉を啖《くら》うが、バシリスクのシュウシュウいう音を聞くや、大急ぎで泥や砂に潜って姿を隠す。バシリスクの方は、やって来ると悠然と食事をしてから、再びシュウシュウと音立てながら去って行く。それ以後は、騾馬と騾馬のご馳走は——ある言い回しを使えば——星を目印にしてその場所を知るのである(2)。

註（1）前三世紀（？）、エジプトのケルソネソス町出身の著作家。珍奇な動物についての書がある。（2）『星を目印にしてある場所を知る』とは、そこへは二度と近づかないことをいう。ソポクレス『オイディプス王』七九五、本書七-四四にこの表現がある。

八　海豚の漁業参加

エウボイア人の話がここまで届いているが、(1) それによると、その地の漁師は海豚と獲物を等分するという。私の聞いた漁法はこのようなものだ。必ず凪《なぎ》の日に行うが、日和《ひより》がよいと小舟の舳先《へさき》に中空の火桶のようなものを吊し、燃え盛る火を入れておく。火桶は火を納めながら光を隠さぬよう、中が透けて見えるもので、篝火《かがりび》と呼ばれる。さて、魚たちは火焔が恐ろしく、その燦《きらめ》きを正視できないが、見えているのが何のためのものか分からぬままに近づいて行き、自分たちを怖がらせるものの正体を知ろうとする。そして肝を潰し、恐怖に身を震わせながら、穴の辺りに固まってじっとしているか、押し合いへし合いしながら海岸に打ち寄せられて、雷に撃たれたようになっている。こうなってしまえば三叉の簎《やす》で突くのは造作もない。そこで、海豚は漁師が火を点じるのを見ると出動準備をする。漁師が静かに漕ぎ進めば、海豚は外側にいる魚を脅しながら追いこみ、脱出を阻止する。こうして魚は八方から圧迫され、漕ぐ男たちと泳ぐ海豚たちに包囲される形になっては逃げることもできぬと観念し、その場で一網打尽に捕まってしまうのである。事後、海豚が進み出て、もやい労働の水揚げで、自分たちに分配されるべき分を要求すると、漁師も正直に律儀に、相棒に正当な分け前を譲るのは、呼ばれなくても気持ちよくまた助っ人に来て欲しいと思うからであろう。その地の海で働く人たちは、義に悖《もと》れば昨日の友を今日の敵にしてしまうと信じているのである。(2)

註（1）エウボイアはギリシアの東岸に近い大島。「ここ」はアイリアノスの住むローマ。（2）オッピアノス『漁夫訓』五‐四二五以下に同話があり、プリニウス『博物誌』九‐一二九以下には南仏ネマウスス（現ニーム）辺での類話が見える。

九　鹿と蛇

鹿は蛇に勝つが、それは自然の不思議な賜物のお蔭である。巣穴に籠る最強の敵でさえ鹿を逃れられず、鹿が塒《ねぐら》に鼻面を寄せて思いきり息を吹きこむと、息が誘《おび》き出す呪文のようになって、嫌がるのを引きずり出し、顔を覗かせたところを食いにかかる。特に冬の間に鹿はこのことを行う。鹿の角を削ってその粉を火に焼《く》べるだけでも、立ち昇る煙がそこら中から蛇を追い払う。蛇はその匂いさえ耐えられないのである。（1）

註（1）同様の記事はプリニウス『博物誌』八‐一一八、オッピアノス『猟師訓』二‐二三三以下に見える他、作者不詳『フィシオログス』三〇「鹿」では、地の割れ目に隠れたドラゴンを鹿が水を吐きかけて引きずり出し殺す、とある。

一〇　騾馬の作り方

馬はどこから見ても高慢な動物である。大きな体躯、駿足、そそり立つ首筋、しなやかな脚、戛戛《かつかつ》たる蹄の音、全てが鼻息の荒さと驕《おご》りの要因となっている。特に鬣《たてがみ》の長い雌馬が勿体ぶって贅沢である。現に、驢馬に乗りかかられることを侮《あなど》る一方、雄馬と番《つが》うことを喜び、自分には最大の馬がふさわしいと思っている。そこで、騾馬を作ろうとする人はこのことをよく知っているので、雌馬の鬣を無造作にでたらめに切り詰めてから驢馬をあてがう。初めは恥じていた雌馬も、こうなっては卑しい夫を我慢するのである[1]。ソポクレスもこの屈辱のことを言っているようである[2]。

註　（1）驢馬と番わせるために雌馬の鬣を切ることはクセノポン『馬術について』五-八、プルタルコス『エロス談義』七五四Aなどにも見える。（2）ソポクレスの断片は本書一一-一八に出る。

一一　象の芸達者

象の賢さについては別の所（本書七-六）で語ったし、その狩りについても、他の人たちの語る多くのことから少しだけ話しておいた。そこで今は、象の音楽的センスと従順さ、それに学習意欲について語ろうと思う。学習と言っても、本来は相手にするのもそら恐ろしいこんな巨大な動物は固より、人間にとってさえ、習得するのが困難な事柄の学習なのである。舞踊団としての動き、ダンス、リズムに合わせた行進、竪笛《アウロス》の音を聞くこと、音調の違いを聞き分けること、許されてペースを落としたり叱咤されて速めたりすること、象はこれらのことを学んで覚え、正確に行って間違わない。このように、自然は象を大きさでは最大に創り、学びにおいては最もおとなしく素直なものにしたのである。

ところで、もし私がインドやエチオピアやリビアの象の従順さと学習能力について書くというのなら、話を寄せ集めて大法螺を吹いているとか、噂をたよりに動物の本性に違《たが》う嘘をついている、と思う人があるかもしれない。しかしそれこそは、学問に携わる人、熱烈に真理を愛する人が最もしてはならないことなのである。私はこの目で見たこと、かつてローマで実際に行われたと余人が書き残していることを語ることにした。多くの中から僅かのものを要約したが、ここからでも動物の特性を余すところなく説き明かしてある。

よく馴れた象は極めておとなしく、思い通りのことをさせるのも造作ない。ここでは時に敬意を表して、最も古いことを話そう。ゲルマニクス(1)が——これはティベリウス帝の甥であろう——ローマ人のために初めて見せ物興行を行おうとした時のこと。ローマには成長した象が雄も雌もかなりいて、この地で子供も生まれていた。仔象の脚がしっかりとしだすと、この種の動物の扱いに長けた男が、神業とも見える驚くべき方法で調教に取りかかった。先ず初めは、優しく穏やかに仔象を訓練へと導くのだが、餌やご馳走、それも宥《なだ》めたり賺《すか》したり、様々に工夫を凝らした飛びきりのご馳走をあてがうことにより、もしまだ野性があればそれを投げ棄てさせ、飼い馴らされた、一種人間的な動物へと変貌させた。学習内容としては竪笛《アウロス》の音を聞いて狂暴にならぬこと、太鼓を打つ音に動揺しないこと、葦笛に聞き惚れること、耳障りな音調や入場者の足音や雑然たる歌声に耐えることなど。人の群れに怯えないようにも叩きこまれた。次のような男らしさの訓練もあった。即ち、打擲《ちょうちゃく》を加えられても怒らぬこと、歌や踊りに合わせて脚を捩《ねじ》ったり曲げたりすることを強制されても、力と勇気は旺盛な象だからといってカッとならぬこと。人間並みの教育に規律を失わず従順に従うことだけでも、象の本性の優越性であり高貴なところであるが、ダンス教師が象をすっかり上達させ、象も教えられたことを正確に行い、訓練の苦労を裏切らなくなると、必要な場合に応じて、象が教育の成果を披露する場に呼び出された、と言われる。

象の舞踊団はその数十二頭であったが、劇場の右側と左側とから分かれて登場し、しゃなりしゃなりとした歩みで、全身を繊細に揺り動かしながら入場した。花模様のダンス衣装を纏っていた。指揮者が一声合図しただけで、訓練師がそうしろと命じると、象は一列に並んだと言われる。またそちらへ行けと合図すると、回りこんで輪になった。散開すべき時には散開したし、花を撒いて床を飾るにも、無駄のないよう程々ということを弁えていたし、足踏み鳴らすにも、歌や踊りに調子を合わせるのだった。

ダモン(2)やスピンタロス(3)、アリストクセノス(4)やクセノピロス(5)、ピロクセノス(6)等々が音楽を熟知し、数少ない名人とされるのは賛嘆すべきことではあるが、決して信じがたいことでも不思議なことでもない。それは、人間が言葉を持った生き物で、心と論理的思考を備えているからである。それに対して、分節言語を持たない動物がリズムとメロディを理解し、振り付けを守り、調和を乱さず、訓練が求めるところを完璧にこなすのは自然の賜物であり、一つ一つが驚くべき特性なのである。

次に述べることは、見る人が狂喜するに十分である。低い寝椅子用の茣蓙《ござ》が劇場の砂地に敷かれ、クッションに加えて、富み栄えた旧家の家宝であることが一目で分かる錦織の敷物が用意された。高価な杯や、たっぷりと水が入った金銀の甕が並べられ、そこに据えられた香木（角実檜葉《カクミヒバ》）と象牙で作ったいとも豪華なテーブルには、どんなに貪食の動物の胃袋でも十分に満たせるほどの肉とパンが載っていた。準備万端溢れるほどに整ったところへ入って来たのは、宴に招かれた六頭の雄と同数の雌。雄象は男物の、雌象は女物の装束を纏い、雄と雌が組になって整然と着席する。象たちは合図と共に、しとやかにその鼻を手のように伸ばすと、大そう行儀よく食べ始めた。黄金のクセノポン(7)描くところのペルシア人のようにがつがつしたり、先を争ったり、人より多くをふんだくるように見える者は一頭もいなかった。飲みたくなれば、各々の傍らに甕が置かれているので、鼻を使って優雅に飲んで、序でに噴水を作ったが、それは狼藉ではなく遊んでいるのだった。

この動物に特有の驚くべき賢さについては、類似のことが他にもたくさん書き残されているが、私自身は、象が鼻を使って、ローマ字を書板の上に真っ直ぐよどみなく書くのを見た。但し、訓練師が象の鼻に手を置いて、象が書き終わるまで、文字の輪郭へと鼻を導いていた。象は一心に俯《うつむ》いていた。象の目は教育によって文字を覚えた、と人は思ったであろう。

註 (1) ゲルマニクス・ユリウス・カエサル。前一五―後一九年。ローマ二代皇帝ティベリウスの甥で養子。(2) 前五世紀、音楽理論家。ソクラテスやプラトンに賞賛されている。(3) 前五世紀、悲劇詩人。(4) 前四世紀、音楽理論家、哲学者。アリストテレスの門に入り、後反目。(5) 前五世紀、古喜劇詩人。(6) 前五／

四世紀、ディテュランボス（ディオニュソス崇拝に関わる合唱抒情詩）詩人。音楽の改革者。（7）前四三〇頃―三五二年頃。文筆家、ソクラテスの弟子。「黄金の」は名文家への尊称。その書、従軍記録の傑作『アナバシス』七-三-二三に鯨飲馬食するアリュスタスなる男が登場するが、これはギリシア人でペルシア人ではないから、アイリアノスは間違っている。

一二　兎の特性

兎も生まれつき変わった性質を持っている。瞼《まぶた》を開けたままで眠り[1]、ある種の穴[2]を見せることで年齢を示す。仔を生んだばかりなのに次のお産をし、更に子宮には未成熟の仔を宿しているのである[3]。

註（1）兎が目を開けたまま眠ることはクセノポン『狩猟について』五-一一にも見える。（2）この穴（trōglē）は普通は巣穴を表すが、ここの兎は野兎（lagōs）で穴を掘らない。この記事は、「アルケラオスの説では、兎の年齢は体にある排泄孔の数と同じである」（プリニウス『博物誌』八-二一八）と関連するものであろう。（3）兎の重複妊娠についてはヘロドトス『歴史』三-一〇八、アリストテレス『動物誌』五七九b三二他、プリニウス『博物誌』八-二一九等、言及が多い。

一三　大魚の水先案内

犬鮫《イヌザメ》以外の殆ど全ての大魚は水先案内を必要とし、そのものの目に導いてもらう。これは〈大きくて白い魚〉(1)で、頭が長く、専門家に言わせると、尾が狭くなっている。自然がそれぞれの大魚にこんな水先案内を賦与したのか、それともこちらから好き好んで近づきになりに行くのか、私には分からないが、どちらかと言えば、自然における必然的条件によってこのことが行われていると信じている。即ち、この魚は決して自分のためには泳がず、大魚の頭の前に立って水先案内となり、言うなれば舵手を務めるわけである。実際、この魚は大魚に代わって全てを先に見、感知し、尾の先で細大漏らさずあらかじめ教え、接触したり符牒を送ったりして、恐ろしいものを回避させ、餌になるものの所へと導く。何かしら玄妙な合図で漁師の企みを教え、こんなに大きな動物が入りこんではならない場所を指し示して、岩礁に取りこめられて全滅などしないようにしてやるから、最大のものの命が最小のものにかかっているのである。どうやら、生き物が肥えすぎて見ることも聞くこともできなくなるのは、嵩ばる肉が視覚や聴覚の妨げとなるらしい。この魚は大魚のいない所では〈目撃されない〉(2)。大魚のために上述の如く何から何までしてあげる魚が死んでしまったら、大魚(3)もまた死なねばならないのである。

註　(1) Hercher は「小さくて細い魚」と改め、それに従う訳が多い。(2) 底本は「目撃される」だが、Hercher に従って否定文に変える。(3) 原語 κῆτος（ケートス）はプルタルコス『動物の賢さについて』九八〇F以下、オッピアノス『漁夫訓』五‐七一では「鯨」と訳せる。そこではパイロット・フィッシュに先導される鯨が描かれる。本巻一五章参照。

一四　カメレオンの変色

カメレオンという生き物はよく見て観察するに、一つの固有の色を持っているのではなく、自分を隠して見る者の目を迷わせ欺く。もし黒い姿を見つけても、相手はまるで服を変えるように、緑の姿へと変化する。かと思うと、俳優が仮面や衣装を取り替えるように、白を纏って変身する。(1) かくの如くであるから、自然はメディア(2)やキルケ(3)のように、釜茹でをしたり秘薬を塗布したりはせぬものの、やはり魔法使いに違いない。

註　(1) アリストテレス『動物誌』五〇三a一五以下にカメレオン(「地を這うライオン」の意)の変色その他、詳しい記述がある。(2) 夫イアソンの父母を死に至らしめたペリアスに魔術で復讐した。先ず、老いた雄羊を切り刻み釜茹でにして若返らせて見せ、次に、ペリアスの娘たちに、老ペリアスに同じことをさせて殺させた。(3) オデュッセウスの部下たちに魔酒を飲ませて豚に変えた。

一五　鰤《ブリ》モドキ

〈鰤モドキ〉[1]は沖の魚で、深い海を喜ぶことは我々が聞き知る魚類の中で随一と知るべきである。この魚が陸地を嫌うのか、陸地がこの魚を嫌うのか。ともあれ、海のただ中を切り分け進む船があると、鰤モドキはまるで惚れた女の許へ走り寄るみたいに泳いで行って護衛にあたり、船の周りを踊ったり跳ねたりしながらついて行く。ところで、〈乗客は陸からどれだけ離れているか、知る必要もないので知らないであろう。船員たちでさえ、真相を摑み損ねていることが多い〉[2]。ところが鰤モドキは、嗅覚鋭い犬が逸早く獲物を捕まえるように、遠くから陸近いことを感知するので、もはや船への愛も失せて、船の傍らに留まることもせず、申し合わせたように一同集結して去って行く。そこで船長たちは、烽火《のろし》から判断するのではなく件《くだん》の魚の教えによって、陸地を見回さねばならぬことに気づくのである[3]。

註　(1) 鰤モドキは代表的なパイロット・フィッシュ。底本は πόμφυλος（ポンピュロス）だが Hercher に従って πομπίλος（ポンピロス）と読む。(2) この部分はテクストが毀れ校訂案も錯綜しており、大意をとるのみ。(3) 伝オウィディウス『釣魚書』一〇〇以下、オッピアノス『漁夫訓』一-一八六以下、アテナイオス『食卓の賢人たち』二八二F以下などにもこの魚の記述がある。本巻一三章参照。

一六　タランドスの変色

赤面したり蒼白になったり土気色になったり、こういうことは人間にも動物にも起こるが、それは体毛のない裸の皮膚に見られること。ところがタランドス(1)という生き物は体毛ごと変化して千変万化の色を呈するから、見る者は喫驚する。これはスキュティアに棲み、背中と大きさは雄牛に似る。スキュティア人はこれの皮を槍も通さぬ優れものと考えて、楯に張る。

註　(1)アリストテレス『異聞集』八三二b八以下にも出る。プリニウス『博物誌』八-一二三以下では tarandrus として見え、雄牛ほどの大きさ、頭は鹿より大きいが鹿には似ず、角が枝分かれして、蹄が割れ、鎧にできるほど皮が硬く、怖れると木や花や土地の色に変化するので捕まることは稀だ、とある。馴鹿《トナカイ》または篦鹿《ヘラジカ》かと考えられる。

一七　舟止め魚

泳ぐのは沖の方《かた》、外見は黒く、大きさは中くらいの鰻に似て、その仕業から名を得る魚がいる。順風を受け帆を孕ませて快走する船に付きまとい、ちょうど轡《くつわ》に逆らう悍馬《かんば》を厳しい手綱捌きでぐいと引き戻すように、船の勢いを殺いで動けなくしてしまう。こうなると帆腹飽満《はんぷくほうまん》も詮なく、風吹けど益なく、悲痛の思いが乗客をとらえる。船乗りたちはしかし、船の受難を了解している。魚の名前も実にここから来るのであり、経験者はそれを「舟止め魚《エケネーイス》」と呼んでいる。[1]

註　(1) 舟止め魚《エケネーイス》については本書一-三五への註参照。

一八　医術の師資相伝、象の秘術を付す

ホメロス（『イリアス』一一-八三二）によると、怪我人や薬を必要とする人を世話する術は三世代の師弟関係を遡る。即ち、メノイティオスの子パトロクロスはアキレウスより医術を学び、ペレウスの子アキレウスはクロノスの子ケイロンに学んだのである。[1] 英雄たちや神々の子らの時代にはどのような知識が行われていたかというと、木の根の効能を知ること、様々な薬草の利用、薬の調合、炎症を抑える呪文、止血法、その他もろもろの知識があったが、後の時代の人々が見つけ出したものもある。

しかし、自然がこのような賢しらを一切必要としないことは象が証明している。現に、象は槍や矢をあまた打ちこまれた場合、オリーブの花かオリーブ油そのものを振りかけた上で、突き刺さったものを全て振り落とすと、無傷の体に戻るのである。

註　(1) ケンタウロス（馬と人間の合体怪獣）たちは野蛮で、悪人イクシオンと雲（女神ヘラの似姿）の交わりから生まれたとされる。同じく半人半馬の姿ながらケイロンはクロノス（ゼウスの父）とピリュラ（大洋神オ

ケアノスの娘）が馬の姿で交わって生んだ子ゆえ、医学、音楽、予言術などに通じた賢者であり、英雄アキレウスやイアソンらを教育した。ケイロンの医学上の弟子は医神アスクレピオスで、その子ポダレイリオスとマカオンは医師としてトロイア戦争に従軍した（『イリアス』二-七三二）から、これも三代目。

一九　熊の仔の整形

これまたこの動物に特有の驚異である。熊は胎児を生む術を知らず、分娩直後の仔を見た人は、熊が生き物を生んだとは認めぬであろう。確かにお産はするが、それはぼんやりと摑みどころのない、形のない肉の塊でしかない。母熊はしかしこれを慈しみ仔と認めて、腿の間に入れて暖め、舌で撫でつけ、四肢を浮き出させ、少しずつではあるが形を整えてやるので、見た人は熊の仔だと言うようになろう(1)。

註　(1) アリストテレス『動物誌』五七九a二一以下によると、熊の胎児は親の大きさとの割合でいえば、動物中最も小さい。毛がなく盲目で体の部分も未発達で生まれるという。オッピアノス『猟師訓』三-一五四以下は、雌熊は雄との交尾を切望するあまり未熟児を生む、と理由づける。プリニウス『博物誌』八-一二六もアリストテレスを承ける。

二〇　雄牛の角

撓《たわ》むことない直立した角が全ての雄牛についており、雄牛が角で怒気を発するのは人間が武器もてそうするようなものである。但し、エリュトライの牛は角をも耳のように動かす(1)。

註　(1) アリストテレス『動物誌』五一七a二八、オッピアノス『猟師訓』二・九三以下等ではプリュギア（小アジア西北部）の牛が耳を動かすと記される。エリュトライは小アジア西岸、キオス島の対岸の町。

二一　大蛇の狩り

エチオピアの地は——ホメロスの歌ではオケアノスなる神々の湯浴み場とされ(1)、羨ましい限りの隣人であるが——なんとこの地は最大級の大蛇の母である。何しろ長さは三〇オルギュイアにも達し、蛇族の名では呼ばれず、「象殺し」と称され、寿命は最長の生き物と競うのがここの大蛇なのだ。エチオピア人の話はここで止まっている。

一方、プリュギア人の話では、プリュギアにも大蛇がいて、長さは一〇オルギュイアに達し、真夏には毎日、市場の出盛る頃(2)を過ぎると穴から這い出て来るという。そしてリュンダコス川(3)のほとりで、蜷局《とぐろ》の一部を地面に据えて支えとすると、余る体を一杯にもたげ、口を開けたまま喉首を伸ばして身じろぎもせず、まるで呪文のような息で鳥たちを誘き寄せる。鳥たちは大蛇の呼吸に引き寄せられて、羽根もろとも胃袋にはまりこむ。こんな特異な狩りを日没まで行うのであるが、その後大蛇は身を隠し、羊の群れを待ち伏せすると、牧場から小屋に帰るところを襲って、しばしば牧人をも道連れにするほどの大殺戮を繰り広げて、たらふく食べ放題の食事をするのである。

註 (1)『イリアス』一-四二三以下によると、ゼウスはじめ神々はオケアノス(円盤状の大地を取り巻く大洋)の辺りに住むエチオピア人(大地の西端と東端に住むと考えられた)の宴に赴く。但しここの記述は不正確で、オケアノスで沐浴するのは神々ではなく太陽や星辰である。星辰は東から昇り、天空を巡って西のオケアノスに沈み、そこで活力を取り戻して再び東から昇ると考えられた。(2)午前十時頃。(3)ミュシア地方(小アジア西北部)を流れプロポンティス(マルマラ海)に注ぐ。

二二 雑魚《ざこ》の発生

雑魚(1)は泥から生まれる。雑魚同士が生んだり生み出されたりするのではなく、海の泥が粘り気を増して黒くなると、命を生み出す神秘的な自然の力で〈……〉(2)熱せられ、うじゃうじゃとした生き物に変化する。雑魚がそれで、汚泥《おでい》や塵芥《ちりあくた》の中に生まれる蛆虫に似ている。雑魚は生まれて来るなりスイスイと泳ぎ、それは本能的な行動であるのだが、やがて何か不思議な誘因に導かれて安全な所に移り、そこで身を護る覆いを見つけて、生存を確保する。彼らの逃げこむ場所は大きく高々と盛り上がった岩であったり、漁師がクリバノス[3]と呼ぶ場所であったりする。これは永年波に〈浸食されて[4]〉空ろになったドーム状の岩場である。寄せ来る波に打たれたり消し去られたりせぬよう、自然がそれを雑魚の避難所に指定したわけだ。何しろ雑魚は非力で、波の襲来にはとても対抗できないからである。雑魚は全く餌を必要とせず、お互いを舐めあうだけで事足りる。

雑魚の獲り方であるが、極めて細い糸と、〈細い縦糸で織った紗[5]〉を用いる。この技法は雑魚を獲るには十分であるが、他の魚の漁には全く役立たない。

註（1）雑魚（aphuê, 複数形 aphuai）は「生まれないもの」の意で、発生がよく分からない小魚の総称。アリストテレス『動物誌』五六九a一〇以下、オッピアノス『漁夫訓』一-七六七以下に自然発生する魚のこと、アテナイオス『食卓の賢人たち』二八四F以下に雑魚の種々が記される。（2）〈自らの快楽により〉と解せる語句があるが、Hercher に従い削除。（3）クロッシュのような土器または鉄製の半球状のかぶせ物。熱した床の上にパン生地を載せ、これを被せ、周りに熾を乗せてパンを焼く。（4）Hercher の校訂案に従う。（5）底本は解しがたく、仮にこう訳す。

二三　蜥蜴《トカゲ》の生命力

故意にせよ偶然にせよ、蜥蜴の頭を杖で打って真っ二つに切ってしまっても、どちらの部分も死なず、それぞれが別個に進み、前半分と後ろ半分が這いながら生きている。そして、一方が他方へと動きを合わせることが多いので、両者が出会うと、分離の後の合体を果たして一つになる。一つになった蜥蜴は、傷跡が受難の形跡を示しているものの、以前の生き方そのままに走り回り、そんな災難には遭わなかったかの如くである。

二四　蛇毒と人間の唾

爬虫類の毒は恐ろしいが、コブラの毒はとりわけ激烈である。激痛を緩和し除去するのにいかに長けた人でも、その治療法と防御法を見つけるのは容易でない。ところが人間の側にも神秘的な毒があるのであって、それはこんな風にして認められる。もし蝮《マムシ》を捕まえたなら、その首根っこを力をこめてしっかりと押さえ、口を開けさせて唾を吐き入れる。唾は腹の中へと滑りこみ、蝮が腐ってしまうほどの害を及ぼす。このことからすると、人が人を咬むのはどんな獣が咬むのにも劣らず醜悪で危険なことなのである。(1)

註　(1) 人間の唾液が蛇や有毒動物にとって毒となることはアリストテレス『動物誌』六〇七a三〇、ルクレティウス『事物の本性について』四-六三八以下、プリニウス『博物誌』七-一五等に記される。

二五　蟻の穀物貯蔵法

麦打ち場の外では刈入れが進み、麦打ち場では麦の穂が脱穀される、時は夏、蟻の群れが集まって来る。自分たちの家、普段のねぐらを後にして、一列か二列、時には三列で行進しながらやって来る。そうして小麦や大麦を拾い集めて、同じ道を帰って行く。件《くだん》の穀物を集めに行く者もあれば荷物を運び帰る者もあるが、恭《うやうや》しく遠慮深く道を譲り合うことは、とりわけ空荷《からに》の者が重荷を運ぶ者に対してそうである。気高い蟻たちは我が家に帰ると、奥の間の貯蔵穴に小麦と大麦を満たすが、一粒一粒の真ん中に穴を穿っておくので、目減りした分は自分たちの当座の食事になり、残った部分は稔らぬ麦となる。気高い経営者にして倉庫番がこんな工夫をするのは、雨が流れこんで来ても、無傷の穀粒が新たに芽吹き育たぬようにするためで、そんなことになれば冬の間、食糧不足と飢えに陥ってしまい、延いては夏の奮闘努力が水泡に帰すからである。蟻は他のことに加えて、このような能力を自然から恵まれているのである(1)。

註　(1) 蟻が荷を運ぶ蟻に道を譲ること、発芽せぬよう穀粒の中心を食い取っておくことはプルタルコス『動物の賢さについて』九六七F以下にも見える。発芽させない用心については、作者不詳『フィシオログス』一二「蟻」、ヒエロニュムス『囚われの修道士マルクス伝』七にも見える。

二六　鷲の子試し

鷲は泉を必要としないし砂浴び場を求めもしない。渇きをものともせず、疲れを癒す薬を他所《よそ》から手に入れようともしない。水も休息も後目《しりめ》にかけて大空を切り裂き、遙かな高空から眼光鋭く見晴るかす。獣の中でも最も物に動じない大蛇でさえ、鷲の羽音を聞いただけでたちまち穴に潜り、喜んで姿を消すのである(1)。雛が正嫡かどうかを試すにはこのようにする。未だ動けず羽根も生え揃わぬ雛を太陽光線に向き合わせ、もしその強い光芒にたじろぎ瞬《まばた》きするようだと、巣から突き落とされ、家族から排除される。だがもし太陽を正視していささかも動じないようだと、疑いは晴れて正嫡の子と認められる。天の火が紛れもない種族の登録証、書かれざる公明正大な証明書となるからである(2)。

註　(1) 鷲と大蛇は敵同士とされる（アリストテレス『動物誌』六〇九a四）。(2) 海鷲は雛を太陽に向かわせ、涙を流した者を殺し、耐えた者を育てる（アリストテレス『動物誌』六二〇a一以下、プリニウス『博物誌』一〇-一〇）。鷲はどの生き物より視力が鋭く、瞬きせずに太陽を直視できるのは鷲のみ（ルキアノス『イカロメニッポス』一四）。鷹と太陽光線については本書一〇-一四参照。

二七　駝鳥《ダチョウ》

駝鳥はみっしりとした羽根に覆われているが、その本性として、飛び上がることも空高く舞い上がることもできない。しかし走ることは滅法速く、左右の翼を広げると、風が吹きこんで帆のように膨らませる。飛ぶことは知らない(1)。

註　(1)駝鳥はギリシア語で「大きな雀」「リビアの雀」「地上の雀」「雀駱駝」等と表現される。プリニウス『博物誌』一〇‐一に駝鳥の大きさ、速さ、飛べないこと、二つに割れた爪、何でも呑みこむ癖、頭隠して尻隠さずの習性、巨大な卵、等の記述がある。

二八　野雁《ノガン》の馬好き

野雁ほど馬が好きな鳥はいないと聞いたことがある。それが証拠には、草原や谷間で他の動物が草を食んでいても見向きもしないのに、馬を見ると飛んで行って馴れ馴れしくするのは、馬好きの人間さながらである(1)。

註　(1)このことはオッピアノス『猟師訓』二‐四〇六にも見える。プルタルコス『動物の賢さについて』九八一Bでは、野雁は馬糞をほじくり返すために馬に近づくのだという。

二九　蠅の見せかけの死

蠅が水に嵌《はま》ると、さしも大胆な生き物であるとはいえ、抗う術なく泳ぐこともできぬので、溺れ死んでしまう。ところがその死体を取り出し、灰を振りかけて太陽の陽射しの中に置くと、蠅を生き返らせるであろう(1)。

註　(1) 同じ趣旨の記事がプリニウス『博物誌』一一-一二〇、ルキアノス『蠅の讃美』七にも見えるのは驚くにあたらないが、明の李時珍『本草綱目』に「水に溺れて死んだ蠅に灰をかけて置くと復活する。故に『淮南子』に「爛灰生蠅」といったのだ」(国訳版、虫部第四十巻) とあるのには驚く。

三〇　雄鶏を逃がさぬ法

雄鶏を購入するかプレゼントされるかして、前から飼っている自家の鶏群に加えて留めおきたいと思ったら、放し飼いにして好き勝手な行動をとらせてはいけない。そんなことをすれば、たちまち元の自分の仲間たちの所へ、たとえ遙か遠くに離れていたとしても、逃げ帰ってしまう。そこで、雄鶏には見張りというか、ホメロスに出て来るヘパイストスの鎖以上に見えない鎖をつけておかねばならない(1)。私の言うのはこういうことだ。食事をするテーブルを広い場所に置き、雄鶏を捕まえると、そのテーブルを舞台に見立てて、その周りを三度連れ回す。しかる後に、元からいる鳥たちと一緒に自由に歩き回らせることだ。雄鶏が逃げて行かないのは、まるで鎖で繋がれているかのようである。

註（1）鍛冶の神ヘパイストスは妻アプロディテが軍神アレスと密会を重ねることを知り、目に見えぬ鎖の網を寝台の周りに張り巡らして現場を押さえようとする（『オデュッセイア』八-二六六以下）。

三一　蠑螈《イモリ》、火を消すこと

蠑螈は火から生まれる生き物の一つなどではなく、火ノ子虫と呼ばれる虫のように火から生まれるわけではないが、炎を怖れずに突っかかって行って、まるで敵を相手にするみたいに戦うのに熱心である。それが証拠に、蠑螈は物作りや火を扱う職人の所で動き回る。職人の火が燃え盛り、作業を助け技術を支えている間は、職人もこの生き物を一向に気にかけない。しかし、火が消えたり衰えたりして鞴《ふいご》の風が送りこまれなくなると、件の生き物が邪魔をしているのだと直ちに了解する。そこでこの動物を見つけ出して仕返しすると、火はまた燃え立ち意のままになって、普段通りの燃料で消えることはない[1]。

註（1）アリストテレス『動物誌』五五二b一六、プリニウス『博物誌』一〇-一八八にも、蠑螈が火の中を歩き火を消すとある。ニカンドロス『毒物誌』五三七以下は加えてその毒性を記す。

三二　白鳥の歌

多くの詩人や詩ならぬ文章がアポロンの従者だとする白鳥が、音楽や歌とどう関わるのか私には言えないが、昔の人たちは、この鳥がいわゆる「白鳥の歌」を歌った後で死ぬと信じていた。自然は理想的な人間以上に白鳥を尊重しているわけで、それも尤もなことである。人間の場合は他人が賞賛したり哀悼したりするのに対して、白鳥の場合には、讃美にしろ哀悼にしろ、自分自身に捧げるからである。(1)

註　(1)「白鳥の歌」については本書五-三四とそこへの註参照。

三三　鰐

鰐については、成獣の大きさ、孵《かえ》ったばかりの仔の大きさ、舌の有無、顎はどのように動かすのか、上下どちらをどちらに寄せるのか、これらについては多くの人が語っている。(1)またこの生き物についてこんな観察をした人もいる。〈鳥が卵を抱き、雛が孵るまでの日数と同じ数の卵を生む、と〉(2)。私が以前に聞いたところでは、鰐が死ぬと、そこから蠍が生まれ、蠍は尻尾に毒の詰まった針を持つ、ということである。(3)

註　(1)ヘロドトス『歴史』二-六八は鰐の古典的記述を提供する中で、小さな卵から巨大な鰐に成長すること、舌を持たぬ唯一の動物であること（実は奥に小さいのがある）、下顎が動かず上顎を動かすこと、を記す。（2）底本どおり訳したが意味が通じない。「鰐は多い場合には六〇個くらいの卵を生み、六〇日間その上に乗って孵す」（アリストテレス『動物誌』五五八a一七、プルタルコス『イシスとオシリス』三八一C）を承けた記事であろう。（3）鰐の死体から蠍が生じることはカリュストスのアンティゴノス（前三世紀）『驚異集』一九（Keller版）に見える。

三四　シナモン鳥

この話が確実で議論の余地ないことなのかどうか、インド人の言うところが確証を与えて欲しいものだ。お話ししようと思うのは彼の地からの噂が伝えることで、次のようなものだ。植物のシナモンと同じ名の鳥のことをニコマコスの子（アリストテレス）の説で読んだことがある。この鳥は、この鳥から名を得た植物をインドへと運ぶが、人々はその植物がどこでどのように育つのか、全く知らないとのことだ。(1)

註　（1）巨大な鳥が崖の上にシナモンの枝で巣を作るが、それを手に入れる方法が二つ伝えられる。アラビア人は駄獣の四肢を近くに置いて、鳥にそれを巣に持ち帰らせる。巣が重みで崩れ、崩落したシナモンを採取する（ヘロドトス『歴史』三-一一一）。インド人は鉛を取り付けた矢で高い木の上にある巣を射落としてシナモンを集める（アリストテレス『動物誌』六一六a六以下）。尚、本文では鳥の名が先にあって植物の名もシナモンになったかのようであるが、事実は逆であろう。この鳥は本書一七-二一で再出する。

三五　イービスの教え

エジプト人は、浣腸や腸の洗浄を人間の思いつきから学んだのではないと言って、その療法を教えてくれたのはイービスだと称えている。初めてそれを知った人がイービスからどのように教えられたかは、別の人に語ってもらいましょう。[1] 私はまた、イービスが月《セレネ》の満ち欠けを知っているとも聞いたことがある。月の女神の消長に合わせてイービスが餌を減らしたり増やしたりすることも、私はあるところから聞かされたことを否定しない。

註　(1) イービスが毒蛇を殺し、毒を瀉出・浄化するのを見て、人間は浣腸を教えられた（プルタルコス『イシスとオシリス』三八一C）。キケロ『神々の本性について』二‐一二六、プリニウス『博物誌』八‐九七もイービスの自己治療に触れている。

三六　赤鱏《アカエイ》の棘

赤鱏はあらゆる生き物の中でも最も鋭く最も危険な棘を持っている。その証拠に、樹勢盛んな亭亭たる大樹にこの棘を突き刺すと、木は一刻の遅延も猶予もなく、たちまち干からびる。[1] 何か生き物をこれで引っ掻いただけで、死んでしまう。

註（1）このことはオッピアノス『漁夫訓』二-四九〇以下に見える。

三七　尖鼠《トガリネズミ》

尖鼠は（1）、〈素材《ヒューレー》から作られたもの故（2）〉、普通に進んでいる限り生きてゆけるし、何か不運な目に遭って破滅せぬ限り、自然とも折り合いがよい。しかし、車の轍《わだち》に嵌《はま》ると、全く見えない足枷に捕えられたようになって、死んでしまう。

尖鼠に咬まれた人の治療はこのようにする。車輪の通り跡から砂を掬いあげて来て傷口に振りかけると、たちどころに治せるのである（3）。

註（1）原語 mūgalē は mūs（鼠）と galē（鼬）の合成語。ラテン語では mus araneus（蜘蛛の鼠）に対応させるが、この同定は疑われてもいる。（2）アリストテレス哲学の用語が使われるのが唐突で、Hercher はこの部分を削除する。（3）荷獣や妊婦にとって尖鼠の咬傷は危険という（アリストテレス『動物誌』六〇四b一九）。車の轍を越えた尖鼠は死ぬという（プリニウス『博物誌』八-二二七）。

三八　イービス、蛇を退治する

これもエジプトのイービスについて何かの折りに聞いたこと。イービスは月《セレネ》の聖鳥であり[1]、月の女神が満ち欠けするのと同じ日数で卵を孵す。エジプトの地を離れることは決してないが、その理由は、エジプトがどの土地にも増して湿潤であること、月が全惑星の中で最も湿潤であることである。実際、イービスが自ら進んで国を出ることはありえない。人あってイービスに手をかけ、無理矢理連れ出そうとしても、イービスは攻撃者から身を護り、相手の努力を無に帰せしめる。絶食して命を絶ち、件の男の熱意を水の泡にするのである。歩むことは静々と乙女の如く、歩一歩より速く進むのを見ることはない。

イービスのうち黒イービスは、有翼の蛇がアラビアからエジプトに入って来るのを許さず、愛する国を護って戦う。もう一方のイービスは、ナイルの氾濫に乗じてエチオピアから到来する蛇を迎え撃って殲滅する。これがなければ、蛇の襲来によってエジプトが滅ぼされるのを、何が阻止したであろうか[2]。

註　(1) エジプトの神トート（月、発明、知恵、記録等を司る）はイービスの姿で造形される。(2) ヘロドトス『歴史』二-七五以下に、有翼の蛇を迎撃する黒イービス、人間の近くを徘徊する白い部分の多いイービスの記述がある。

三九　黄金鷲《コガネワシ》の独立独行

鷲の中には黄金鷲と名づけられ、また別に星鳥《ホシドリ》とも呼ばれる種類があるということだ。あまり見かけない鳥で、アリストテレスによると、仔鹿や兎や鶴、それに農家の鵞鳥を狩るという。鷲の中で最大のものと信じられ、クレタ島では雄牛にも激しく襲いかかるとのことで、そのやり方はこんな風だと説明される。

牛が頭を下げて草を食んでいると、鷲はその首筋に止まって、嘴を激しく連続して打ちつける。雄牛は虻に襲われたかのように猛り狂い、全速力で逃げ出す。広い野を行く間は鷲も行動を起こさず、見張りながら上空を舞っているが、牛が崖っぷちに近づいたと見るや、翼を輪にして雄牛の目の上に広げ、足許が見えなくなった雄牛を勢いよく転落させる。しかる後に襲いかかり、腹を裂いて、心ゆくまで獲物を味わうのはたやすい。この鷲は、他の動物の獲物が転がっていても手を出さない。自分で苦労することが嬉しいのであり、その代わり、他の動物にもお相伴を認めない。満腹してしまうと、食い余しにいとも不快な悪臭を吐きかけ、他の動物が残骸を食えないようにするのである。尚また、この鷲はお互いに遠く離れた所に巣を営むが、それは獲物を巡って争わぬよう、常住迷惑をかけ合わぬようにするためである(1)。

註　(1) アリストテレス『動物誌』六一八b一八以下で各種の鷲について記述されるが、この黄金鷲のことは見えない。大鷹に同定する説が強い。

四〇　鷲の情愛

鷲というのは飼主に対して優しい情愛を抱くもので、ピュッロスの鷲が正にそうだ。この鷲は主人の後を追って、食を断って死んだと言われている。また市井の人に飼われた鷲の例もあり、こちらは主人の火葬の折りに、薪の山に自ら飛びこんだ。その飼主は男でなく女であったという人もある(1)。

鷲はまた雛を護ることにかけては最も熱心な生き物である。雛に近づく者を見つけようものなら、無事に帰しはしない。そやつを翼で打ち、爪で傷つける。尤も、手加減しながら罰することは、嘴を用いないことから分かるのである(2)。

註　(1) 火葬の火に飛びこんだ鷲の飼主はエペイロスの王ピュッロスではなく、私人のピュッロスだと明記されている(プルタルコス『動物の賢さについて』九七〇C)。しかし一方で、エペイロスの王ピュッロスは鷲と綽名されて喜んだとの伝もある(プルタルコス『動物の賢さについて』九七五B、プルタルコス『英雄伝』中「ピュッロス」一〇)。本章のピュッロスは王の方であるらしい。(2) 鷲が巣の周りを物色する人を攻撃することはアリストテレス『動物誌』六一九a一二三に見える。

四一　比売知《ヒメジ》の悪食

比売知は海の生き物の中で最も貪食で、手当たり次第、何でも闇雲に口に入れてしまうことは慎みのかけらもない。(1) 比売知の中のあるものがザラザラ比売知と呼ばれるのは、〈ザラザラと肌理の粗い(2)〉岩があり海藻が繁茂し、泥か砂が底に溜まった場所から名を得ているのである。比売知は人間や魚の死体を食べることもあり、不潔で悪臭のするものを特に好む。

註　(1) 比売知は英名 red mullet で、日本でもかつては赤鯔《アカボラ》と呼ばれた。その悪食・貪食ぶりはアリストテレス『動物誌』五九一a一二、オッピアノス『漁夫訓』三-四三二以下に見える他、アテナイオス『食卓の賢人たち』三二四Dに詳しい記述がある。(2) Hercher に従って訳したが、尚不確か。

四二　鷹と人間

狩りの技は極めて堪能どころか、鷲にもおさおさ劣らないのが鷹で、これは鳥類中最も馴らしやすく、且つ人間好きで、大きさは鷲と比べて遜色がない。トラキアでは沼沢地の狩りで鷹が人間に協力するという話であるが、こんな風に行う。人間が網を広げてじっとしている一方、鷹は上空を舞って、鳥たちを脅して網の輪の中へと追いこんで行くのである。トラキア人は獲物の一部を鷹のために取り分け、鷹を忠実な友にしておく。こうしないと味方を失ってしまうのである[1]。

鷹の成鳥は狐や鷲と戦い、禿鷲と戦うこともよくある。鷹は決して心臓を食べないが、これは何か宗教的な秘め事を実践しているのであろう[2]。鷹は人間の死体を見ると、むき出しの遺体に必ず土をかけると言われている。アテナイ人にそうするよう教えたソロンが、鷹に命じたわけではないのだけれども[3]。〈鷹は死体に触れそうになると食を摂らないし、一人の人間が水路の水を畝に流しこもうとしている時には、飲むことも控える〉[4]。人間が必要とする水をくすねるのは、その人の苦労を台無しにすると信じるからである。しかし大勢の人で水を引いている場合には、ふんだんに流れているのを見て、友情の杯を分けてもらう感じで、喜んで飲むのである。

註　(1) 鷹が人間と協力して沼の鳥を狩ることはアリストテレス『動物誌』六二〇a三三、プリニウス『博物誌』一〇-二三に見える。インドの猛禽の訓練法については本書四-二七参照。(2) 鷹は捕らえた鳥の心臓を食べない(アリストテレス『動物誌』六一五a四)。(3) アッティカ(アテナイを首都とする地域)の法では、埋葬されていない死体に出会った者は、土をかけ西を向かせて葬ってやらねばならなかった(アイリアノス『ギリシア奇談集』五-一四)。ソロンには多くの立法が帰せられた。本書五-四九では象が同じことをする。(4) テクストは疑わしい。

四三　鷹四題

鷹の仲間に長元坊《チョウゲンボウ》というのがいて、水を飲むことを全く必要としない(1)。もう一つ、オレイテース(山鷹)という鷹の種類もある。どちらもすごく雌が好きで、恋に狂った男のように雌を追いかけ離れない。もし雌がこっそり立ち去ったりしたら、雄は身も世もなく悲しみ叫び、恋の苦しみにうち沈む人のようである。

鷹が目を患うと、すぐに石垣の所へ行って野生の萵苣《チシャ》(棘萵苣)を引き抜き、自分の目の上にかざして、苦くヒリヒリする汁が滴るのを受けるが、それが治療の働きをするのである。医師も眼病に罹った人たちのためにそれを薬として用いると言われており、その薬草には鳥の名前がついている(2)。それ故、人間は鳥から教わる生徒であることを否定せずに認めている。

ある時デルポイで、鷹が神殿荒らしを見顕したことがあるという。その男に飛びかかり、頭をはたいたのである。鷹はまた種々の鷲と比べれば私生児だと信じられている(3)。

春立ちそめる頃、エジプトの鷹は全群の中から二羽を選び、リビア沖にある無人島の偵察に送り出す。二羽は戻って来ると、今度は他の者たちを先導する。彼らは何一つ悪いことをしないので、リビアに移り住むことでお祭りを行うようなものである。初めの偵察役がどこよりも適当と決めた島々に到着すると、彼らは平安静寧のうちに卵を生んで孵化させ、雀や野鳩を狩って、何不自由なく雛を育てる。やがて骨格が固まり飛べるようになった子供を、彼らはエジプトへと連れ帰る。あたかも父祖の家、生まれ育った土地の馴染みの場所へと帰るように。

註 (1)長元坊は殆ど水を飲まない(アリストテレス『動物誌』五九四a二)。(2)プリニウス『博物誌』一〇-六〇によるとhierakion(鷹草)という名前である。(3)「純正鷲」と呼ばれる鷲がいて、それに比べると普通の鷲・鷹・小鳥などは異種間で交雑して血統を乱すという(アリストテレス『動物誌』六一九a八以下)。

四四　虹遍羅《ニジベラ》

虹遍羅は岩場で育つ魚で、毒の詰まった口を持ち、こいつが齧った魚は食べられなくなってしまう。漁師がたまたま食いさしの小蝦を見つけ、売り物にならぬと思いながらも、貧しさからこれを口にすると、たちまち腹具合がおかしくなり、身をよじる。この魚は素潜り漁をする者や泳ぐ人を苦しめるが、群れなして攻め寄せ噛みまくるのは、陸で言えば正に蠅だ。そいつを追い払うか、食われて痛い目を見るしかない。追い払うのにかまけていると、本業が疎かになるのである。(1)

註 (1)虹遍羅が潜水夫や海綿採りを苦しめることはオッピアノス『漁夫訓』二-四三四以下にも見える。

四五　雨降《アメフラシ》

雨降(海の兎)を食べるとしばしば死に至り、腹が痛むのは間違いない。泥の中で生まれるからで、雑魚

と一緒に捕獲されることが多い。姿は殻を持たない蝸牛《カタツムリ》といったところか。(1)

註　(1) 雨降の毒性、中毒症状などはニカンドロス『毒物誌』四六五以下、プリニウス『博物誌』九-一五五および三二-八等に記される。ローマ皇帝ネロが敵の料理に雨降の毒を盛ったこと、ドミティアヌス帝が兄帝ティトゥスをこの毒で殺めたことはピロストラトス『テュアナのアポロニオス伝』六-三二に見える。

四六　禿鷲《ハゲワシ》

禿鷲は死体の敵である。現に死体を見れば、親の仇《かたき》みたいに飛びかかって啖《くら》うし、断末魔にある者を見張ったりもする。軍隊が出動すると禿鷲が後を追うのは、戦争に行くことを予言者のように察知して、およそ戦いというものは死体を作り出すことを心得ているのである。

禿鷲は決して雄が生まれず、生まれるのは雌ばかりだと言われている。この生き物はそれを知っており、子供が絶えることを怖れて、子孫を残すためにこんなことをする。南風に顔を向けて飛ぶのだが、もし南風がない場合には、東風に向かって大口を広げ、流れこむ息吹に体を満たされると、三年間身籠もるのである。禿鷲は巣を拵えないと言われている。

一方、アイギュピオスは禿鷲と鷲の中間にあるもので、雄もおり、色は黒い。こちらの方は巣を明示できるということだ。禿鷲は卵を生まず、雛の形で生み落とすという話だ。従って、生まれた時から羽が生えているという風にも聞いている[1]。

註　(1) アイギュピオス（aigupios）は禿鷲（gups）と区別されているが、禿鷲類を指す古い一般名称かもしれない。aix（山羊）を狩る gups（禿鷲）と釈く民間語源説があり、髭鷲（独語 Lämmergeier, 英語 lammergeier）と訳されることもあるが、不確か。

四七　鳶

鳶は慎みのかけらもなく掻っ攫う。必要とあれば、そしてできるとなれば、市場で商われる肉切れに飛びついて掻っ攫うが、ゼウスにお供えする生贄の肉に手を付けることはない[1]。山のハルペーは鳥たちに飛びかかり、目玉を突つき出す[2]。

註　(1) 鳶はオリュンピアのゼウス神殿で生贄を捧げる人には決して害を加えない。もし鳶が何か攫ったなら、生贄を捧げる人の凶兆となる（パウサニアス『ギリシア案内記』五-一四-一）。(2) ポーユンクス（pōünx, 鷺の一種）とハルペー（harpē, 掠奪の意）は鳥の目を突つき出して食べるという習性を同じくする故に敵対する（アリストテレス『動物誌』六一七a九以下）。「山のハルペー」は鳶の一種らしいが不明。

四八　大烏《オオガラス》の知恵

ナイル河のほとりに棲むエジプトの大烏は、初めは嘆願者のようにして、船乗りたちから何かを貰おうとねだる。貰ったならおとなしくなるが、おねだりが不首尾に終わると、一斉に飛び行き、船の帆桁に止まると、ロープを食い索具を切断する。

リビアの大烏は、人々が渇きに備えて水を汲み、水瓶に満たして、腐敗防止のため大気にあてようと屋根の上に置いておくと、嘴の届く限り身を乗り出して、水を飲む。水位が下がると、口と爪で小石を運んで来て、器に投げ入れる。小石は重みでどんどん沈んで行き、水は押されて上って来る。こうして大烏はまことに巧妙に水にありつくのだが、一つの場が二つの物体を容れることはないのを、神秘的な本能によって知っているのだ[1]。

註　(1) 器に石を投げ入れる烏のことはビアノル（一世紀初め）の短詩（『ギリシア詞華集』九-二七二）、プリニウス『博物誌』一〇-一二五、プルタルコス『動物の賢さについて』九六七A、『イソップ寓話集』（Perry版）三九〇、アウィアヌス（四〇〇年頃）『寓話集』二七等に見える。

四九　大烏の土地勘

大烏は豊かな土地と痩せた土地の違いを知っており、何でも潤沢に産するところでは大勢で群居し、不毛の痩せ地では二羽で行動する、とアリストテレス（『動物誌』六一八b九以下）は言っている。後者の場合、雛が育つと追い出し、自分たちの巣から追放してしまう。そのため雛たちは自分で餌を求め、親の面倒は見ないのである。

五〇　毒ある魚

魚のうち鯊《ハゼ》、竜魚《リュウギョ》（海の大蛇）、蟬魴鮄《セミホウボウ》（海の燕）は刺すと毒を放つが、死ぬほどではない(1)。ところが赤鱏《アカエイ》となると、その棘で即死する。ビュザンティオンのレオニダスが語っているが、魚の性質や区別には不案内な男が網から赤鱏をちょろまかし――不幸なこの男はどうやら鮃《ヒラメ》だと思ったらしい――ばれないよう懐に放りこんで運び行き、めっけ物とばかり、盗品を売って一儲けしようとした。ところが、赤鱏は押さえつけられて苦し紛れに針で突き刺し、不幸な盗人の内臓をぶちまけさせた。赤鱏と並んで泥棒の死体が横たわるのは、無知からしでかしたことの隠れもない証拠であった。

註　(1) 鯊と訳した kōbios は多種類を含む。竜魚（drakōn）は英名 weever fish. アリストテレス『動物誌』五九八

a一一に見え、島崎・新全集はハチミシマ（属）とする。荒俣のオオマムシオコゼの訳はよくイメージを捉えている。

五一　大烏

大烏は、大胆さにかけては鷲ほど覇気がない、とは言えない。大烏も他の動物、それもちゃちなものでなく驢馬や雄牛にも突っかかって行く。首筋に乗って突っついたり、多くの場合には目玉を突つき出すのである。小長元坊《コチョウゲンボウ》という手強い鳥とも戦うが、そいつが狐と戦うのを見ると、狐を助ける。狐とは仲が良いのである。(1)

大烏は鳥類の中で最もやかましく、最も多彩な声を持っており、人間の声も覚えて発する。遊ぶ時と真剣な時とで声音《こわね》を使い分けるし、神々のお告げを発する時には、厳かで予言的な声を出す。夏の間はお腹が緩くなるのを知っているので、湿った食べ物を摂らぬように用心する。

註　(1) アリストテレス『動物誌』六〇九a四以下には、雄牛や驢馬を攻撃し、狐を助ける大烏のことも含めて、様々な動物の敵対関係、友好関係が列挙される。

五二　動物の生まれ方

アリストテレスが言っているが、動物には胎生のもの、卵を生むもの、蛆虫を生むものがある。胎生のものは人間と、その他毛を有する動物、それに水中生物のうち鯨の類い。そのうちのあるものは噴水管（排気孔）を持つが鰓《えら》は持たない。海豚《イルカ》とか抹香鯨がそうである(1)。

註　（1）アリストテレス『動物誌』四八九b一以下の詳しい記述の抜き書きであろう。

五三　角なき牛

モエシア(1)では牛が荷物を曳くが、この牛には角がない。角なき牛の群れを見るのは寒冷の故ではなく、この牛の特性だと言われており、その証拠は手近にある。それは、スキュティアにさえ堂々たる角の飾りを備えた牛がいることである。ある人の著作で読んだことだが、スキュティアには蜜蜂もいて、寒冷をものともしない。更には、スキュティア人は他国の産ではなく自国で採れる蜂蜜と蜂の巣をモエシアに運び、売るということだ。私がヘロドトスとは反対のことを言っても、気を悪くしないで欲しいものだ。彼はこのことについて述べながら、検証できない伝聞を吹聴するのではなく、自らの研究調査を表明するのだと言っている(2)。

註（1）モエシアはローマ帝国の属州。ドナウ河の南、黒海の西、ほぼ今のセルビアとブルガリアに相当。
（2）ヘロドトス（『歴史』五‐一〇）は、ドナウ河より北のスキュティアの地では蜜蜂が密集して先に進めない、というトラキア人の話に対して、極寒の地では蜜蜂はいないと考えている。尚、ヘロドトスは自らの研究調査を一次資料とし、それが叶わぬ場合には伝聞で補うのを『歴史』の執筆方針としているが、それをこの箇所で述べているわけではない。

五四　武鯛《ブダイ》の反芻

海の魚の中ではただ武鯛のみが、食べたものを吐き戻してまた食べる、という話だ。メエメエ羊と同じで、それを人は反芻と呼ぶ(1)。

註（1）武鯛が反芻することはアリストテレス『動物誌』五〇八b一一、伝オウィディウス『釣魚書』一一九、プリニウス『博物誌』九‐六二、オッピアノス『漁夫訓』一‐一三四以下等にも記される。

五五　小鮫のお産

小鮫は海の中で口からお産をし、幼魚をまた呑みこむが、怪我もなく元気な幼魚を同じ通り道から吐き出す(1)。

註（1）小鮫（小型の鮫の汎称）が幼魚を体に出し入れすることはアリストテレス『動物誌』五六五b一三、アテナイオス『食卓の賢人たち』二九四E等にも見える。本書一-一六も参照。

五六　鼠の肝臓、蛙の発生

鼠の肝臓はまことに驚くべく不思議なことながら、満月の日まで毎日、月の満ちゆくのに合わせて肝葉《かんよう》を増殖する。その後は逆に、月の欠けるのに合わせて、同じ肝葉を縮めながら退化し、遂には形をなくして体の一部に解消してしまう。(1)

テーバイ州で雹が降った時、地上に鼠たちが現れ、体の一部はまだ泥のまま、一部は既に肉に成っていた、という話も聞いている。(2)

私自身がイタリアのネアポリスからディカイアルキア(3)へ旅した時のこと、蛙の雨が降って来て、頭の方の部分は二本の足に支えられて這い、後ろの部分は未だ形を成さず曳きずられて、何か湿った素材からできたもののようであった。

註（1）鼠や尖鼠《トガリネズミ》の肝臓と月の盈虚《えいきょ》との関連についてはプルタルコス『食卓歓談集』六七〇B、プリニウス『博物誌』一一-一九六も記す。同様の性質を持つ魚は本書一二-一三に見える。（2）テーバイ州はナイル河上流域の地域。エジプトは最初に人類が現れた地で、今も土から蛙が発生する、との説もある（シケリアのディ

オドロス『世界史』一‐一〇‐一以下）。（3）ネアポリス（現ナポリ）のやや北、後の名プテオリ、現ポッツォーリ。

五七　牛の効用

牛というのは実にあらゆることに役立つもので、農作業の手伝いといい様々な重い荷物の運搬といい、人間にとってこれ以上有益な動物はいない。おまけに牛はミルクの供給でも優秀だし、祭壇を飾り、祭礼を晴れやかにし、ご馳走を提供してくれる。牛は死んでからも見上げたもので、称讃に値する。何しろその遺骸から、孜孜《しし》営々と働く生き物である蜜蜂が発生するのである。蜜蜂はこれ以上甘いものはない最高の果実、蜂蜜を人間のために用意してくれるのである(1)。

註（1）牛の内部を搗き砕き腐らせて蜜蜂を発生させる、いわゆる bougonia（牛からの蜜蜂の発生）のことはウェルギリウス『農耕詩』四‐二九五以下に印象的に歌われる。

第三巻

一　マウリタニアのライオン

ライオンはマウリタニア(1)の男と並んで歩き、同じ泉の水を飲む。話に聞けば、獲物にありつけずに激しい飢えに見舞われた時には、ライオンはマウリタニア人の家にやって来ることもあるという。男が在宅していると、ライオンを入れず、引き下がらせて厳しく追い払う。しかし、男が不在で妻女しか残っていない時には、彼女は訓戒の言葉でライオンの進入を押しとどめて落ちつかせ、自分を抑え、飢えで熱《いき》りたつことのないよう教え諭す。ライオンはマウリタニア人の言葉を解するのであり、野獣に対する女の叱責の主旨はこのようなものであるという。

「百獣の王たるライオンよ、お前は私の小屋にやって来て、女に食べ物をねだる。まるで体に大怪我を負った人間みたいに女の手を見つめて、憐れみと同情に縋《すが》って欲しいものにありつこうとする。それで恥ずかしくないのですか。山の狩り場へ行って、鹿とか羚羊《レイヨウ》とか、ライオンの食事として恥ずかしくないものを襲うべきなのに、哀れな犬ころの性根を真似て、餌の施しに甘んじている」。

呪文のように女がこう説くと、ライオンは心を打たれたかの如く慚愧の念に耐えず、目を伏せてそっと立ち去る。理に屈したのである。

人間と寝食を共にする馬や犬が人間の脅しを理解して身を竦《すく》めるのなら、ライオンと寝食を共にして兄弟のように育つマウリタニア人が、この動物から理解されるのは驚くにあたらない。彼らは自分の赤ん坊を証拠にして言うが、ライオンの仔にも同じ食事、一つ寝床と屋根をあてがうのである。このことからすれば、この獣が上の如き人語を解するのも、信じがたいことでもなければ不思議なことでもない。

註 (1) 北アフリカ西部、今のアルジェリア西部からモロッコの辺り。今のモーリタニアとは異なる。

二 飼主に似る動物

リビアの馬については、リビア人がこのように語るそうである。それは馬の中でも最も駿足で、およそ疲れというものを感じない。痩せて肉付きはよくないが、主人から構われないことに耐えるのに向いている。実際、主人が馬の世話をしないことといったら、〈疲れていても[1]〉撫でてやらない、転がり回る砂場を造ってやらない、蹄の掃除もしない、毛に櫛をあてない、鬣《たてがみ》を編んでやらない、〈疲れていても[2]〉水浴びさせない、必要な走りを終えて下馬すると、ただ牧場へ放つだけである。リビア人そのものが痩せて不潔なので、似た者同士の馬に乗るわけである。因みにメディア人は尊大で華美であるので、彼らの馬もそれに相呼応している。言ってみれば、馬が主人と一緒になって体の大きさや美しさを、更には贅をこらし手をかけた外飾りを誇っているのである。〈……〉[3]。

このようなことは犬についても認められる。クレタ島の犬は敏捷でジャンプ力もあり、山を走り回るよう育てられている。クレタ人自身、その同類であることを示しているし、世評もそれを言い立てている[4]。犬の中ではモロッソイ人[5]の犬が最も勇敢であるが、それはモロッソイ人が最も血の気が多いからである。カルマニア[6]の人と犬は、共に最も獰猛で宥めがたいと言われている。

註（1）（2）リビアの馬は疲れを感じないということと矛盾するので、〈疲れていても〉を削除するテクストもある。（3）重複と見られる二行をHercherに従って削除。（4）クレタ犬が優秀な猟犬であることはオウィディウス『変身物語』三-二〇六以下等、証言が多い。（5）エペイロス地方（ギリシア西北部）の部族。その犬は獰猛なことで知られ、番犬として重用された。（6）イラン南部、ほぼ今のケルマーン、ラリスタン地方辺り。カルマニアの戦士は敵の首級を王に献じ、その舌を王は薄切りにし小麦粉に混ぜて食した後、兵士に下賜したという（ストラボン『地誌』一五-二-一四）。

三　インドの動物

動物の特性といえばこんなこともある。クテシアス[1]（断片四五kβ）が伝えるには、インドには野生の豚（猪）も家畜の豚もいない。またそこの羊は、尻尾の幅が一ペーキュスもある、とどこかで言っている（断片四五iα）。

註（1）前五／四世紀、ギリシアの史家。ペルシアに捕われたが宮廷医師として仕え、『インド誌』『ペルシア史』などを著した（散逸）。アリストテレス『動物誌』六〇六a八以下は、クテシアスを信用できない人だとしながら豚のことを引用し、尻尾の広い羊はシュリアのことと言う。

四　インドの蟻

インドの蟻は黄金を護って、カンピュリノス川を渡ることはない。[1] イッセドネス人[2]がこの蟻と同じ所に住んでおり、〈……〉[3]呼ばれ、またそうである。

註（1）蟻が巣作りのために掘り出す砂に金が含まれるので、インド人は危険を冒して採取しに行くという（ヘロドトス『歴史』三-一〇二以下）。但し、ここで蟻というのはマーモット、穴熊、穿山甲《センザンコウ》などではないかとされる。（2）ヘロドトス『歴史』四-二五等に記述があるが、半ば神話的な民族。今のカザフスタン辺りに住むとされた。（3）欠文が想定される。

五　亀、土鳩《ドバト》、鷓鴣《シャコ》

蛇を食べてしまった亀は、続けてマヨラナ（花薄荷《ハナハッカ》）を齧ることで毒から免れる。食べた亀を必ずや死に至らしめる猛毒なのであるが。[1]

土鳩は色恋のことにおいては、鳥類中最も貞潔で禁欲的だと人々が言うのを聞いている。雌は不幸にして連合いを奪われることがない限り、雄もまた寡男《やもお》とならぬ限り、お互いに別れることはないのである。一方、鷓鴣は愛欲を抑えることができず、生まれた卵を壊しさえするのは、雌が子育てにかまけて雄との情交にあてる時間がなくならないようにするためである。(2)

註 (1) このことはアリストテレス『動物誌』六一二a二四以下に見える。プリニウス『博物誌』八-九八にも関連記事。(2) 鷓鴣と土鳩の対照はプルタルコス『動物の賢さについて』九六二Eにも記される。

六　狼の泳ぎ

狼が川を泳ぎ渡る時には、否応なく急流に押し流されぬよう、自然が彼らのために独特の予防策を講じて、難局の乗り切り方を教えている。とても簡単な方法だ。それぞれが前の狼の尻尾を噛んで、流れに対抗することで無事安全に泳ぎ渡るのだ。(1)

註 (1) 『ギリシア詞華集』九-二五二の詠人知らず（あるいは一世紀初めのビアノル）の短詩「群狼に追われ川に飛びこみしが、水中まで追われたる旅人の歌」がこのことを歌う。本書八-一三でも狼が、一七-一七では鼠が同じことをする。

七　動物の嫌うもの

自然は驢馬の雌に嘶き声を出す力を授けなかったと言われる。ハイエナは自分の影を犬に投げかけて犬の声を奪うが[1]、これも自然が授けた能力である。芳香や香料が、禿鷲には死の原因となる[2]。白鳥は毒人参で死ぬ。馬が駱駝を怖れることを、キュロスやクロイソスはよく知っていたと言われる[3]。

註（1）このことはアリストテレス『異聞集』八四五a二四以下、プリニウス『博物誌』八-一〇六に見える。本書六-一四に詳しく再録。（2）禿鷲にとっては悪臭を発するものが餌、香料は死という（テオドレトス（四世紀）『「雅歌」註解』、ミーニュ『ギリシア教父全集』八一巻五七頁三五行）。本書四-一九も参照。（3）アケメネス朝ペルシアを興したキュロス（前六世紀）はリュディア王国のクロイソスを攻める時、敵の優秀な騎馬隊に対抗するために駱駝隊を編成した（ヘロドトス『歴史』一-八〇）。

八　馬の孤児

まだ育つ前の幼い仔馬を孤児のように残して母親が去った場合、他の雌馬たちが憐れんで、自分の子供と一緒に育ててあげる[1]。

註（1）アリストテレス『動物誌』六一一a九、プリニウス『博物誌』八-一六五などから見ると、この母馬は

育児放棄するのではなく死んで去るのであろう。

九　嘴細烏《ハシボソガラス》と梟《フクロウ》

嘴細烏の互いに誠実なることは比類なく、ひとたび夫婦となれば熱烈に愛し合い、この鳥が見境なく徒《あだ》なる契りをなすのを見ることはない。その生態を熟知する人々の言によれば、どちらか一方が死ねば、他は独り身を守るという。昔の人は婚礼の折りにも、祝婚歌に続いて〈嘴細烏に呼びかけた〉(1)という話であるが、それは子を儲けるべく一緒になった二人に、琴瑟相和すお手本を授けたのである。鳥類の居場所や飛び方を観察する人は、嘴細烏が一羽で鳴くのを聞くのは、占いとしては吉兆でないと言う。

梟は嘴細烏の敵であるから、夜にその卵を攻撃する。一方、嘴細烏も昼間に相手に同じ仕打ちをするのは、その間、梟の視力が弱いことを知っているからである(2)。

註　（1）「嘴細烏《コローネー》の歌を歌う」と読む解釈もある。ホラポロン（五世紀?）『ヒエログリフの書』一-八は本章前半とほぼ同じことを記した後、ἐκκορὶ κορὶ κορώνη（エッコリ・コリ・コローネー）という歌を引くが、意味は分からない。「（寡婦を予想させる）嘴細烏を追い払え」という民謡と関連づける説がある。作者不詳『フィシオログス』二七「烏」もこの鳥の一夫一婦を述べる。（2）嘴細烏と梟の対立はアリストテレス『動物誌』六〇九a八以下に記される。その宿怨の由来はインドの説話（『ジャータカ』二七〇「フクロウ前生物語」、『パンチャタントラ』三巻「烏と梟の戦い」等）によると、梟が鳥類の王に推戴されたのに烏が反対したから、という。

一〇　針鼠の冬支度

必要なものの備蓄について、針鼠が愚かでも物知らずでもないように自然は計らった。一年を通して餌は必要であるのに、全ての季節が稔りをもたらすわけではない。そこで針鼠は、無花果を乾かす籠の中で転げ回るのだという。乾無花果が夥しく針に突き刺さり、串刺しになったのを落とさぬよう持ち帰り、溜めこんで守る。外で餌を調達できなくなっても、巣穴から得られるのである(1)。

註　(1) 針鼠が集めるのはプリニウス『博物誌』八‐一三三によれば落ちた林檎、プルタルコス『動物の賢さについて』九七一F以下では葡萄となっており、プルタルコスは幼時その光景を見たと言う。『ギリシア詞華集』六‐一六九（詠人知らず）にも、背中に葡萄を載せて運ぶ針鼠をディオニュソス神の盗人と見て殺すことが見える。作者不詳『フィシオログス』一四「針鼠」は、葡萄樹に登って実を落とし、全身の棘にくっつけて持ち帰る針鼠を悪霊になぞらえる。

一一　鰐と鰐千鳥

獰猛極まりない動物でも、役に立ってくれるものに対しては平和的、且つ友好的になって、必要の前には生来の凶悪さを捨てることがある。例えば、鰐は泳ぐ時に大きく口を開けるので、蛭が入りこんで苦痛を与える。鰐はそれを知っているので、鰐千鳥を医者にする必要がある。即ち、口の中が蛭で一杯になると、鰐は岸に上がって、日光の下で大口を開ける。鰐千鳥は嘴を差し入れて蛭を突つき出すが、鰐は治療を受けながら、我慢して微動だにしない。鰐千鳥は蛭をご馳走にいただくし、鰐も助けてもらって、何ら危害を加えないことを謝礼と考えるのである(1)。

註（1）鰐と鰐千鳥の共生についてはヘロドトス『歴史』二－六八、アリストテレス『動物誌』六一二a二〇以下等が記す。掃除をする鳥は何種類かいるとも言われ、蛭ではなく食べ物滓を取るのである。狼が喉に骨を立てて鷺に抜いてもらうが、狼の口から無事に首を引き出せたことがお礼だと言う（『イソップ寓話集』(Perry 版)一五六「狼と鷺」）、その話を思い出す。

一二　黒丸烏《コクマルガラス》の手柄

テッサリア人、イリュリア人、レムノス人が黒丸烏を恩人と見なして、公費で養うよう法律で定めたのは、これらの国の作物に被害を与えていた飛蝗《バッタ》の卵を黒丸烏がやっつけ、幼虫を滅ぼしてくれるからである。確かに、雲霞の如き飛蝗の大群は大幅に減少し、この人たちの所では季節の生り物が損害を受けずに残るのである。(1)

註 (1) プリニウス『博物誌』一一-一〇一以下は各地で飛蝗の被害が甚大であること、レムノス島では飛蝗退治に黒丸烏を飼うこと、等を記す。

一三 鶴の渡り

鶴はトラキアに棲息するが、そこは冬の嵐と酷寒がどこよりも厳しい所だということである。それ故鶴たちは、生まれ故郷が好きだが自分の体も大事なので、先祖代々の住処と自分たちの生存に等分に意を払う。即ち、夏の間は生国に留まるが、秋も深まるとエジプト、リビア、エチオピア目指して旅立つのは、世界の地理も風の性質も季節の差異も知り尽くした者の如くであり、全員で旅をして、春のような冬を過ごすと、空模様が安定し風の様もなごむのを待って、戻って来るのである。旅の経験者を飛行のリーダーとするが、当然それは年長の鶴である。同じく年長者を選んで後方の指導にあて、中央には若い鶴が配置される。都合よく後方から吹く順風を待って、それを護衛とも前方への推進力ともして、鋭角三角形の飛行隊形を採るのは、風に突き当たった時に、易々とそれを切り裂いて旅を続けるためである。(1)

鶴の夏と冬の過ごし方はこのとおりであるが、人々は〈気象の知識〉(2)に関するペルシア大王の知恵は驚くべきものだと考え、スーサとエクバタナのこと、ペルシア大王がその二つの都の間の渡座《わたまし》を繰り返し行うことを言い伝えている(3)。

鶴は鷲が攻撃して来るのを認めると、輪になって群れをふくらませ、〈中央を半月形にして〉(4)、対抗の構えで威嚇する。鷲は引き下がり翼を収める。

銘々が前の鳥の尾に嘴を預けて、謂わば一本の鎖のように飛行する。お互い遠慮がちに前の者に寄りかかって休みつつ、「疲れをも甘き疲れとなす」(5)。遙かの地で泉に出会ったら、夜間、皆は休息をとり眠るが、三羽か四羽だけは他の者のための見張りとなり、哨戒中に眠らぬよう一本脚で立ち、宙に浮かした方の脚の爪で、がっちりと石を摑む。これは、知らぬ間にうとうとするようなことがあれば、石が落ちて音を立て、いやでも起こしてくれるようにするためである。

鶴は石を嚥みこんで、それを重しとして飛行するが、その石は試金石である。謂わば到着地に錨を下ろして上陸すると、鶴はその石を吐き出すのである(6)。

註 (1) 三角形の飛行隊形についてはキケロ『神々の本性について』二-一二五も記す。(2) Hercher の校訂案による。(3) スーサはイラン西南部。アケメネス朝ペルシアの首都。エクバタナは現ハマダーン。ペルシア大王は春の三ヵ月はスーサで、真夏の二ヵ月はエクバタナで、冬の七ヵ月はバビロンで過ごしたという(クセノポン『キュロスの教育』八-六-二二)。別説によると、冬はスーサ、夏はエクバタナ、秋はペルセポリス、春はバビロンで過ごしたという（アテナイオス『食卓の賢人たち』五一三F）。（4）文意不明故、Hercher は削除する。（5）エウリピデス『バッコスに憑かれた女たち』六七の借用。（6）鶴の渡りと重しの石については本書二-一への註参照。

一四　鶴の風読み

船の舵取は大海原で鶴群《たずむら》が方向転換して、今来た道を飛んで帰るのを見たら、逆風に見舞われて前進を諦めたのだと悟る。そこで、謂わば鳥の弟子となって漕ぎ戻り、船を救う。この舵取の技術は、初めこの鳥から教育伝授されて、人類に伝えられたのである。

一五　土鳩

土鳩は町中《まちなか》で人間に交じって群居する鳥で、極めておとなしく、足許をうろうろするが、人気のない場所では逃げ出し、人間が怖くてたまらない。群れでいる時だけ元気があり、ひどい目に遭わないことをよく知っているのである。しかし、鳥刺しや網や彼らへの悪巧みのある所では、この鳥についてのエウリピデスの科白を借りるなら、もはや「怖れるものなく棲む(1)」というわけにはいかないのである。

註 （1）エウリピデス『イオン』一一九七以下、「アポロンのお社に、怖れるものなく棲んでいる」を引く。

一六 鷓鴣《シャコ》

鷓鴣は卵を生もうとする時になると、枯枝で「脱穀場」（1）と呼ばれる巣を準備する。中空で、中に坐るのにぴったりに編んである。そこに塵あくたを注ぎ入れて柔らかいベッドのようなものを作り、潜りこむと、猛禽類や人間の鳥刺しに見つからぬよう、枯枝で頭上を覆って、心安らかに床につく。しかし、卵を同じ場所に置くことを危ぶみ、引っ越しのように他の場所に移すのは、同じ所に長居をしては、やがて見つけられると怖れるからである。別の場所で卵を孵しても、あえかな雛を更に運んで、自分の翼で暖め温《ぬく》めてやるのは、まるで羽毛のおくるみで包みこむかのようである。雛に産湯を使うことはなく、塵あくたをかけて艶《つや》を出してやる。

鷓鴣は自分と雛の方へ人がやって来て害を加えようとするのを見ると、そのハンターの足許で転げ回り、のたうち回るところを捕まえられそうだと思わせる。そして、相手が獲物に向けて身をかがめるや、さっと身をかわす。雛の方は逃げて遠くへ行っている。鷓鴣はそれを確認すると、今や勇気凛々、飛び立ってハンターを空しい仕事から解放してやり、〈雛たちを収容し〉（2）人間は呆気にとられたままだ。母親は脅威が去り安心できる場所に来ると、雛たちを呼ぶ。雛たちは声を聞きつけて飛んで来る。

鷓鴣はまた卵を生む時になると、連合いに隠れてしまおうとする。それは雄が卵を壊さないようにするためで、何しろ雄は性欲が強く、母鳥が子育てに時間を費やすのを許さないのである。鷓鴣はこんなにも淫らな鳥だ。雌が雄をほったらかしにして卵を抱く時には、雄たちはわざとお互いをけしかけ、猛烈な打ち合いをする。そして負けた雄は〈鳥のように〉(3) 乗りかかられ、〈勝った雄は〉(4) 別の雄に敗れて同じ憂き目を見るまで、思うままに乗りかかるのである。(5)

註 (1) 丸い形から巣をこう呼ぶ。(2) Hercher に従って削除するのがよい。(3)「雌のように」と解したい。(4) Hercher に従って補うのがよい。(5) 鷓鴣の生態についてはアリストテレス『動物誌』六一三b六以下(島崎訳では山鶉)、プリニウス『博物誌』一〇-一〇〇以下に詳しく、雛を守る奇策はプルタルコス『子への情愛について』四九四Eにも見える。鳥の distraction display(注意逸らし行動)の例である。

一七 動物の嫉妬

嫉妬は実に忌《げ》まわしいもの、とエウリピデス(『イノ』断片四〇三)が言っているが、これは一部の動物にも巣くっている。例えばテオプラストス(断片一七五)によると、守宮《ヤモリ》は老いの皮を脱ぎ捨てると、振り返ってその皮を嚥みこみなくしてしまうという。この生き物の脱皮した皮は、癲癇に効力ありと考えられているのである。鹿も自分の右の角が多方面に役立つことを知っているので、それを埋めて隠してしまうが、誰かがそれの恩恵を被ることが妬ましいのである。雌馬は仔馬を生む際に恋の妙薬をも生み出していることを知っている。そこで、胎児が生まれ落ちるや否や、額にある瘤《こぶ》を齧り取る。人々がヒッポマネス(1)と呼ぶものがそれで、呪術師はこれが止めどない情交への欲望を誘発し、恋の刺激を与えて燃え上がらせると言っている。それ故、人間がこの呪物を手に入れるのを雌馬が望まぬことは、あたかも最大の宝を惜しむかの如くである。そうではないだろうか。(2)

註 (1)「馬の狂気」の意味。生まれたての仔馬の額に付着する瘤で、乾無花果より小さく、丸くて黒い。母馬がこれを齧り取る前に人間が奪うと、母はその仔を育てなくなる。強力な媚薬とされた(本書一四-一八。アリストテレス『動物誌』五七七a九および六〇五a二以下。プリニウス『博物誌』八-一六五)。ローマのカリグラ帝は妻カエソニアにより、この媚薬を使って狂人にされたという(ユウェナリス『諷刺詩』六-六一四以下)。(2)テオプラストスはこの他、癲癇に効く凝乳剤を吐き出すアザラシ、皮に小便をかけてダメにする針鼠、傷に効く尿を隠す山猫を挙げ、嫉妬からするのではなく、動物の本能だと言う。

一八 ピューサロスの破裂

ビュザンティオンのレオニダスによると、エリュトラ海(1)のアラビア湾には成長した鯊《ハゼ》に劣らぬ大きさの魚がいるという。それは普通の魚のような目も口も持たず、鰓《えら》と、頭の形のようにも見えるものが附いているが、姿は出来損ないである。腹の下部には型押ししたような僅かな窪みがあって、エメラルド色を呈している。それが目でもあり口でもあるという。この魚を味わおうとする者は、魚と己れの不幸を一緒に釣り上げるに等しい。どんな風に身を滅ぼすかというと、これを食した者は腫れる。それから激しく腹を下して死ぬのである。しかし、捕まった魚も罰を受ける。先ず、水から出たとたんに膨張し、人が触るとますます膨れ上がり、触り続けると、水腫症に罹った人みたいに、全身が腐って透《す》けてきて、遂には破裂するのである。もし、この魚がまだ生きている間に海に放してやると、風で膨らんだ膀胱のように水面を泳いで行く。この性質から人はこれをピューサロス[2]と呼んだ、とレオニダスは言う。

註 (1)「紅い海」の意で、今の紅海・ペルシア湾・アラビア海を併せ称す。アラビア湾が今の紅海にあたる。
(2)「膨れる魚」の意で、河豚《フグ》であろう。

一九　海豹《アザラシ》の意地悪

海豹は体内にある凝乳剤を吐き捨てるが、それは癲癇の患者がこれで治療されぬようにするためだと聞いたことがある。何ともはや、海豹というやつの意地の悪いこと[1]。

註 (1)仔牛・駱駝・海豹等の消化液に含まれる凝乳剤は乳を固めてチーズを作るのに利用された。この記事は本巻一七章(そこへの註参照)に続けてテオプラストスから引かれたものであろう。このことはアリストテレス『異聞集』八三五b三二以下にも見える。

二〇　ペリカンの調理

川に棲むペリカンは大口を開けて二枚貝を嚥みこみ、腹の一番奥で温めてから吐き戻す。すると、ちょうど茹でたみたいに殻が熱のために開き、ペリカンは肉をほじくり出して食事にするのである。(1)鴎の場合は、蝸牛《カタツムリ》を空高く運んで激しく岩に打ちつける、とエウデモス(2)（断片一二六）が言っている。(3)

註　（1）このことはアリストテレス『動物誌』六一四b二六以下に見えるが、「腹の一番奥」でなく「嗉嚢で」とある。（2）前四世紀後半に活躍。アリストテレスの忠実な弟子で、自らも故郷ロドス島で学校を開いた。多方面の著作は全て散逸。（3）鷲が上空から亀を投げて甲羅を割ることは本書七―一六参照。

二一　熊とライオンの話

エウデモス（断片一二七）が記す話である。トラキアのパンガイオン山(1)で、見張りのいないライオンの塒《ねぐら》を雌熊が襲い、まだ幼くて防ぐ力もない仔ライオンを殺してしまった。父親と母親が狩りから帰り、子供たちが血まみれになっているのを見ると、当然ながら胸つぶれ、熊に飛びかかろうとした。熊は怖れて、とある木に足に任せて駆け上がり、そこに坐ってライオンの攻撃を避けようとした。こちらは殺害者への復讐を胸にそこへやって来ると、雌ライオンは見張りを怠らず、根方に坐って、血眼で見上げながら待ち受け、一方の雄ライオンは悲痛のあまり惑乱狂奔することは人間と異ならず、山中を彷徨《さまよ》ううちに樵夫《きこり》の男に出会った。男は怖れて斧を取り落としたが、ライオンは尾を振り、できる限り身を伸ばしてお辞儀をすると、舌で男の顔を舐めた。男が気を取り直すと、ライオンは尾を巻きつけて男を導くのだが、斧を放置するのを許さず、拾い上げるよう足で合図した。男がきょとんとしていると、ライオンは口で斧を摑んで男に渡し、後に従う男を〈巣穴へ連れて行った〉[2]。雌ライオンはこれを見て、駆け寄って来ると好意を示し、哀願の眼差しをすると共に、熊を見上げた。さすがに男も了解し、彼らが熊にひどい目に遭わされたのだと推測して、手と力の及ぶ限りに木を伐り始めた。木は倒れ、熊が落ちると、二頭はそれを引き裂いた。ライオンはこの男に何の危害も加えることなく、先刻出会った所まで連れ戻して、当初の木こり作業に復帰させた。

註 （1）ギリシア東北部、金銀の鉱山で名高い。この地方にライオンがいたことはヘロドトス『歴史』七-一二五も記す。（2）「木の所へ」と改める案がある。

二二 マングースとコブラの戦い

エジプトの動物、コブラとマングースの戦いのこと。マングースは後先も考えず闇雲に戦いの場に臨むわけではなく、人間が武具一式で身を固めるように、泥の中を転がって、たっぷりつけた泥を固まらせるから、十分に強固な防具を持つに等しくなる。泥がない場合には水を浴びて、濡れたままの体で深い砂に飛びこみ、必要から生まれた工夫で身の守りを引き出して、戦いに赴く。鼻の先が柔らかく、謂わばコブラの攻撃に晒されているので、尾を前方に曲げて守りとする。尻尾を前に曲げて鼻先をブロックする、というのが習慣になっているのである。もしコブラの一撃が鼻先に命中すれば、相手を殺す。さもなければ、牙は空しく泥を噛んで、意外や、マングースが這い寄って[1]、コブラの首筋を摑んで絞め殺す。先手必勝である[2]。

註（1）マングースの原語 ikhneumōn は「足跡を追跡する者」の意味であるので「這う」というのであろう。
（2）アリストテレス『動物誌』六一二a一六以下、ニカンドロス『有毒生物誌』二〇〇以下、オッピアノス『猟師訓』三-四三三以下が同じ話を記すが、プルタルコス『動物の賢さについて』九六六Dはマングースと鰐の戦いを記す。

二三　鸛《コウノトリ》に反哺の孝あり

鸛は年老いた両親を自ら進んで懸命に養うが、人間の掟がそう命じたわけではさらさらなく、善き自然がそれを行わせるのである。親たちもまた子を大切にするが、それが証拠には、未だ羽根も生えず弱々しい雛に与えるべき餌が巣の中になく、運悪く万策尽きた時には、成鳥は昨日食べたものを吐き戻して雛を養うのである。青鷺も、それにペリカンも同じことをするという話だ。併せて聞いたところによると、鸛は鶴と一緒に冬を逃れて渡って行く。氷結の季節が過ぎ、鸛と鶴とが故郷に戻って来ると、めいめいが自分の巣を認識するのは、人間が我が家を認めるのと同じだという。

ミュンドスのアレクサンドロス(1)（断片一（Wellmann））が言うには、共に暮らして来た鸛たちが老年に達すると、オケアノスの彼方の島々(2)へ行って人間の姿に変身するが、生みの親に対する孝行への褒賞としてそうなるのだという。因みに私の解釈では、この島々で暮らす人間たちが親孝行で敬虔であるようにと、神々が教え諭したいのだと思う。何しろ太陽の下のどの地でもそのような生を送ることはできないのだから。これは作り話などではなさそうだ。だって、アレクサンドロスは何の得にもならないのに、何を望んでこのような驚異を語るであろうか。大した得にもならないし、こんなことのために益体もない攻撃に晒されないためにも、真実を犠牲にして嘘を語ることなど、賢明な人にはふさわしくなかろう(3)。

註 (1) ミュンドス（小アジア西南海岸の町）出身、一世紀前半。動物や鳥類に関する編集ものを著し、後の動物作家や変身譚作者に多く利用された。(2) 選ばれた人々が死後に至福の生を送るエリュシオンの野（ホメロス『オデュッセイア』四-五六三）、選ばれた英雄が死後に住まわされる至福者の島々《マカローン・ネーソイ》（ヘシオドス『仕事と日』一七一）と同じであろう。世界の西の果て、大地を取り巻く大洋《オケアノス》の向こうにあると考えられた。(3) 鸛の反哺の孝は多くの人に語られ（アリストテレス『動物誌』六一五b二三）、アリストパネス（『鳥』一三五三）もそれを利用して、鳥の世界には「父ナル鸛ガ子ノスベテ巣立ツマデ育テ上ゲタル時ハ、子ラハ父ヲ養イ返スベシ」という掟があるという。

二四　燕の巣造り

燕は泥が豊富にある時には、爪で運んで巣を拵えるが、泥がない時には、アリストテレス（『動物誌』六一二b二三以下）によると、体を水で濡らしてから、塵あくたの中に飛びこんで翼に塗《ぬ》たくり、全身を泥で覆ったようにすると、嘴で少しずつこそげ取って、目標とする巣を造る。産毛も生えず弱々しい雛がむき出しの藁の上に寝ると、痛くて折檻されているようになることを燕はよく知っている。そこで、羊の背中に止まって毛を引き抜き、それで子供たちのための柔らかいベッドを広げてやるのである。(1)

註　(1) 燕の巣造りについてはプルタルコス『動物の賢さについて』九六六Dが記す。

二五　燕の教育

燕の母親は雛たちに同じ餌を平等に与えるよう気を配ることによって、彼らを公平な子に育てる。即ち、全員に一つずつの餌を持ち帰ることはできないので、そんなことはせず、一度に運べるちっぽけなものを、先ずは最初に生まれた雛に与え、それに続く雛には二回目に、三番目に生まれた雛には三回目に食わせ、こんな風にして五番目の雛まで進む。燕はそれ以上は孕みも生みもしないのである。母親自身の餌は、巣の中にこぼれ落ちたのを自分のものにできれば、それをかき寄せるばかりである。(1)

燕の雛も犬の仔と同様、目が見えるようになるのが遅いが、母親がある草を採って来てあてがうと、雛たちは次第に見えるようになり、暫くはじっとしているが、巣立ちが可能になると、餌を求めて巣を出る。人間はこの草を手に入れたいと躍起になっているのだが、未だその努力は実を結んでいない(2)。

註 (1) 燕の両親は同じ雛が二度餌を貰わないよう配慮する（アリストテレス『動物誌』六一二b二八）。(2) 燕の雛の眼病を癒す草はプリニウス『博物誌』八-九八および二五-八九によるとchelidonia（ツバメ草）と呼ばれる。ケシ科の草《クサ》ノ王《オウ》である。南方熊楠の論考'The Origin of the Swallow-Stone Myth'（全集別巻1所収）は、燕が雛の失明を癒すべく浜辺から持ち来る「燕石」の伝説の生成を考証する。本書一七-二〇参照。

二六 戴勝《ヤツガシラ》の巣

戴勝は鳥類中最も冷酷な奴で、私の思うに、以前人間であった時のことを記憶して(1)、その時の女性というものへの憎悪から、人気のない高峻な岩場に巣を造る(2)。そして、人間が雛に近づかないように、巣には泥の代わりに人糞を全面に塗りたくり、堪えがたい悪臭で敵対する動物を寄せつけず追い払うのである(3)。

こんなことがあった。とある砦の人気なき辺り、歳月を経て石の割れ目が広がった所にこの鳥が仔を生んだ。砦の番人が中に雛がいるのを見つけて、隙間を泥で塗りつぶす。戻って来た戴勝は閉め出されたことを知ると、草を採って来て、泥の上にあてがった。泥が溶け落ちて、戴勝は子供たちと会ってから、また餌を探しに飛び立った。この男が再び塗りつぶすと、鳥も同じ草で隙間を開ける。同じことが三度行われる。ここに至って砦の見張も事態を悟り、その草を集めて来ると、同じことに使ったりはせず、これを使って自分のものでもない宝蔵を開けたのである。

註（1）冷酷なトラキア王テレウスが戴勝に変身する話については、本書一-三への註参照。（2）「このヤツガシラをおのれの不幸の証人として／（ゼウスは）きらびやかに彩り、／岩間に棲む大胆な鳥を完全武装した姿で目立つようにした」（ソポクレス『テレウス』断片五八一。木曽明子訳）。（3）人糞で巣を造ることはアリストテレス『動物誌』六一六a三五に見える。

二七　ペロポンネソス半島とライオン

ペロポンネソス半島はライオンを産しない。さすがホメロスは教養ある知性でこのことを知っていたので、その地で狩りをするアルテミス女神を歌う時でも、

猪や駿足の鹿を喜びつつ（『オデュッセイア』六-一〇四）

タユゲトス[1]やエリュマントス[2]を駆け巡る、と言う。この山々にはライオンはいないので、それに言及しないのはまことに当を得ているのである[3]。

註　(1)スパルタ西方を南北に走る山脈。野獣の宝庫。(2)ペロポンネソス半島中部のアルカディア地方の北境をなす高山。ヘラクレスに退治された大猪で名高い。(3)ギリシア北方トラキア地方にライオンがいたことは、本巻二一章への註参照。

二八　ペルセウスという魚

エリュトラ海にこんな魚がいる。私の知る限りでは、土地の人たちはそれにペルセウスという名をつけている。(1)ギリシア人もそのように呼ぶし、アラビア人もギリシア人と変わらない。アラビア人もペルセウスをゼウスの息子と認め、この魚は彼に因んで命名されたと言っているからである。大きさは一番大きなアンティアースくらい、見た目は鱸《スズキ》に似る。鼻面がちょっと鉤型に曲がり、金色に似たストライプで彩られている。そのストライプは頭部から斜めに走って腹部で終り、大きな歯が隙間もなく堵列《とれつ》する。体力と威力では魚類を圧倒すると言われ、胆力も欠けてはいない。この魚の獲り方については別の所で語っておいた。(2)

註　(1)ペルセウスはゼウスが黄金の雨に化してダナエに通じて生ませた英雄。ゴルゴン退治で名高い。この魚は *Lutjanus*(スズキ目フエダイ科の魚)かとされる。(2)アイリアノスの現存著作中には見えない。

二九　玉珧《タイラギ》の見張り番

玉珧は海の生き物で二枚貝の一種である。両側の貝殻を広げ、傍らを泳ぐ魚に向けて、ちょうど釣餌《つりえ》のように肉片を伸ばす。玉珧の側には食事と生活を共にする蟹が常にいて、何か魚が近づいて来ると、そっと突っつく。すると玉珧は一層大きく開き、やって来る魚——そいつは餌と思って潜りこんで来るので——その頭を迎え入れ、食べるのである。(1)

註　(1) ごく小さなこの蟹は玉珧番《タイラギバン》と呼ばれ、隠蟹《カクレガニ》のこと。アリストテレス『動物誌』五四七b一六は隠蟹を取り去ると玉珧は死ぬという。プルタルコス『動物の賢さについて』九八〇Bとオッピアノス『漁夫訓』二‐一八六以下の記述はやや異なり、開いた貝殻に小魚が入ると隠蟹が玉珧を噛んで知らせる。玉珧はその刺激で貝を閉じる、という。

三〇　郭公《カッコウ》の托卵

教養人ならこんなことも知っておくのがふさわしい。郭公はとても賢く、窮余の一策に妙案を編み出すのが実にうまい。体質が冷え性であるため、と人は言うのだが、郭公は卵を温めて孵すことができないのを自覚している。そこで卵を生む時になると、自分で巣を拵えて雛の面倒を見るのではなく、他の巣の主が外出してうろつき回るのを見張っていて、他人の塒《ねぐら》に入りこんで卵を生む。但し、どの鳥でもよい訳ではなく、転がりこむのは雲雀《ヒバリ》、森鳩、川原鶸《カワラヒワ》、それにパッポス(1)の巣で、これらの鳥が自分の卵と似たのを生むことをよく知っているのである。そして、彼らの巣が空っぽの時は近づかず、中に卵がある時に限って、自分の卵をそこに紛れこませる。卵がたくさんある時には、幾つかを転がり落として壊し、自分の卵を代わりに残す。そっくりなので見分けがつかず、ばれないのである。件の鳥たちは自分のものでもない雛を孵すのだが、郭公の雛はしっかりしてくると、実の子でないことを自覚して飛び出し、生みの親の所へ赴く。翼が生え揃って来ると、他所者であることを気づかれ、こっぴどい目に遭わされるからである。

郭公が見られるのは一年のうちで一番よい一時期のみで、春立ちそめる頃からシリウスが昇る頃(2)まで姿を現し、その後は人々の目から遠ざかるのである(3)。

註 (1)「お爺さん」「産毛」の意味があるが、不明の小鳥。(2) 日の出直前にシリウスが東の空に現れる(heliacal rising) 時期で、七月半ば。(3) 郭公の托卵はアリストテレス『動物誌』五六三b三〇以下、六一八a八以下、プリニウス『博物誌』一〇-二六にも記される。

三一　雄鶏を怖れるもの

ライオンは雄鶏を怖れる。バシリスクも同じ鳥を怖がると言われており、雄鶏を見ると震え、鳴き声を聞くと痙攣を起こして死ぬ。そこで、こういった獣を養うリビアを旅する者は、件のバシリスクが怖いので、雄鶏を旅の道連れとして連れて行く。それほどの危険をも防いでくれるのである。(1)

註 (1)ライオンが雄鶏を怖れることは『イソップ寓話集』(Perry 版)八二「驢馬と雄鶏とライオン」、二五九「ライオンとプロメテウスと象」などにも見え有名な話題であった。

三二 土地の特性

クレタ島は狼や爬虫類の最大の敵である。これはテオプラストスの説で読んだが、(1)マケドニアのオリュンポス山にも狼は近づけない。(2)ケパッレニア島の山羊は六ヵ月間水を飲まない。(3)〈アビュドスの(4)〉羊は白いのは見られず、全て黒いと言われている。

動物の多様性とか特性はこんなところにもありそうだ。あるものは咬む動物で、牙から毒を注ぐ。またあるものは刺す動物で、刺すことでやはり同様の害を注入する、と。

註 (1)テオプラストスの現存著作にはこの記事は見えない。(2)プリニウス『博物誌』八-二二七以下にも、マケドニアのオリュンポス山とクレタ島には狼がいないという。(3)ケパッレニア(ギリシア西部の大島)の山羊は水を飲まぬらしく、毎日海の方を向いて口を開け、空気を吸いこむ(アリストテレス『異聞集』八三一a一九以下)。(4)アビュドスは小アジア西北部の港湾都市、ナイル河中流域西岸の町などがあるが、テクストが疑わしい。

三三　土地による差異

リビアのコブラが首筋を膨らませた時に、その吐く息にまともに顔を向けた者は視力を奪われる、という話であるが、別の所のコブラは視力を奪わないけれど、あっさりと命を奪う。

エペイロスの牛は最大級の量のミルクを搾らせる、スキュロスの山羊はふんだんに乳を提供して他の追随を許さない、と言われている(1)。たいていの山羊は二頭なのに、エジプトの山羊は五頭も生む。その理由は、最も豊饒な水を提供するナイル河にあると言われている。そこで、美しい家畜を愛してやまず、丹誠こめてその世話をする牧人は、自分の群れのために、とりわけ不妊の家畜のために、工夫を凝らしてできるだけ多量のナイルの水を引いて来るのである。

註　(1) エペイロス(ギリシア西北部)の大牛が多量のミルクを供することはアリストテレス『動物誌』五二二b一六以下に、スキュロス(エーゲ海の島)の山羊の乳の量が飛び抜けて多いことはピンダロス、断片一〇六にも見える。

三四　巨大な角

プトレマイオス二世(1)の許にインドから角が運びこまれたが、その容量は三アンポレウスであったと伝えられる。これほど大きな角を生やした牛とは一体どれほどのものであったのだろうか。

註（1）プトレマイオス朝エジプトの最盛期をもたらしたエジプト王、前二八五―二四六年在位。添え名を兄弟愛《ピラデルポス》というのは実の姉アルシノエ二世を愛して妃としたことによる。学術を奨励し、珍奇なものの蒐集にも努めた。

三五　鷓鴣《シャコ》の国なまり

鷓鴣の声を聞くと、決して全てが同じ声をしているのではなく、違いがある。アテナイで言えば、コリュダッレイス区(1)の向こう側の鷓鴣とこちら側の鷓鴣で別の声を響かせる。その声をどう呼ぶかはテオプラストス（断片一八一）に語ってもらおう(2)。一方、ボイオティア地方の鷓鴣と対岸のエウボイア島の鷓鴣は同じ声だから、同じ方言と言ってもよかろう。キュレネの蛙は全く鳴かないし(3)、マケドニアの豚もしかり。ある種の蟬も鳴かない。

註（1）アッティカ地方の一行政区画。アテナイの西にあたる。（2）テオプラストスは逸書『同種の動物の声

の違い』で、鷓鴣のあるものはカッカビーと鳴き、あるものはティッテュビーと鳴くと書いた（アテナイオス『食卓の賢人たち』三九〇A以下）。アリストテレス『動物誌』五三六b一五も同様のことを記す。(3) キュレネ（アフリカ北岸）には以前は鳴く蛙はいなかった（アリストテレス『動物誌』六〇六a六）。他に、レギオン（イタリア半島爪先部分）の南を流れるハレクス川の南岸の蛙は鳴き、北岸の蛙は鳴かない（ストラボン『地誌』六-一-九）、という記事もある（本書五-九参照）。

三六　毒蜘蛛

葡萄蜘蛛《ブドウグモ》と呼ばれる毒蜘蛛の一種があるという。色が黒く、実際に葡萄の実に似て球形に見えるからか、他の理由によるのか、判断するのは難しい。リビアに棲息し、脚は長い。腹の真ん中に口を有し、瞬時にして人を殺す(1)。

註 (1) 黒い体に一三の赤い点がある十三星後家蜘蛛《ジュウサンボシゴケグモ》のことか。ニカンドロス『有毒生物誌』七一六以下に記述がある。

三七　セリポス島の蛙

セリポス島(1)では蛙の声を聞くことは絶えてないであろう。ところが、それを別の土地へ持って行くと、よく徹る極めて耳ざわりな声を響かせる。

テッサリアのピエロス山地[2]にある湖は一年を通じてあるものではなく、冬期、幾つかの流れを集めて湖となる。そこに蛙を投げこむと、他の場所では鳴くのに、声を出さなくなってしまう。

セリポス島の蛙についてはセリポス人がこんな自慢話をしている。ペルセウスはゴルゴンとの戦いを終えて、遙かな大地を旅して帰着し、当然疲れ果てていたので、湖のほとりで休息し、眠ろうと思って横になった。ところが蛙が鳴き騒いで英雄を悩ませ、眠りを妨げて苦しめること甚だしい。ペルセウスは蛙を黙らせて下さいと父神に祈った。ゼウスは聞きとどけ、息子に好意を示して、その地の蛙には永遠の沈黙を宣告した、というのである。

テオプラストス（断片一八六）はしかしこの神話を斥け、セリポス人の法螺話を一蹴して、その地の蛙が声を出さないのは水が冷たいからだと述べている[3]。

註（1）エーゲ海の小島。アルゴスの王女ダナエは黄金の雨に変じたゼウスに犯されてペルセウスを生む。母と子は箱に入れて海に流され、セリポス島に漂着する。ペルセウスはここで成長して、睨みつけたものを石に変える怪物ゴルゴンを退治しに出かける。（2）オリュンポス山の北麓で、普通は女性形でピエリアと称する。ペルセウスが休息した湖とピエロス山地の湖の関係はよく分からない。（3）セリポス島の蛙のことはアリストテレス『異聞集』八三五b三以下にも見える。「セリポス島の蛙」は無言で歌えぬ人を指す諺になっていた（ディオゲニアノス『百諺集』一-四九、他）。

三八　土地の作用

湿潤な土地や湿度が高すぎる所では雄鶏は鳴かない、とテオプラストス（断片一八七）は言っている。ペネオス(1)にある湖は魚を産しない。蟬は体質が冷え性であるので、太陽が燃え盛る時に歌う、と同人は言う(2)。

註（1）アルカディア地方北部の町。同名の湖は川が流れこんで形成されるが、地の裂け目や地震の影響で水が溢れたり抜けたりしたという（ストラボン『地誌』八-八-四）。（2）蟬は本性が冷たいので夏至の後に鳴き始める（アポストリオス『百諺集』一六-三九、他）。

三九　山羊《ヤギ》ノ乳吸《チチスイ》

山羊ノ乳吸（夜鷹）(1)は何とも図々しい生き物である。何しろ小鳥などは見向きもせず、山羊に激しく襲いかかるからで、その乳房に飛びついて、乳を吸い取る。山羊飼からの報復を怖れぬどころか、腹一杯にしてもらったお返しに、いとも悪辣なお礼をする。乳房を引っ搔いて傷つけ、乳の出を涸らしてしまうのである。

註（1）夜鷹はその行動からこう呼ばれる。これが雌山羊の乳房に吸いつくと乳が出なくなり、雌山羊は盲目になるという（アリストテレス『動物誌』六一八b二以下、プリニウス『博物誌』一〇-一一五）。

四〇　ナイチンゲールの母のしつけ

アリスティッポスの姉妹アリステの息子のことを「母に教えられた人」と綽名で呼ぶ人は多い[1]。アリストテレス（『動物誌』五三六b一七）は、ナイチンゲールの雛が母親から歌を教えられているのを目撃したと言っている[2]。ところで、ナイチンゲールは自由を愛すること熱烈なる鳥である。それ故、もし年長けたナイチンゲールが捕まり、籠に閉じこめて見張られたりすれば、食を断ち歌を止めて、隷従に報いるに沈黙をもって捕獲した人に復讐する。そこで、このことを経験した人々は、捕まえた鳥が既に年寄りであれば逃がして、幼鳥を捕まえることに努めるのである[3]。

註　（1）アイリアノスは名前と続柄を間違っている。正しくは、アリスティッポス（前四三五頃―三五〇年頃。快楽主義のキュレネ学派の祖とされる）の娘がアレテ、その息子が「母親に教えられた人」同名のアリスティッポスである（ディオゲネス・ラエルティオス『ギリシア哲学者列伝』二-八六、ストラボン『地誌』一七-三-二二）。（2）アリストテレスは引用箇所の直前で、親から離され別の鳥の声を聞いて育った幼鳥は、親鳥と同じ歌い方をしなくなると記す。（3）農夫に雛を奪われたナイチンゲールが夜通し泣き悲しむイメージがあるが（ウェルギリウス『農耕詩』四-五一一以下）、歌のしつけのために奪われるのであろうか。解説参照。

四一　角ある馬

インドの地は一角の馬を生み、一角の驢馬を養い、それらの角からは盃が作られると言われている。もし何者かがその盃に毒を投じても、その悪巧みは飲んだ人をいささかも害さない。どうやらこの馬の角と驢馬の角には、解毒作用があるようだ(1)。

註　(1) メガステネス（前四／三世紀。散逸した『インド誌』四巻の著者）によると、インド人の住むコーカサス地方には角が一本、鹿の頭をした馬がいるという（ストラボン『地誌』一五-一-五六）。

四二　青鶏《セイケイ》

青鶏(1)はこよなく美しいばかりでなく、これほど名が体を表す生き物もいない。砂浴びを喜び、また土鳩《ドバト》のように水浴びもするが、満足いくだけの歩数を歩くまでは、砂浴び場にも水浴び場にも入りびたらない。見られている所で餌を食うのが嫌なので、引きこもってこっそりと食べる。嫉妬深いことは相当なもので、〈有夫の女(2)〉を厳重に見張って、もし家の主婦が間男するのに気づいたなら、自分で縊《くび》れて死ぬ。高く飛ぶことはない。人々はこの鳥を可愛がり、細心の注意を払って飼う。大金持ちの豪家のペットにされるようだが、また神の社にも迎え入れられて放し飼いにされ、聖なる鳥として境内を歩き回る。

一方、孔雀も美しい鳥だが、こちらは救いがたい連中が殺して食べる。この鳥の翼は身の飾りになっているものの、本体は無価値だからである。ところが、青鶏を潰して食卓に載せるという人など、私は一人も知らない。アテナイのカッリアス(3)やクテシッポス(4)、ローマのルクッルス(5)やホルテンシウス(6)でさえそれはしない。諸事につけ、とりわけ食い意地については全く自制できない救いがたい輩は大勢いるが、ほんの数人だけ挙げておく。

註（1）鷭《バン》の仲間。ギリシア語ポルピュリオーンは「朱紫の鳥」の意。（2）底本は「男のいない女」であるがHercherに従って改める。ポレモン（前二世紀後半、歴史家）の説として、青鶏は家に飼われると主婦を厳しく見張り、姦通の疑いがあると自ら縊れて死んで、主人に知らせるという（アテナイオス『食卓の賢人たち』三八八C）。動物が姦婦を顕す話は本書七-一二、八-一九にも見える。（3）前五世紀の大富豪。ペルシア軍が撤退時にアテナイに残して行った黄金を先祖が私物化して大富豪となる。カッリアスはそれを引き継ぐが、取り巻き連と共に放蕩に明け暮れ、極貧のうちに死んだ（アテナイオス『食卓の賢人たち』五三六F以下）。（4）前四世紀の放蕩者。名誉の戦死を遂げた父親のために国費で建てられた顕彰碑を、遊興のために売り払った（アテナイオス『食卓の賢人たち』一六五E以下）。（5）前一世紀のローマ人。ミトリダテス（六世、ポントス王）との戦いで赫々の戦功を揚げたが、また戦争で巨富を築き、後年は奢侈享楽を極めた。プルタルコス『英雄伝』中に「ルクッルス伝」がある。（6）前一世紀。キケロに先立つ大弁論家。桁外れの豪奢な生活ぶりで知られ、初めて孔雀料理を食したとされる（本書五-二一）。

四三　捨身飼雛《しゃしんしすう》

大烏《オオガラス》が既に年老い、雛を養うこと能わずという時、我が身を糧に差し出す。雛どもは父《おや》を食う。「悪シキ大烏ヨリ悪シキ卵」なる諺はこれより出ずとか(1)。

註　(1)この諺はアポストリオス『百諺集』九-二〇に見えるが、別の因縁話が添えられる。コラクス（前五世紀、シケリアの人。弁論術の祖と伝えられる）が弟子のテイシアスに弁論術を教え、それを使って訴訟に勝った暁に授業料を貰うと約束するが、一向に払いに来ない。コラクスが弟子を訴え、弟子が勝ったら約束どおり払うべきだし、負けたら敗訴の金を払うべしと主張。テイシアスは、もし負けたら約束に従って払わなくてよいし、勝訴の場合は払わなくてよいと反論。裁判官は「悪いコラクス（大烏の意）からは悪い卵だ」とつぶやいたという。この親にしてこの子あり。

四四　森鳩の貞潔

森鳩は最も貞潔な鳥と称えられている。事実、雄も雌も一度《ひとたび》番いとなり、謂わば意気投合して結婚に至ったなら、互いに寄り添い操を持して、他人の寝床に触れることはない。もしも他《あだ》し女、他し男に色目を使ったりすれば、残りの鳥たちに取り囲まれて、雄はその同類に、雌は雌たちに引き裂かれる。貞潔のこの掟は小雉鳩《コキジバト》、更には白色の土鳩にまで及んで揺るぎないが、但し、雌雄どちらも殺されることはない。もしも周りの鳥たちが殺してしまったなら、雌を憐れんで恙なく過ごさせてやり、雌は未亡人として生きる(1)。

註 (1) アリストテレス『動物誌』六一三a一四は雉鳩と森鳩についてこのことを記す。

四五 土鳩の擬娩

土鳩の雌が卵を生む時には、雄も陣痛を分かち合い(1)、雌が巣の外をうろついていると、雄が追い回して巣に戻し、生んだ後は卵を抱くよう強制する、とアリストテレス(『動物誌』六一二b三四以下)が言っている。同人によると、雄も雛を温めるし、雌と協力して子育てにあたる。雛が偏食になるのを防ぐため、両親が幼鳥のお食い初めとして塩分の強い土を与えるのは、それを味わった後では、その他のものは喜んで食べるようにするためである。

ところで、土鳩は他の猛禽類とは平和的関係にあるようだが、海鷲(2)とキルコス(隼?)には身震いすると言われている。そして、土鳩が鷹にどのように対処するかは聞いて損はない。先ず、上空高々と飛翔する習性の鷹に逐われた時には、土鳩は飛行を緩めて低みへと降下して、翼を押さえつけておこうとする。ところが、低空を飛ぶ習性の鷹に遭遇した時には、土鳩は舞い上がって高空を行き、宙を切ることのできない相手の上を悠々と飛ぶのである(3)。

註（1）妻の出産に際し夫も儀礼的に同じような行動をとることを擬娩《クーバード》（couvade）というが、これはフランス語couver（卵を抱く）から作られた人類学用語である。（2）ギリシア語「海の鷲」を仮に直訳して名としたが、雎鳩《ミサゴ》か尾白鷲とするのが正しいか。（3）鳩は鷹のタイプ（地上の鳩を襲う鷹、木に止まるのを襲う鷹、飛んでいる鳩を襲うもの）を知っていて対処するという（アリストテレス『動物誌』六二〇a二三以下）。

四六　白象の忠情

象使いを生業《なりわい》とするインド人が白い仔象と出会い、まだ幼いのを引き取って養い、次第次第に馴らして背にも乗るうち、宝物として鍾愛《しょうあい》するようになると、象もまた養育の恩返しに愛情で報いるのだった。ところがインドの王がこれを聞きつけ、象を寄越せと求めて来る。男は〈恋する者〉[1]の如く嫉妬に駆られ、余人が象の主人になるかと思うと胸が潰れる思いして、献上を拒むと、象にうち跨るや、人無き地へと立ち去った。王は瞋怒《しんど》を発し、人を遣って象を奪い取らせ、且つは男を懲罰の場へ連行させようとする。彼らはやって来ると〈暴力に訴え〉[2]ようとするので、男は象の上から撃ちかかり、象もまた被害者として共に防御にあたった。初めはこのようであったが、やがて男が撃たれて滑り落ちるに及び、象は武具を纏い楯で庇う者の如く、飼主を跨いで立つと、寄せ手を殺しまくり、残るを潰走させた。それから飼主に鼻を巻きつけ、持ち上げて小屋まで運ぶと、側を離れぬことは誠実な友と友の如く、その厚情を示したのであった。

ああ、卑劣な人間どもよ、食卓周りやフライパンの音する所には常に〈顔を出し、小躍りして昼食に向かうが[3]〉危難に際しては裏切り、友情の名を口にするのも空しく甲斐なき者たちよ[4]。

註 (1)同性愛関係における「恋する者《エラステース》(念者)」でなく「恋される者《エローメノス》(稚児)」の語が使われているが、前者のように訳した。(2)Hercher の読みによる。(3)この部分はテクストが毀れているようである。(4)インドでは馬と象は王の専有物で、庶民にはその飼育は許されなかった(ストラボン『地誌』一五-一-四一)。負傷した主人を守る、戦死した主人を埋葬へと運ぶ、誤って死なせた主人を悼んでやつれ死にする、そんな象がいるという(アッリアノス『インド誌』一四-四)。

四七 インセスト・タブー、駱駝

代々《よゝ》の守り神ゼウスにかけて、悲劇詩人やそれに先立つ神話作家に問い質すことを許していただきたい。ライオスの子(オイディプス)[1]やテレポス[2]にあれほど無知の咎を浴びせかけたのは、一体どういうつもりなのだ、と。一方は母親と不幸な交わりをしてしまったし、他方は我から情交を試みたのでないとはいえ、生みの母と同衾して、もし神に遣わされた大蛇が何度も二人を分けなかったら、同じ罪を犯していたであろう。もの言わぬ生き物たちでさえ、肌を合わせただけでそのような交わりを察知する能力を自然から授けられており、認知の目印など必要としないし、ソポクレス作品のオイディプスのように、キタイロン山に棄て児にされる必要もないのである。

例えば、駱駝は決して母親と交わったりしない。ある時、群れの牧者が雌駱駝に精一杯の覆いをかぶせ、陰部以外の全身を隠してから、その息子を母親にあてがった。息子は何も知らず、交尾への衝動に衝き動かされて事を行い、そして気がついた。彼は禁断の交わりを仕組んだ男に噛みつき踏みつけ、膝蹴りでむごたらしく殺してしまうと、自ら崖より身を投げた(3)。

この点でもオイディプスは無知蒙昧であった。自殺するのではなく目を潰したし、家と一族を呪うことなく世を去ることができたのに、禍いを終わらせる方途を悟らなかったし、挙げ句の果てに、過ぎ去った禍いを癒しがたい禍いで癒そうとしたのだから。

註 (1) テーバイ王ライオスは、生まれる子が父を殺し母と交わるであろうという神託を受けたにもかかわらず、息子オイディプスを儲け、キタイロン(テーバイの南にある山塊)山中に棄てる。後に神託は実現する(ソポクレス『オイディプス王』他)。(2) ミュシア(小アジア西北部)の王テウトラスは国の危機に際しテレポス(ヘラクレスがアウゲを犯して生ませた子)に援助を求め、報酬として養女となっていたアウゲを妻に与える。アウゲは男に屈することを欲せず、寝室に剣を持ちこみテレポスを殺そうとするが、神々が大蛇を送って二人を分けた(ヒュギヌス『ギリシア神話』一〇〇)。解説参照。(3) 駱駝の話はアリストテレス『動物誌』六三〇b三一以下に見える。

第四巻

一　鷓鴣《シャコ》を戦わせる秘訣

最も淫らな鳥といえば鷓鴣だ。何しろ鷓鴣の雄は雌を恋すること痛切で、絶え間なく情欲に屈している。そこで、闘鶉《とうじゅん》用の鷓鴣(1)を飼う人は、彼らを戦いへと嗾《けしか》ける時には、それぞれの連合いの雌を側に立たせる。それが決戦に際して気後れや臆病風を克服する妙計だと思いついたのである。それというのも、鷓鴣は恋人や細君の目の前で負けるのが耐えられない。対決した相手から逃げ帰り、喝采を博したいと思う雌に恥ずかしい姿で会うくらいなら、むしろ撃ち殺される方を選ぶであろう。

クレタ人も恋人に関して正に同じことを考えていた。というのもこんな話を聞いているからだ。諸事に秀で、とりわけ勇敢な兵士であったクレタ人が、念者《エラステース》として一人の稚児《エローメノス》を持っていた。それは名家の少年で、匂い立つばかりの美しさ、気性は男らしく、美しい諸学諸芸に天稟を磨いていたが、若年ゆえに未だ兵役には就いていなかった。この念者と美少年の名前は別の所で語っておいた(2)。さて、クレタ人たちの伝えるところであるが、この若い念者は戦場で武勇を発揮したものの、敵の戦列が大挙して押し寄せるに及び、転がる死体に躓き転倒してしまったという。間近にいる敵が一人、猿臂を伸ばして倒れた男の背中を撃とうとする。男はその方を振り向くや、「待て」と言った。「恥ずべき腰抜けの一撃を加えてはならぬ。この胸を真正面から撃て。思い人がわしを卑怯者と思いこみ、わしの死体を葬ってもくれなくなるではないか。恥さらしには近づく気にもならぬからな」。

人間が卑怯者と見られるのを恥じるのは何の不思議もないが、鶺鴒が恥を知るのは何と尊い自然の賜物ではないか。臆病者のアリストデモス、[3] 楯を投げ捨てたクレオニュモス、[4] 怯懦のペイサンドロス、[5] 彼らは祖国にも妻女にも子供にも恥じようとはしなかった。[6]

註 (1) 闘鶏について。アントニウスとカエサルはよく鶏や鶉を戦わせたが、いつもカエサルが勝った（プルタルコス『英雄伝』中「アントニウス」三三）。エジプトを治めるエロスなる男が無敵の鶉を買い取り焼いて食った。アウグストゥス帝はその男を帆柱に釘付けにさせた（プルタルコス『ローマ人の警句』二〇七B）。(2) アイリアノスの現存著作には見えない。(3) スパルタ兵三百人がペルシアの大軍をテルモピュライに迎え撃って全滅した時（前四八〇年）、眼病を患っていたため戦場から離れて、ただ一人生き残って汚名を蒙ったが、後に名誉挽回した（ヘロドトス『歴史』七-二二九以下）。(4) 大食、大兵肥満、女々しさ、戦場で楯を投げ捨て逃亡、等のことで揶揄される（アリストパネス『蜂』一九他）。(5) 前五世紀後半、アテナイの反民主派の政治家。肥満や怯懦を喜劇で揶揄される。(6) ギリシア人の同性愛はドリス系都市国家の軍隊組織に起源を持ち、特にスパルタとクレタ島ではどこよりも同性愛が大目に見られたとの俗説がある。テーバイの神聖隊は全て同性愛カップルをもって編制され、前四世紀半ばには常勝無敵を誇った（ケネス・ドーヴァー『古代ギリシアの同性愛』）。

二　アプロディテ神殿の土鳩

シケリア島のエリュクス山[1]に祭があって、エリュクスの人は固よりシケリア全土の人々がそれを「出船の祭」と呼ぶが、祭の名の由来は、期間中、アプロディテ女神がそこからリビアへと旅立つことにあるという。人々がそのように信じるには次のような根拠がある。その地には実に夥しい群れの土鳩がいるのに、それが姿を消すのである。土鳩は女神に扈従《こしょう》して立ち去るのだ、とエリュクスの人たちが言うのも、土鳩はアプロディテのお気に入りだという専らの評判で、誰もがそれを信じているからに外ならない。ところが九日経つと、リビアより続く海からきわだって美しい一羽が飛来するのが見られるが、群れをなす他の野鳩とは様子が異なり、その薔薇色はテオスのアナクレオン[2]（断片一二）が歌う「薔薇色のアプロディテ」を髣髴させる。その鳥はまた黄金にもなぞらえられそうだが、それはホメロス（『イリアス』五-四二七）が同じ女神を「黄金のアプロディテ」と歌いあげているからである。そして、この鳥に従って残りの土鳩の雲なす大群が戻って来ると、エリュクスの人たちは再び寄り集い祭を営むが、「入船の祭」というその名称も神事から来ている。

註　（1）シケリア島西北部の山および同名の町。アプロディテ祭と土鳩のことはアイリアノス『ギリシア奇談集』一-一五、アテナイオス『食卓の賢人たち』三九四Fにも見える。（2）テオス（小アジア西海岸の町）出身、前五七〇頃―四八五年頃。酒と恋を歌った。

三　ライオンの単独行動

狼や馬は番《つが》いで行動するが、ライオンはそうでない。ライオンの雌と雄は、狩りをするにも水を飲むにも、同じ道を行かぬのである。その訳は、共に体力に自信があるので、どちらも相手を必要としないからである、とは古人の説である。

四　狼のお産

狼が陣痛を終えるのは容易でなく、十二日と十二夜を要する。それだけの日数をかけてレトがヒュペルボレオイの国からデロス島へとやって来たから、とはデロス人の説くところ（1）。

註（1）レトはゼウスの子（アポロンとアルテミス）を身籠もったが、ゼウスの妃ヘラの嫉妬を怖れてレトにお産の場を提供する土地がない。当時まだ浮き島であったデロス島がようやくレトを受け入れた（ホメロス風『アポロン讃歌』）。ヒュペルボレオイの国（極北人の国。理想郷）はレトを育て、後アポロンの聖地となる。レトがヘラを怖れて雌狼に変じることはアリストテレス『動物誌』五八〇a一五以下に見える。狼はアポロンの聖獣。

五　敵対する動物

互いに敵対する動物といえば亀と鷓鴣がある。鸛《コウノトリ》と背高鷸《セイタカシギ》(1)は川鵜(2)と、ハルペー（猛禽類の一種）と青鷺(3)は鴎と敵対する。冠雲雀はアカンテュッリス(4)（鶸の類）に敵意を抱き、小雉鳩とピュッラー(5)（鳩の一種）は反目し、鳶と大烏は仇同士である(6)。

註（1）krex. 鶉水鶏《ウズラクイナ》または襟巻鷸《エリマキシギ》ともされたが新説を採る。（2）aithuia. 旧説では水薙鳥または鴎。新説では姫鵜または川鵜。（3）erōdios は青鷺であるが、本書一-一と同じく水薙鳥かもしれない。（4）棘植物（akantha）を住処とする鳥の意。akanthis（薊鳥、胸赤鶸）の別形と見る説があるが、『動物誌』新訳は吊巣雀《ツリスガラ》とする。（5）火（pūr）の色をした鳥の意。（6）アリストテレス『動物誌』六〇九a四以下に敵対する動物の例多し。

六（五）　雑

〈蜜蜂の一つの名である〉(1)セイレーン(2)はキルケーと反目する。キルケー(3)はキルコスと性別のみならず本性も異なるのが目撃されている。

カンネー(4)は最も性欲の強い魚である。ラコニア地方(5)のペネオスでは白い蟻のことを耳にすることがある。

註（1）Hercher はこれを削除して、本章を前章の続きとする。（2）セイレーンは多くのものを表しうる。(a) 魅

惑の声で船人を誘き寄せ滅ぼす女顔鳥身の妖精（ホメロス『オデュッセイア』一二歌）。(b)蜜蜂の一分類（本書五-四二）。蜜蜂の雄《ケーペーン》に同じ（プリニウス『博物誌』一一-四八）。(c)集団生活をしない蜂（アリストテレス『動物誌』六二三b一一）。(d)駝鳥（旧約聖書『イザヤ書』一三-二一）。(e)鶚の類。（3）大烏とする説もあるが、不明。キルコスは隼かとされるものの尚不確かであるので、この文意も晦渋。kirkē と kirkos は女性名詞・男性名詞の関係である。（4）「カオス（空隙）」と同語源で「大口を開ける」の意と釈かれることもあるが、不確か。鱸《スズキ》の類。（5）ラコニアはペロポンネソス半島南部、スパルタを中心とする地域だが、作者の誤りで、アルカディア地方が正しい。

七（六）　風で孕む馬

馬が沼地や草地、それに風道《かざみち》にあたる場所を喜ぶことは、馬を牧《ぼく》し若駒を育てる名人らが口を揃えて言うところだ。それ故、この方面の知識も深いと見受けられるホメロスも、

その人の馬三千頭は沼地で飼われていた。（『イリアス』二〇-二二一）

とどこかで言っていた。また、馬を飼う者らがしばしば証言するのは、雌馬は風によって孕み、南風や北風の方にふけるということで、同じ詩人はそれを知っていて、

草を食むその馬たちに北風神《ボレアス》が恋をした。（『イリアス』二〇-二二三）

と言っている。思うに、雌馬は春情鬱勃として件の風の方へとまっしぐらに逃げて行く、とアリストテレス（『動物誌』五七二a一五以下）が語るのも、ホメロスから仕入れたのであろう[1]。

註（1）ウェルギリウス『農耕詩』三-二七三以下にも、雌馬は高い崖の上で西風を吸って孕み、北風か南風の方へ駆け去る、と歌われる。

八（七）インセスト・タブー、馬

聞くところによるとスキュティアの王が——名前も知っているが、何の益あろうかと思い言わぬ——およそ馬に求められる限りの、また馬が発揮する限りの美質を備えた駿馬を擁し、加えて、その馬の仔で群馬に卓絶するのを持っていた。ところが、その雌馬に番わせるに足る雄も、その仔馬をあてがって胤を採らせるに値する優れた雌も見つからないので、王は二頭をそのことのために向かい合わせた。二頭はしかし、からみあい好意を示しあうものの、肌を合わせない。そこで、動物の知恵がスキュティア人の企みを凌いだ故に、王は雄と雌を布で覆ってから、道に外れたあの醜行を行わせたのである。二頭はしかし自分たちのしたことを悟ると、死をもって瀆神行為を償った。揃って崖から身を投じたのである[1]。

註（1）アリストテレス『動物誌』六三一a一以下、プリニウス『博物誌』八-一五六、オッピアノス『猟師訓』一-二三九以下、その他この話を伝えるものは多い。

九（八） 馬方の恋

エウデモス（断片一二八）の語るところである。牧場の群れの中でも最も美しい若い馬に馬丁が恋をしたのは、まるで村一番の小町娘に恋をしたかのようであった。初めのうちこそ自分を抑えていたが、遂には臥所の禁を犯して交わるに至った。ところで、この馬にはこれまた美しい仔馬がいたが、行われたことを目撃すると、まるで母親が暴君の主人から手籠めにされたかのように胸を痛め、男に跳びかかり殺してしまったばかりか、男が埋められる場所を見張っていて、行って掘り出すと、もはや仔馬の悲痛を感じることもない死体を辱め、手を替え品を替え暴行を加えた。

一〇（九） 黒海へ行く魚

春の間、たいていの魚は生殖のことに心を向けて黒海へと引き移る。黒海には隠れ穴や憩いの場所があって、魚族にとっては自然からの贈物となっているからである。おまけに、海が育む限りの獣の心配がない。か細くひ弱な海豚がうろつくのみで、小さな魚には死を意味するものたち、蛸はいないし、銀杏蟹《イチヨウガニ》は産せず、海蜊蛄《ウミザリガニ》も棲息しないのである(1)。

註　(1)黒海の利点としてはこの他、淡水が流れこみ餌が豊富なこともある（アリストテレス『動物誌』五九八a三〇以下、オッピアノス『漁夫訓』一-五九八以下）。

一一（一〇）　月を拝む象

こんな話を教わった。新月が現れ初《そ》めると、象は一種本能的な、曰く言いがたい心意に基づき、棲むところの森から新しく枝を折り取ると、高々と掲げ、月の女神を仰ぎ見て、静かに枝を揺り動かす。それはまるで、これを嘆願の小枝[1]として差し出しつつ、神意を宥め、慈悲を垂れたまえと祈るかのようだ、と[2]。

註　(1)オリーブの枝に羊毛を巻きつけたものを捧げるのが嘆願者の印であった。(2)宮沢賢治『オツベルと象』の白象が毎夜月に祈るのを思い出す。

一二（一一）　雌馬という綽名

妊娠中にも雄の性交を受け入れる動物は馬だけだと聞いているが、それは雌馬が極めて性欲が強いからだという。女性を厳しく取り締まる人たちが淫乱な女を雌馬と呼ぶのも、そこから来ているとか[1]。

註　(1)雌と雄の動物の中で最も性欲が強いのは、人間に次いで馬である（アリストテレス『動物誌』五七五b

三一）。妊娠中に最もよく交尾を受け入れる動物は人間と馬である（前掲書、五八五a四）。

一三（一二）　啐啄《そったく》無用の鶉鴣

鶉鴣はまだ卵の中にあって、周りの殻に閉じこめられている時から、親に孵してもらうのを待ったりせずに、ドアを叩くみたいに自分の力で卵を突《つつ》き、顔を覗かせるや押し出して来て、殻を割ったかと思うともう駆け出している。尻尾の所に殻の半割れがくっついていたら、激しく振って投げ飛ばし、餌《え》を漁り、快足に跳ねまわる(1)。

註　（1）生まれるやすぐに鶉鴣は走り、家鴨は泳ぐ（アイリアノス『ギリシア奇談集』一〇-三）。

一四（一三）　鶉鴣の知恵

鶉鴣の中でもよく通る声で上手に歌う種類は歌唱力に自信を持っている。喧嘩っ早くて闘鶉《とうじゅん》に向いた種類も、捕まっても無益に殺されるだけにはならぬと高を括っている。それ故、この二つは捕まりそうになっても、捕まらぬようハンターに抵抗することもあまりない。喧嘩と歌のお蔭で礼遇されるであろうと確信しているのである。ところが第三の種類、とりわけキッラ(1)産の鶉鴣は、腕っぷしにも歌にも取り柄がないことを自覚して、捕まったら捕まえた人に食べられることがよく分かっているので、本能的な知恵で自分を食用に適さぬものにすべく画策する。即ち、心を満たし体を肥やしてくれる餌は避けて、せっせと大蒜《ニンニク》を食べるのである。そこで、それを先刻承知している人は、進んでこの鶺鴒とは仲良くして狩らぬことにしている。ところが、たまたまこの鳥の猟を経験していない人は、捕まえて料理して、むかつくような肉を味わって、時間と労苦を無駄にした、ということになるのである。(2)

註 (1) アポロンの聖地デルポイの西南にあたる港町。(2) この話はアテナイオス『食卓の賢人たち』三九〇Bにも見える。

一五 (一四) 悪者同士

鼬《イタチ》は悪い動物だが、蛇も悪い奴だ。そこで、鼬は蛇と戦おうとする時には、あらかじめヘンルーダを齧っておくことで、砦と武器に守られているかの如く心を強くもって、戦《いくさ》の庭に臨む。その理由は、蛇がヘンルーダを何よりも嫌うところにある。(1)

註 (1) 鼬と蛇は共に人家に棲み、鼠など食い物を同じくするので敵対するという(アリストテレス『動物誌』六〇九b二八以下、六一二a二八以下、六一二b二以下)。

一六（一五） 満腹の狼

狼は腹一杯詰めこんだ時には、もう微塵も口に入れない。その胃袋は拡がり、舌は膨れ、口は塞がっているからで、ばったり出会ってもおとなしいことは仔羊の如く、たとえ家畜の群れの真中を歩いても、人にも動物にも危害を加えることはない。しかし、舌がゆっくりと少しずつ縮みゆき、元の姿にまで戻ると、再び狼になるのである。

一七（一六） 鶏の同性愛、囮《おとり》となる鷓鴣

群れの中に雌が不足する時には、雄鶏は皆、新参者の雄に乗りかかる。飼い馴らされた鷓鴣も、やって来たばかりでまだ馴らされぬ雄に同じことをする。鷓鴣はまた飼主への恩返しとして、野生で走り回っている鷓鴣の囮になるが、これは土鳩と同じことをする訳である(1)。即ち、鷓鴣が他の鷓鴣を引き寄せ、誘き寄せるためのセイレーン(2)の技まで繰り出すのはこんな風である。

鷓鴣が先ず立ち止まって歌うと、それは挑戦の節となり、野生の鷓鴣を奮いたたせるが、自身は罠の側でじっと待ち伏せする。野生の群れのリーダーは対抗して歌い、群れを代表して戦わんと進み出る。すると飼鳥の方は、怖れをなすふりをして後ずさりする。こちらは既にして勝利した者の如く、意気揚々と歩を進めて、罠に絡まって捕まるのである。仕掛けに捉まえられているのがもし雄なら、仲間がそれを助けようとす

るが、もし雌ならば、情欲ゆえに隷従に陥ったとして、絡まっている鳥を四方八方から撃ちすえるのである。尚、このことも聞いて損はないこと故、省かずにおこう。囮が雌の場合には、雄が罠にかからぬよう、自由な雌たちが対抗歌を響かせて、正に罠にかからんとする雄を救出し、大勢の雌仲間のところへ喜々として合流させる。雄は何か呪文で引き寄せられたかの如くであるが、それこそ愛の呪文なのである。

註 (1) 雉鳩や土鳩を囮にするため目を潰すこともあった（アリストテレス『動物誌』六一三a二二以下）。

(2) 本巻六章への註参照。

一八（一七） 意地の悪い動物

針鼠も意地の悪い動物だと信じられている。実際、捕まれば即座に自分の皮におしっこを放《ひ》っかけ、使い物にならなくしてしまう。多方面に役立つと考えられる皮なのに。一方、山猫は自分のおしっこを隠すが、これは凝結すると彫刻に適した石になり、彫刻を施されて女性の装飾品になる、と言われる(1)。

註 (1) 針鼠と山猫のことはテオプラストス（断片一七五）に見え、プリニウス（『博物誌』八-一三四、三七-三四）等も記述する。プリニウス（三七-五二以下）は、山猫の尿が地中で石になるというのは間違いだと言う。この石は電気石かとされる。動物の意地悪については本書三-一七、三-一九参照。

一九（一八）　意外な弱み

「ライオン殺し」[1]を食べたライオンは死ぬ。昆虫はオリーブ油を塗られたら死ぬ。香料が禿鷲には死となる。薔薇を少し投げかければ、玉押金亀子《タマオシコガネ》を殺せる[2]。

註（1）シュリアにいるとされるが（アリストテレス『異聞集』八四五a二八以下）、動物か昆虫か不明。（2）禿鷲は香料で、玉押金亀子は薔薇の香りで死ぬ、とテオプラストス『植物原因論』六-五-一に見える。本書三-七も参照。

二〇（一九）　インド犬

インド犬は野獣と言ってもよく、強さは強し、気象は限りなく獰猛で、世界のどこの犬よりも大きい。インド犬は他の動物など歯牙にもかけないが、ライオンには突っかかって行き、攻撃されても一歩も引かず、咆哮には吠え返し、噛まれたら噛み反す。相手をさんざん苦しめ傷つけまくるが、最後には犬が負ける。しかし、ライオンがインド犬に負けて、狩りで命を落とすことだってある。犬はひとたび噛めば、力の限り噛みついて離さない。近寄って短剣で犬の脚を切り落としたとしても、苦痛の中で噛むのを緩めることなど一瞬たりとも考えず、脚が切り落とされ、死体となって初めて口を緩め、死によって無理やり引き離されて横たわるのである。
他にも聞いたことがあるが、別の所（本書八-一）で語ることにする。

二一（二〇）　特異性

満腹すると食べたものが吐き戻されるのは人間と犬だけだ。人間の心臓は左の乳房の所にあるが、他の動物では胸の真ん中についている。猛禽類（曲爪類）はどれも水を飲まず尿をせず、また他と群れを作ることもない[1]。

註　（1）アリストテレス『動物発生論』七五〇a七以下は、長元坊《チョウゲンボウ》が水を飲む殆ど唯一の猛禽類だという。

二二（二一）　マルティコラース

狂暴なまでの強さ、大きさは巨大なライオンの如く、体色は辰砂《しんしゃ》を思わせる赤で[1]、犬のように毛深い動物がインドにいて、そこの言葉でマルティコラース[2]と呼ばれている。動物というよりむしろ人間のように見える顔を持ち、上顎に三列、下顎にも三列埋めこまれた歯は尖端が鋭く尖り、犬の牙よりも大きい。耳はその形状からして人間に似るが、もっと大きくて毛深い。目は灰青色でこれまた人間に似るが、脚と爪はライオンのようだと思し召せ。尻尾の先には一ペーキュス以上もありそうな蠍の針が付き、尻尾の両側には点々と針が並んでいるが、尾の尖端こそは出会い頭に死の一突き、即死をもたらす。追跡する者があると、こやつは矢のような針を水平に飛ばす。実に遠矢を射る動物なのだ(3)。前方に向けて針を放つ時には、尻尾を前方に反転させるし、サカ族(4)のように後ろ向きに放つ時には、尾を目一杯伸ばす。針の矢は当たった者の命を奪うが、象ばかりは殺せない。飛ばされる針は長さ一プースばかり、太さは藺草ほどである。

さて、インド人も認めていると言いながらクテシアス〔断片四五dβ〕が伝えることだが、この針が放たれた場所には他の針が生え出て来るから、謂わばこの禍いは増殖する訳だ。同じ人がまた言うには、この動物は何よりも人を食うのが好きで、多数の人を殺める。一人きりのところを待ち伏せたりせず、二人三人に襲いかかることがあり、それだけの人数を単身でやっつける。他の動物はことごとく打ち負かすが、ライオンはついぞ倒せない。この動物が人肉をたらふく食うのを無上の喜びとすることは、その名前も証明している。インドでの名称がギリシア語では「人食い」の意味になるからで、その行動からの名づけなのである。駿足なることは鹿のようである。インド人はこの動物の幼獣を、未だ尻尾に針がないうちに狩り、石もて尻尾を潰し、針を生やせないようにする。声はラッパの音そっくりなのを発する。

このような事柄についてクテシアスの証言が信頼できるとすれば、彼はこの動物をペルシアで見たと言っている。ペルシア大王への贈物としてインドから運ばれて来ていたとか。ともあれ、この動物の特性を聞かせてもらった以上、このクニドス(5)生まれの歴史家に耳を傾けなければ。

註（1）虎を赤ということについて。マルメロを赤と言うなど、ギリシア語では黄色をも赤と表現したようである。（2）古代ペルシア語 martijaqâra（人殺し）のギリシア語音写という（Thompson）。人食い虎である。クテシアスに初めて現れ、繁簡区々ながらアリストテレス（『動物誌』五〇一a二五以下）、パウサニアス（『ギリシア案内記』九-二一-四）、ピロストラトス（『テュアナのアポロニオス伝』三-四五）などが触れるが、本章が最も詳しい。（3）ホメロスの叙事詩でアポロンの枕詞。（4）カスピ海辺りに住むイラン系遊牧民。騎馬弓術が考えられている。（5）小アジア西南岸の町。医術が発達し、ここ出身のクテシアスもペルシアの捕虜となったが、大王に侍医として仕えた。

二三（二二）沙蚕《ゴカイ》と唾

沙蚕（海の蜈蚣《ムカデ》）に唾を吐きかけると破裂する、と言われている。（1）

註（1）プリニウス『博物誌』二八-三八は、唾の効用を列挙する中でこのことにも触れる。

二四（二三）甲の薬は乙の毒

柳の実を磨り潰してもの言わぬ動物に飲ませたら、苦しがるどころか、むしろ滋養を得るが、人間が飲めば、子供を生み出す精子を絶やしてしまう。ホメロスがその詩の中で「実を落とす柳」（『オデュッセイア』一〇‐五一〇）と言っているのも、自然の神秘を探究して、柳の実の作用をほのめかしているように私には思われる。[1]

人間が毒人参を飲むと血液が固まり冷たくなるために死ぬが、豚はこれをたらふく食べて健康である。[2]

註（1）柳は実が熟す前に落果する（テオプラストス『植物誌』三‐一‐二）。（2）ソクラテスは毒（毒人参の汁）を仰ぎ、冷たさが足の先から心臓に達した時に最後を迎えた（プラトン『パイドン』一一七A以下）。

二五（二四）象を飼う

インド人は大人の象を簡単に捕まえることはできないので、〈そんなに大袈裟なことはしないし、そんなにたくさんの人手がないであろうから〉[1]、川にほど近い沼沢地へ行って仔象を捕まえる。象は露団々たる柔らかい所を喜び、水を好み、そんなお気に入りの場所で過ごすことが望みの、言うなれば沼地の生き物なのである。こうして優しく従順なのを捕まえて来ると、好物で機嫌を取り、体の手入れは怠りなく、言葉でおだてながら養い――象は土地の人の言葉を解するのである――一言で言えば、我が子同様に育て上げ、世話と共に様々な教育を施す。仔象もまた言うことをよく聞くのである。

註（1）文意が曖昧で、Hercher は削除する。

二六（二五）　牛のつまみ食い対策

脱穀の季節が来て、牛どもが麦打ち場をぐるぐる回り、場内が麦束で溢れる頃になると、牛が麦の穂を齧らぬよう鼻面に牛糞を塗りつけるのは、何ともうまい手だてを考えついたものだ。牛というのはこんなものを塗りつけられると胸が悪くなって、どんなにひどい飢えに苛まれていても、何にも口にしないものだからである。

二七（二六）　インドの鷹狩り

兎や狐を狩るのにインド人はこのような方法で行う。猟犬は必要とせず、鷲、大烏、鳶などの雛を捕まえて来ると、育てながら狩りを教えこむ。訓練の仕方であるが、おとなしい兎か飼い馴らした狐に肉片を括りつけて走らせてから、鳥を放ってその後を逐わせ、肉片を奪わせてやる。鳥は全速力で追跡し、兎ないしは狐を捕まえると、捕獲の褒美に肉片を貰う。それは鳥にとってはまことに魅力的な餌なのである。

こうして狩りの技術を完璧に教えこむと、山の兎や野に棲む狐に向けて鳥を放つ。それらの姿がちらと見えると、鳥はいつもの食事にありつけると期待して追跡にかかり、あっという間に仕留めて、主人の許に持ち帰る、とクテシアス（断片四五g）が語っている。それまでの括りつけられた肉片に代わって、獲物の内臓が鳥の餌になる、ということも同じところから知った。(1)

註（1）トラキア地方における鷹狩りのことは本書二–四二に既出。二〇年ぶりに父子再会を果たしたオデュッセウスとテレマコスが、雛を奪われた髭鷲か禿鷲のように泣くという比喩があるが（ホメロス『オデュッセイア』一六–二一六以下）、雛は鷹狩りを仕込むために奪われるのであろうか。尚、中国の鷹の訓練では、三日ないし一週間鷹を眠らせぬようにして野生を取り去り、肉片を与えるために呼び寄せる距離を次第に伸ばすという（段成式『酉陽雑俎』東洋文庫版第四冊、二九頁、今村与志雄訳註）。

二八（二七）　グリュプス

聞くところによると、グリュプスなるインドの動物はライオンと同じく四本足、強力無双の爪を持つが、その爪もライオンに似る。背中には翼が生え、その翼の色は黒だと一般に言われるが、体の前面は赤く、羽根そのものは赤くなく白い、という人もいる。クテシアス（断片四五h）の記述によると、首の部分は青黒い羽根で彩られ、口と頭が鷲のようであるのは、画家や彫刻家が描くとおりで、目はさながら炎だという。山中に巣を営み、成獣を捕まえるのは不可能ゆえ、人々は幼獣を捉える。インドに隣するバクトリア人の説では、グリュプスはその地の金の守り手で、掘り出した金で棲家を造り、そのおこぼれをインド人が手に入れる、というが、インド人はそれを否定して、グリュプスは金など必要としないので、それを見張ったりもしないと言う。インド人がそう言うのなら、少なくとも私は信じてもよいように思う。インド人は確かに金を集めに行くが、グリュプスとしては、自分たちの仔を獲られぬかと怖れて侵入者と戦うという訳である。

グリュプスはまた他の動物とは戦って易々と勝つが、ライオンおよび象とは対決しないという。そこで、土地の人たちはこれらの動物の力を怖れて、金を求めに出かけるにも昼間は避け、夜間に行く。その時間帯の方が気づかれにくいと思われているのである。

グリュプスが棲息し黄金が埋まっている場所は全くの荒地で、問題の金属を漁りに行く者らは千人二千人の武装集団を組み、スコップと袋を携えて現場に着くと、月のない夜を選んで掘りにかかる。もしグリュプスの目を逃れたなら、得るところの利益も二倍になるというのは、その身は助かった上、荷物を家に持ち帰るからで、金を溶かすことを知る者なら、その技術で金を精錬して、前述の危険の見返りに巨万の富を手にする。しかし、見つかった場合はお陀仏となるのである。彼らが家に戻るのは三年目か四年目のこと、という話である。(1)

註 (1) グリュプス(英独仏語で griffin, Greif, griffon)はメソポタミア起源の合成怪獣で、そのイメージは東西に伝播して、頭と翼は鷲、胴体はライオンとするものと、単純に有翼のライオンに造るものとがある。ヘロドトス(『歴史』三-一一六と四-一三)では、スキュティア人の住地の遙か北にアリマスポイ(一つ目人種)が住み、黄金を守るグリュプスと戦っていたという。クテシアスはそれをインドに移したし、砂金を掘り出す蟻(マーモット類。ヘロドトス『歴史』三-一〇二)の話とも混同しているようである。

二九　雄鶏五題

雄鶏は月が昇る時には熱狂して跳ね回る、と言われている。太陽が昇るのにももちろん気づくが、その時には鶏鳴が最も高くなる。ところで、雄鶏はレトの寵愛する鳥だと聞いているが、その謂れは、女神が至福なる双児を生みなさる時に、その陣痛に立ち会ったからだと言われる。今も雄鶏が産婦の側に居て、お産を軽くすると信じられているのもそのことによるという(1)。

雌鶏が死ぬと、雄鶏が卵を抱いて、沈黙のうちに自分の雛を孵す。その時は、まことに曰く言いがたい不思議な理由で声を立てないのである。思うに、その間は雄でなく雌の仕事をしているのを自覚しているからであろう(2)。

闘鶏や他の雄との争いで負けた雄鶏が鳴かなくなるのは、誇りも砕かれ意気消沈するからで、彼は恥じて身を隠す。勝った場合は意気軒昂、首筋を高々ともたげて得意満面の体である。

これもこの鳥の驚くべきところではないかと思うのは、ドアを潜る時、とても高いドアでも身を屈めることで、何とも気障なことをするものだ。どうやら鶏冠《とさか》ご大切とばかりこんなことをするらしい(3)。

註　(1) レトはゼウスに愛されてアポロンとアルテミスを身籠もるが、ヘラの嫉妬でお産を妨げられて苦しんだ。(2) このことはアリストテレス『動物誌』六三一b一四以下に見える。(3) このことはアテナイオス『食卓の賢人たち』三九一Eに見える。

三〇（二八）　海亀から宝石

海亀の頭は切り離されても死なず、見つめ、手を近づけると目を瞑《つむ》るばかりか、もっと近づけると噛みさえする。その眼光が遠くまで達するのは、瞳が白皓々《はくこうこう》として隠れもないからで、取り出されて金製品や首飾りに嵌めこまれる。そこで、女たちがこれを嘆賞してやまぬことになる。この亀はエリュトラ海と呼び慣わされている海に産する、と聞かされている。(1)

註　(1) プリニウス『博物誌』三七-一五五に、インドの亀の目をchelonia（亀石）と称し、蜜で浄めた舌に載せると予言力を賦与するとあるが、本章では宝石扱いである。

三一（三〇）　黒丸烏の捕獲法

黒丸烏の同胞愛には熱烈なものがあり、それがためにしばしば身を滅ぼすのはこんな具合である。黒丸烏を狩ろうとする人は次のような手だてを講じる。彼らの溜まり場、餌場と知られる場所や群居するのが見られる場所に、オリーブ油を満たした鉢を置いておく。ところで、オリーブ油は透明だし、この鳥はお節介ときているので、やって来て容器の縁に止まると、覗きこんで自分の影を見つけ、別の黒丸烏だと思い、そこへ降りて行こうと逸る。そして降りて羽ばたくと、全身が粘り気のあるオリーブ油まみれとなり、お縄と相成る。羽根の力で飛び上がることができなくなるからで、投網も罠も羂索《けんさく》もなしに、この鳥は謂わば足枷から抜けられないのである。

三二（三二）　象について

象は長い牙を突き出していると言う人がいるが、あれは角だと言う人もいる。(1) それぞれの足には趾《あしゆび》が五本、かすかに盛り上がってはいるが、分かれていないので、泳ぎにはおよそ適さない。前脚は後脚より短く、乳房は脇寄りに付いている。手よりも遙かに役に立つ鼻を持ち、舌は短い。胆嚢は肝臓でなく胸の近くにあると言われている。象の妊娠期間は二年と聞かされているが、そんなに長くはないという人たちは十八ヵ月で一致している。当歳の仔牛ほどもある大きな仔を生むと、赤ん坊は口で乳首に吸いつく。発情して交尾衝動に取り憑かれると、壁に体当たりして覆し、棗椰子《ナツメヤシ》を倒すが、額を打ちつけるのは雄羊と異ならない。水は清らかに澄んだのは飲まず、かき混ぜられて泥まじりのを飲む。立って眠るのは、横になるのも立ち上がるのも困難だからである。象の最盛期は六〇歳の時。寒冷に対処するのが何よりも弱く、寿命は二百歳に達する。(2)

註　(1) オッピアノス（『猟師訓』二-四八九以下）はその生え方、加工できる硬度であることを根拠に、牙でなく角と呼ぶべきだと主張する。（2）ここの象の記述はアリストテレスの各所（『動物誌』四九七b二二以下、五四六b六以下、五七八a一八以下、五九六a三以下、六三〇b一九以下等）に基づくようである。

三三（三二）　インドの畜産

インドの畜産の様子も知っておいて損はない。山羊も羊も驢馬の一番大きなのよりまだ大きく、一頭が四匹の仔を生むと聞いている。三匹より少なく生むことが決してないのがインドの山羊であり羊なのだ。羊の尾は足まで達するが、山羊の方は地を擦《こす》らんばかりの長い尾を持つ。よく子供を生む雌羊の尻尾を羊飼が切り落とすのは、乗りかかられやすくするためで、切った尻尾の軟脂《ピメレー》を搾って油を採る。雄羊については、尻尾を切開して硬脂《ステアル》を取り出すが、縫い合わせると傷口がまた癒合して、切られた跡も見えなくなるのである。(1)

註（1）アリストテレス『動物誌』五二〇a六以下に、軟脂は流動的、硬脂は脆くて冷えると固まる、などの相違が説明されている。

三四（三三）　カメレオンと蛇

ミュンドスのアレクサンドロス（断片二（Wellmann））が言うには、カメレオンは蛇を苦しめ、こんなふうにして絶食に追いこむ。幅が広くて硬い棒切れを口に銜えて向き直り、真正面から敵に立ち向かって行く。棒切れの幅だけ口を開けることができない蛇は、相手を捕まえられない。こうして蛇は、カメレオンにかかずらっている限り食事にありつけないのは、相手の体の他の部分を噛んでも詮無いからである。カメレオンの皮は硬く、蛇の牙など痛くも痒くもないのである(1)。

註 (1) エジプトの蛙がナイル河の水蛇に出会うと、葦の一節を銜えて嚥みこまれないようにする(アイリアノス『ギリシア奇談集』一-三)のと似ている。

三五(三四) ライオンのこと

ライオンの首は〈一本の骨から(1)〉成り、多数の脊椎から成るのではない。ライオンの骨を断ち割れば火が飛び散る。骨に髄が入っていないのは、管と異なり中空でないからである。一年中、ライオンが交尾を控える季節はなく、妊娠期間は二ヵ月。五回子供を生むが、最初のお産で五頭、二度目には四頭、その次は三頭、そして二頭、最後は一頭生む。生まれたての仔は小さくて、仔犬と同じく目が見えず、生後二ヵ月を生きのびると歩き始める。胎児が母の子宮を掻きむしる(2)、という話はたわ言である。腹を空かせたライオンと遭遇するのは危険だが、飽食していると極めておとなしく、そんな時にはよくじゃれると言われる。

ライオンは背中を見せて逃げることは決してなく、相手を見据えて〈少しだけ(3)〉、歩一歩とゆっくり退却する。老化が始まると、家畜の檻や出小屋、牧人が宿る洞穴などを襲うが、もはや山中で狩りをする自信がないので、それも無理からぬこと。火を怖れる。体を丸っこく縮め、鬣《たてがみ》が房々したライオンは勇気と豪胆さに欠けるようで、体が細長く毛が真っ直ぐのライオンの方が勇敢で猛々しいと信じられている。貪食で、獲物の四肢を丸ごと貪り噛みこむと言われる一方、それで腹一杯になれば、食った物が熟《こな》れて消化されるまで、三日も食わないことが珍しくない。水は僅かしか飲まない。(4)

註 (1) 底本の「骨」は複数だが、Hercher に従って単数に読む。(2) ヘロドトス『歴史』三-一〇八に見える話。尚、ヘロドトスはライオンは一生に一度、一頭しか仔を生まぬという。(3)「低く唸りつつ」とする写本もあるが、Hercher はここを削除。(4) 骨のこと(『動物誌』四九七b一六以下、五一六b八以下)、交尾と出産のこと(『動物誌』五七九a三三以下)、性格と勇気のこと(『動物誌』六二九b八以下)、等アリストテレスと一致する記述が多いが、アリストテレスはライオンを実地検分していないらしく不正確。

三六(三五) 牛の執念

おとなしい牛も打擲や折檻を加えた人のことは忘れず、後々までも覚えていて復讐する。軛についている間は一種の監禁状態であるから、囚人にも似てじっとしているが、解き放たれると、牛飼を足蹴にして手足を踏みつぶすことがよく起こるし、怒りを角に顕して突っかかり、殺してしまうことも珍しくない。そんな

西洋古典叢書

月報 127

2017＊第1回配本

伝・アリストテレスの学校（マケドニア、ミエザ）

2017年5月
京都大学学術出版会

恋する動物たち

松原國師

アイリアノスの『動物奇譚集』には人間に恋した動物たちの話がいくつか登場する。プトレマイオス二世に仕えた女竪琴弾きグラウケを恋慕した犬や雄羊、ソロイの少年クセノポンに懸想した雄犬、スパルタの美しい若者に恋い焦がれて病になった黒丸烏《コクマルガラス》、等々といった類いの話柄で、大概はアリストテレスやテオプラストス、プリニウス、プルタルコス、ゲッリウス、アテナイオスら先行著述家の作品を踏襲しているようである（Ael. N.A. 1–6, 8–10, V.H. 9–39）。なかでも定番と言うべきは、地中海各地で語り継がれた美少年に恋した雄海豚《イルカ》のロマンスであろう。これら一連の恋物語は、少年の不慮の死とその後を追って息絶える海豚の最期という結末で終わっている。アイリアノスは海豚の情愛の深さに引き較べ、「男色の祖ライオスは愛する美少年クリュシッポスを死なせておきながら決して自裁の途《みち》を択ばなかった」と人間社会から見た道徳的評価を下すことを忘れない。

ところで、アウルス・ゲッリウスが記すプテオリの美少年ヒュアキントスに恋着した雄海豚の場合は、少年が病死してしまうと、その不在を嘆くあまり岸辺で焦がれ死にを遂げ、心ある人々によって愛する少年と一つ墓に葬られたという（Gell. N.A. 6–8）。古代ギリシアでは、例えば英雄アキッレウスとパトロクロスの遺灰が一つに混じり合い同じ骨壺に納めて葬られたり、テーバイの名将エパメイノンダスが共に闘って斃れた愛人カピソドロスと同じ場所に埋葬されたり、マケドニア王ピリッポス二世とその弑逆者にして愛人のパウサニアスが同じ廟墓に葬られるなど、死んだ後は愛し合う者どうしを合葬する事例が珍しくなかった。これは我が国の衆道の契りを交わした人たちが死後も墓所を共にする——ないし主従の場合は陪葬される——という封建時代の慣わしと軌を一にするものと言えるだろう。しかしながら、いかに少年愛の盛んだったギリシア・ローマ世界とはいえ、愛し合う若者と動物との比翼塚というのは珍しいのではないだろうか。

恋い慕う相手に殉じた動物も、アイリアノスによると少なくはないようだ。神話伝説中では、縊死した女主人エリゴネの遺骸に折り重なって死んだ愛犬マイラが名高いし（Ael. N.A. 6-25）、歴史上ではエペイロス王ピュッロスの飼っていた鷲が主人の死後、食を断って殉じたという逸話が語られている（Ael. N.A. 2-40）。大プリニウスらによれば、トラキア王リュシマコスが頽齢で敗死した時、日ごろ王に愛玩されていた一匹の犬が亡骸を守り続けていたので彼のむくろと識別出来たというし、その犬は王の火葬壇に身を投じて世を去ったとのことである。シュラクサイの僭主ヒエロンの愛犬も、主人と別れることを嫌がり火葬台に駆け付けて一緒に焼かれたという（Plin. N.H. 8-143, Ael. N.A. 6-25）。シケリアの牧人ダプニスが猟犬を愛すること甚だしく、彼が死ぬと五匹の犬が食を拒んで後を追ったという伝承を想い出された方々もおられることだろう。死には至らなかったものの、シュラクサイ人の若い兵士に恋慕し、その姿が見えない時は常に食物を拒んで、相手への憧憬の念を表した雄象の挿話も頬笑ましい（Plin. N.H. 8-14）。

セストス市の鷲が育ててくれた少女に恩返しをしたばかりか、彼女が死ぬと火葬壇の焔に身を投げたとか、少年に実の弟かエローメノス（少年愛《パイデラスティアー》の稚児・念弟）さながらに慈しみ育てられ、相思相愛とも言える仲にまでなった鷲が、少年が病死すると自ら火中に飛び込んで共に焼かれたという聞くも麗しい美談もある（Plin. N.H. 10-18, Ael. N.A. 2-40, 6-29）。我が国であれば、さしずめ肥後の太守細川忠利が寛永一八年（一六四一）に歿した折りに、放たれた愛鷹が寺の境内へまっしぐらに飛んで行き、立ちのぼる荼毘の煙中に身を躍らせて焼け死んだという史譚が、これらに類するであろうか（『藩譜採要』『熊本藩日帳』）。

本書はまた、セレウコス朝シュリアの王アンティオコス一世が戦死した時（前二六一）、王を斃して愛馬を手に入れた敵将のケルト人が意気揚々としてそれに騎乗したところ、馬は男もろとも断崖から跳び降りて、主人の後を追うと同時にその復仇を果たしたという史談にも軽く触れている（Ael. N.A. 6–44, Plin. N.H. 8–158）。

馬の殉節といえば、聖徳太子の死後、断食し太子の墓で息絶えた甲斐の黒駒や、釈迦の愛馬で主人との別れに堪えられず絶食して果てたカンタカ（健陟）、主の関羽が斬られて馬忠の所有となるが悲しんで馬草を食まずに死んだ赤兎馬などの説話が想起されるであろう。本朝に於ける忠犬の後追い心中佳話のなかでは、物部守屋の近侍捕鳥部万《ととりべのよろづ》に飼われていた白犬が、八つ裂きのうえ串刺しにされた主人の屍のうち頭をくわえ出して古墓に収め、そばに横臥して餓死を遂げ、のち墓を並べて葬られたという『日本書紀』の記載が最も旧い例であろう。

閑話休題、われらのアイリアノスに戻って、飼い主に矩を超えた恋情を寄せた馬の話にも言及しておこう。水際だったアテナイの美青年ソクレスが買い求めた雄馬は主人と同じようにハンサムで群を抜いて目敏く情の深い馬であった。ところが、この雄馬は切ないまでにソクレスに恋してしまい、とろけるような眼差しで彼を見詰めたり、愛しげに鼻を鳴らしたりしているうちに、図に乗った勢いで主人に怪しからぬ振る舞いを仕掛けるまでになり、口さがない都雀の間でいかがわしい評判が流れはじめる。醜聞を厭うたソクレスが馬を売り払うと、恋患いに罹った雄馬は、愛して已まぬ美青年の不在と喪失に苦悶して自ら食を断ち餓死して果てたという（Ael. N.A. 6–44）。この話の場合、ノクレスがエローメノスで馬がエラステース（念者）の役どころだったとされている。おそらく愛寵に狎れた雄馬が美男子に挑みかかる素振りを見せたり、体軀に乗りかかろうと試みたりしたのであろう。「意馬心猿」なる佛語があるぐらいだから、この雄馬も押し寄せる煩悩の波を抑え難かったものと推測される。動物を念者にもつことはソクレスにとって望まぬところであったに相違ない。当時のギリシア人の通念では馬に犯されて快感に浸っているなどとは断じて世人に思われてはならなかったのだ。とはいえ研究者のなかには、ソクレスは雄馬の性的《セクシュアル》な行為を拒まなかったとして、彼もまた雄馬と同様にエロティクな感情を懐いていたと主張する人もいる。文中に用いられている語彙の分析から、「明らかに性的な含意ある言葉でこの話は綴られており、雄馬のソクレスに対するエロースは海豚が恋する美少年に対して抱いていたそれとは全く異なる肉欲的なものだ」と指摘する研究書も出ている。主人に対する恋の病で自死しても、そこに肉の交わりの要素が色濃く混じって来ると、かくも評価が変わってしまうのも、古代ギリシア・ローマの特徴だと言えるだろう（*Erōs in Ancient Greece*. By Ed Sanders, Chiara Thumiger, Christopher Carey, Nick Lowe, Oxford Univ. Press（2013）, *Man and Animal in Severan Rome: The Literary Imagination of Claudius Aelianus*. By Steven D. Smith, Cambridge Univ. Press（2014））。

アイリアノスの倫理観では、動物との交接は人間のほうから求めても悲惨な結末を迎えなくてはならないものらしい。雌馬を犯した馬丁も、雌山羊と交わった若い牧人クラティスも、その道ならぬ恋ゆえに「思い姫」の党類に殺される羽目に陥っているからだ（Ael. N.A. 4–9, 6–42）。ローマでは人妻が犬と姦通した廉で夫から訴えられた事件もあったとか（Ael. N.A. 7–19）。

本書に描かれている動物と人間の色恋物語の特徴を簡単にまとめると以下のようになるだろう。

一、基本的に実際に起きた出来事とされていること。時には目撃証言者の名を挙げて実話であることを強調する例もある。

二、いわゆる獣姦の話を除いては、動物のほうから人間に恋をしかけていること。

三、動物が人に求愛する行為に——同性間と異性間とを問わず——何ら不自然な点を認めていないこと。

四、畢竟するに、古代ギリシア・ローマ人の男性中心の思潮・伝統を正しく継承していること。動物たちも当時の男性と同じく美しい女や若者を愛するものと看做されており（Ael. N.A. 8–10, Ath. 13–606b～）、むくつけき成人男性は恋愛の対象とはされていない。もちろん何にでも例外はある。雌海豹《アザラシ》に思慕されて岩窟で婚《くなが》った飛びっ切りの醜男の話がそうである（Ael. N.A. 4–58）。とはいえ、この海綿採りの醜夫への恋路は醜人愛という特殊な嗜好を説明する為に記載された一話でしかない。「愛してその醜を忘る」といったところか。

要するに「動物たちの恋」と言っても、それは古代ギリシア・ローマ人の男性から見た世界観を投影しているに過ぎないのである。さらにもう少し視界を広げるならば、例えばインセスト・タブーについても同じことが言えるだろう。アカイメネス朝ペルシアの小キュロスと母后パリュサティスとが互いに愛し合っていたという記述（Ael. N.A. 6–39）は、管見の限り他の文献には見いだされない。だが、古代エジプトと同じくイラン社会においても最近親婚は（ギリシア・ローマとは相異なり）「麗しくも正しい」推奨されるべき習慣であった。もしもエジプト人やペルシア人が『動物奇譚集』を書き残していたならばどのような作品になっていたのか、見てみたいものである。

（西洋古典愛好家）

連載

西洋古典雑録集（1）

アイスキュロスの死

非業の死というのは運に恵まれない無残な死のことだが、西洋古典の世界でも、思いもよらないことが原因で命を落とすというというような例がいくつもある。夏目漱石の『吾輩は猫である』の一節に、ギリシアの悲劇作家イスキラス（アイスキュロス）が登場する。ギリシア三大悲劇詩人のひとりと謳われる人物であるが、その死は実に悲惨であり、実に滑稽でもあった。イスキラスは他の学者作家の例にもれず、頭を使うために金柑のごとく頭が禿げていた。ある日、例によって禿げた頭を太陽に照らして歩いていると、頭上を一羽の鷲が爪に亀をつかんだまま飛んでいる。鷲にしてみれば、硬い甲羅をもった亀をどうやって食おうかと思案しているうちに、遙か下に光るものが見える。それで鷲はしめたと思った。持てあまし気味の亀をあの光ったものの上に落として甲羅を割れば、簡単に中味を頂戴できると考えたわけである。それで、躊躇することなく亀を頭の上に落としたが、もとより頭のほうが亀よりも柔らかいから、哀れやイスキラスは無残な最後を遂げた（『吾輩は猫である』八）。これはプリニウス『博物誌』（第十巻三）などに出てくる話であるが、プリニウスでは鷲が偶然見つけたものに亀を落としたわけではなく、博物学者らしく鷲はもともとそのような習性をもっているように書かれている。さらには、詩人は家がつぶれて、そのために命を落とすという予言があったために屋外に出ていたのだが、そのことがかえって災いしたというような話になっている。

　アランことエミール・シャルティエは、『幸福に関するプロポ（幸福論）』の「われわれの未来」の中でこの話を取り上げて、因果の連関をよく知らない人間は、前兆は町の至るところにあるのに気づかないで、未来に押しつぶされてしまうことがあると言っている。同じ著者は「運命について」と題した別の箇所では、エペイロスの王ピュロスを殺した瓦という同様な例に言及している。エペイロスはギリシア本土の北西に位置する地方であるが、その地に生まれたピュロスはアレクサンドロス大王の再従兄弟《はとこ》にあたる人物で勇敢な君主として知られ、その生涯についてはプルタルコスの『ピュロス伝』に詳しく記されている。前二七三年にピュロスはアンティゴノス・ゴナタスと覇権をめぐって争い、マケドニア王となるのであるが、ペロポンネソス半島に侵攻したおりに、アルゴスでの市街戦で思わぬことで落命する。その次第をプルタルコスで見ると、ピュロスは群れをなして迫ってくる敵軍の中に飛び込んだのだが、自分の胸当てを槍で刺した男がいた。幸い急所をはずしたので、逆にその男に飛びかかったが、相手は名のある人物ではなく、アルゴスの貧しい老婆の息子だった。老婆のほうは息子が敵の大将に攻めかかるのを屋根の上で見ていたが、息子に迫りくる危険を察知すると近くにあった屋根瓦を両手で持ち上げ、ピュロス目がけて投げつける。瓦はピュロスの首のつけ根の骨に当たり、ピュロスは思わず落馬したところを討ち取られてしまう。非力な老婆が投げた瓦で豪傑が命を落としたのであるから、これは運命のいたずらとしか言いようがないであろう。

　ラッハトート（Lachtod）というドイツ語がある。文字通り笑いながら死ぬことである。死ぬ当人は苦しいに違いないが、これを見ている周囲の人には悲惨というよりも滑稽にみえる。古代ギリシアで笑い死にの例と言えば、初期ストア派哲学の完成者と目されるクリュシッポス（前二八〇頃―二〇七頃）の死が有名である。「すぐれた才能に恵まれ、あらゆる分野において鋭敏な能力を示した」（ディオゲネス・ラエルティオス『哲学者列伝』第七巻一七九）クリュシッポスだが、この哲学者は七〇歳を過ぎたある時に、彼の所有しているイチジクをロバが食べていたのを見て、老婆に言いつけてイチジクを飲み下すようにロバに生《き》の葡萄酒をあたえさせた。ロバに葡萄酒をあたえたのはどうしてなのかよく分からないが、いずれにしてもよほどおかしかったのか、老哲学者は笑いすぎて落命したと伝えられている（同巻一八五）。時代はさらに遡るが、イタリア南端のちょうど土踏まずあたりの地形に位置しているヘラクレイアという町の出身で、陰影画法（スキアーグラピアー）の画法にすぐれ、数々の傑作を物したゼウクシス（前四三〇頃―三九〇頃）という画家がいる。この人物もどうやら笑いすぎて命を落としたらしい。こういう調べ物をするのに重宝するのが、スミスが編纂した事典である（W. Smith ed., *A Dictionary of Greek and Roman Biography and Mythology*）。この事典を読むと、どうやら後二世紀の文法学者フェストゥス（『言葉の意味について』二〇九）が典拠らしい。これによると、ゼウクシスは老婆の絵を描いたのだが、これがあまりに滑稽なのがおかしくて、笑い死にしたとのことである。もっとも、スミスの事典では例によって後代の文法家がこしらえたフィクションにすぎないと一蹴されている。

（文／國方栄二）

西洋古典叢書

［2017］全７冊

★印既刊　☆印次回配本

●ギリシア古典篇

アイリアノス　動物奇譚集　1★　中務哲郎 訳

アイリアノス　動物奇譚集　2☆　中務哲郎 訳

デモステネス　弁論集　5　杉山晃太郎・木曽明子・葛西康徳・北野雅弘 訳

プラトン　エウテュプロン／ソクラテスの弁明／クリトン　朴　一功・西尾浩二 訳

プルタルコス　モラリア　12　三浦　要・中村　健・和田利博 訳

ロンギノス／ディオニュシオス　古代文芸論集　木曽明子・戸高和弘 訳

●ラテン古典篇

アンミアヌス・マルケリヌス　ローマ帝政の歴史　1　山沢孝至 訳

●月報表紙写真――アリストテレス（前三八四―三二二年）は、プラトンのアカデメイアで二〇年間学んだのち、一旦アテナイを離れ、小アジアで数年を過ごし、次いでマケドニアのピリッポス二世に招請されて、アレクサンドロス（のちの「大王」）の教育係となった。彼とその仲間の青年貴族たちが学ぶための学校がミエザの地に建てられたと伝えられているが、ペラの西方約三〇キロメートルにあるナウサの町の近く、ベルミオン山の麓に古来「アリストテレスの学校」と言われている場所がある。その正体は明らかに古い石切場の跡であるが、言い伝えは幻の地ミエザの同定に手がかりを与えるとともに、アリストテレス－アレクサンドロス・ロマンの格好の舞台を提供している。（一九七八年八月撮影　内山勝利氏提供）

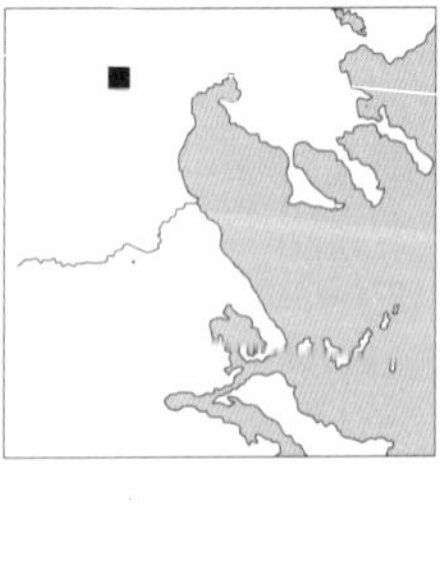

〔付記〕都合により、高野義郎氏提供の写真は来年度から再掲載いたします。

後でも余人に対してはおとなしく、静々と檻に入って行くのは、怒る理由のない相手に対しては温順だからである。

三七（三六）　薬種の宝庫インド

インドの大地は霊薬に富み、薬種となる植物を夥しく産する、と歴史家たちは言う(1)。薬種のあるものは命を救い、彼の地で猖獗を極める毒獣に咬まれて死に瀕する者を危機から引き戻すが、逆に、一瞬にして命を奪い滅ぼすものもあって、ある蛇〈紫蛇(2)〉から採れる毒などはその一つと言ってよかろう。

その蛇は見たところ長さ一スピタメーばかり、色はとりわけ深い色の紫貝に似る。歴史家たちの説明によると、頭部だけは紫でなく白いが、並みの白さでなく、雪よりもミルクよりも白いという。この蛇は牙を持たず、インドでも炎暑最も甚だしい地域で見つけられる。決して咬むことがないという意味では、慣れておとなしい蛇だとも言えるが、人であれ獣であれ、これに唾を吐きかけられた者は、手足が腐りきってしまうことを免れぬ、と聞いている。そこで、これを捕まえた場合、人々は尻尾の部分を持ってぶら下げる。当然蛇は頭を下にして、地面を睨むことになるので、蛇の口の真下に青銅の容器を据える。口から容器へと滴《しずく》がしたたり落ち、流れ落ちた液は凝《こご》って固まり、見た人はアーモンドの木の涙（樹液）と言うであろう。

蛇が死ぬと、人々は器を取り去り、同じく青銅の別の器を置く。今度死体から流れ出るのは、水に似た液体の漿液《イコール》である。三日間放置すると、これも凝固するが、両者の違いは色にあり、後者は恐ろしく黒く、前者は琥珀のようである。

さて、琥珀色の固まりから胡麻粒ほどの大きさを割り取り、葡萄酒か食物に投じて人に与えると、その人は先ず激烈な痙攣に襲われ、次いで両目が白目を剝き、脳髄は圧し潰されて鼻孔から漏れ出て、悲惨極まりない、しかし一瞬の死を迎える。もっと微量の毒を服したとしても、爾来助かる術はなく、やがて命を落とす。他方、死んだ蛇から流れ出た黒い固まりの胡麻粒大を処方すると、服した人は膿みただれ、全身衰弱して、年のうちに病みやつれてこと切れる。二年生きながらえる人も多いけれども、緩慢に死んで行くだけのことである。

註 (1) 例えばクテシアス(断片四五l)など。(2) Hercher は〈porphuros 紫蛇〉を補うが、他に見えぬ語である。

三八(三七) 駝鳥

駝鳥は卵をたくさん生むが、全てを育てるわけではなく、無精卵は取りのけて有精卵の上に坐る。有精卵から雛を孵すと、先に撥ね除けた卵を雛の餌に与える。人に追いかけられると、思いきって飛びはせず、翼を広げて疾駆する。捕まりそうになると、落ちている石を足で後方に投げつける[1]。

註 (1) アラビアの駝鳥が追われて石を投げることはシケリアのディオドロス『世界史』二-五〇-五に見える。

三九（三八）　雀の巣

雀は体が小さくて無力なのを自覚しているので、身を支えるに足るほどの枝の上に巣を営むことで、枝には登れぬハンターたちの攻撃を概ね逃れている。枝は細くてハンターの重みに耐えぬのである(1)。

註　(1) ハンターというのは小動物であろう。

四〇（三九）　狐と雀蜂

狐の悪辣さと狡猾なやり口は度外れたもので、雀蜂の大家族を見つけると、巣穴を避け針で刺されるのを防ぎつつ、後ろ向きになって、とても毛深くて長い尻尾を差しこみ、雀蜂の群れをかき回す。雀蜂は房々の毛にかかって行く。雀蜂が毛の茂みに〈絡めとられてしまうと(1)〉、狐は立ち木なり壁なり石垣なりに尻尾を打ちつけて、雀蜂を打ち殺す。それから元の場所に戻ると、先と同じやり口で生き残ったのを集めて殺すのだが、もはや針の攻撃もなく安心だと分かると、口を突っこみ、雑音に邪魔されずびくびくすることもなしに、巣房《すぼう》を食らうのである。

註　(1) Hercher の校訂案に従う。

四一（四〇）　犬のこと

犬の頭蓋骨には縫い目がない。犬は走った後ほど好色になると言われる。年を取ると犬の歯は鋭さを失い黒ずんで来る。嗅覚の鋭いことは、犬の肉を焼いて、どんなに手のこんだソースで味付けしてごまかしても、決して口にしないほどである。犬に宿命づけられた病気は三つ、扁桃腺炎と狂犬病と痛風で、それ以上はなく、一方、人間の病気は数えきれない。狂犬に咬まれたものは全て死ぬ。犬が痛風に罹ると、元気を回復するのは殆ど見られない。犬の寿命は最も長いもので十四歳だから、オデュッセウスの飼犬アルゴスの話[1]は、ホメロスが戯れに言うのであろう[2]。

註（1）二〇年ぶりに故郷に帰り来た主オデュッセウスの姿を見て、アルゴスは頭と耳をもたげ、そして息絶えた（ホメロス『オデュッセイア』一七-二九一以下）。（2）本章の内容はアリストテレス『動物誌』五七四b二九以下、六〇四a四以下等と重なる所が多いが、アリストテレスは二〇年生きる犬もあると言う。

四二（四一）　インドの鳥ディカイロン

これもインドで最も小さい鳥の仲間であろう。それは高い崖とかいわゆる〈鱗状の〉[1]岩場に巣を懸け、大きさは鶺鴒の卵くらい、色は鶏冠石《ケイカンセキ》を思えばよい。インド人はそれを自分たちの言葉でディカイロン(2)と呼び慣わし、ギリシア人はディカイオンと呼ぶ、という話だ。この小鳥の糞の粟粒ほどの大きさを飲料に溶かして服した者は、夕方には死んでいる。その死はいとも甘美で苦しみのない眠りにも似て、詩人たちが「足手も萎《な》ゆる心地する(3)」とか「安らかな(4)」と表現する類いのものであるのは、その死が苦痛を伴わず、死を望む人たちにとって最も嬉しいものだからである。インド人がこれの獲得に全力を傾けるのも、真実それが「あらゆる苦悩を忘れさせるもの(5)」と信じているからに外ならない。インドの王がペルシア大王に贈る天下の重宝の中には、もちろんこれも含まれている。受け取る大王は他の何物にもましてこれを珍重し、必要とあれば癒しがたい苦悩の特効薬・予防薬となすべく秘蔵する。それほどのもの故、これを所持するのは王自身と王母に限られるのである。

ここでインドの薬とエジプトの薬と、どちらが貴重かを比較検討してみよう。エジプトの薬はその日一日、涙を抑え止めるのに対して、インドの薬は永遠に苦悩を忘れさせる。一方は婦人からの贈物にすぎぬが、他方は鳥からの、つまりは神秘の自然からの賜物であり、上に述べた灼《あらた》かな効能により、重苦しい生の縛めから人を解放してくれるのである。それを保有して、現世の牢獄から欲する時に我が身を解放できるインド人は仕合わせである。

註 (1) 底本は「滑らかな岩場」。Hercher に従ったが、尚不明。(2) 架空の鳥で、オレンジ色の花鳥《ハナドリ》、動物の糞で団子を作る玉押金亀子《タマオシコガネ》の類、マリファナを抽出する大麻、等の要素を混合した記述と考えられる。この記事はクテシアス、断片四五mに見える。（3）「四肢を萎えさせる眠り」（ホメロス『オデュッセイア』二〇-五六）等がある。（4）「安らかな死」（『オデュッセイア』一一-一三四）等の表現がある。（5）テレマコスが父オデュッセウスの消息を求めてメネラオスとヘレネ夫妻の宮殿を訪れ、亡き人・帰らぬ人を思って悲嘆にくれる時、ヘレネは「あらゆる苦悩を忘れさせる秘薬」を葡萄酒に混ぜる。それはヘレネがエジプトである婦人から貰ったもので、これを飲んだ者は父母の死に遭っても終日涙を流さない（『オデュッセイア』四-二二一九以下）。

四三（四二）　自分の名前を叫ぶ鳥

胸黒鷓鴣《ムナグロシャコ》（1）なる鳥についてはアリストパネスも喜劇『鳥』（二四九他）の中で言及しているが、この鳥は自分の名前を声の限りに歌い上げる。

ホロホロ鳥と呼ばれる鳥（2）も同じことをして、自分たちがオイネウスの子メレアグロスの眷属であることを声高に証ししている、と言われる。神話によると、若きメレアグロスの身内の女たちが挙げて止めどない涙と堪えがたい苦しみに沈み、心痛を癒す慰めをも受け入れずに彼を悼む時、神々が憐れんで彼女たちの姿をこの鳥に変えたという。その時の悲しみの面影と種とが彼女たちに溶けこんで、今に至るもメレアグロスの名を歌い上げ、彼の眷属である謂れを歌っている。そこで神意を、とりわけアルテミスを畏れるほどの者は、決してこれらの鳥を食べようとはしない。その理由はレロス島（3）の住民なら知っているし、別の典拠から知ることも可能である。

註 (1) 原語は attagâs で、それに近い音で鳴くかのような記述であるが、「チッチリ」「ケッケック」等で表されるような鳴き声という。アテナイオス『食卓の賢人たち』三八七Fによると極めて美味という。(2) 原語 meleagris はセム語系の melek のギリシア語化で、雌の鳴き声 melag を響かせるかと考えられているが、ギリシア神話では英雄メレアグロスに結びつけられる。カリュドンの王オイネウスの子メレアグロスは勇士たちを集めて大猪を退治するが、その折り叔父たちと争って殺めたため、母親に呪い殺された。姉妹たちは嘆き尽くして鳥に変えられる(オウィディウス『変身物語』八-二六七以下、ヒュギヌス『ギリシア神話』一七四、他)。(3) 小アジア西岸沖の小島で、ここのアルテミス社ではホロホロ鳥が飼われていた(アテナイオス『食卓の賢人たち』六五五B)。

四四(四三) 見上げた蟻

蟻についてはこんなことも聞いている。わざとさぼる口実とか物ぐさの温床となる言い訳はなしに、不言実行で我から仕事と労苦を求める気持ちが強いので、蟻たちは満月の夜にも怠けたり息抜きをすることなく、勤勉これ努める。ああ、安逸を貪るためには数えきれぬ口実や言い訳をひねり出す人間たちよ。嫌というほどあるそんな機会を、どうして数え上げ汲み尽くす必要があろうか。祭日の触れが出されるではないか。ディオニュシア祭にレナイア祭(1)、キュトロス祭(2)にゲピュリスモス(3)、スパルタへ行けばスパルタの、テーバイへ行けばまた別の祭があるし、ポリスごとに夥しい異国の祭やギリシアの祭があるのだ。

註　（1）葡萄酒の神ディオニュソスのための祭はたくさんあった。大ディオニュシア祭はアテナイで三月末の五日間営まれ、悲劇の競演がメイン行事であった。小ディオニュシア祭は田舎で十二月末に祝われた。レナイア祭は一月末、喜劇の競演が含まれる。（2）「壺《キュトロス》の祭」の意で、二月末のアンテステリア祭（花の祭）の三日目のこと。（3）エレウシス（アテナイの西方約二〇キロメートル）の秘儀に向かう行列を、ケピソス川に架かる橋の上で覆面の人たちが待ち受け、名士に悪態を浴びせかけた儀礼。橋《ゲピューラ》からの呼称。

四五（四四）恩を知る動物

動物の本性は全くもって扱いがたし、という訳でなく、猛々しい動物でも善性あるものは、よくしてもらえば恩恵を覚えているもので、エジプトの猫やマングース、鰐や鷹の一族がその証拠となる。彼らは胃の腑におもねり捕まるが、一旦飼い馴らされると、爾後は実におとなしいままである。生来染みついた激情から一度《ひとたび》解き放たれると、恩人に襲いかかることは決してない。しかるに人間は、理性を備え、思慮を賦与され、慎むことを知り、赤面もすると信じられている動物でありながら、友にはむごたらしい敵となるし、信託された秘密を、口から出まかせのいとも些細な理由からばらして、信じてくれた人に仇をなすのである。

四六（四五） 動物の仇討

エウデモス（断片一二九）が驚嘆すべき話を伝えているが、その人の話とはこのようなものである。狩猟を生業《なりわい》とし、どんなに荒々しい動物とでも一緒に生活できる若者が、生まれたての幼獣の頃から飼い馴らし寝食を共にする犬と熊とライオンがいた。暫くの間、彼らは互いに仲良く親密な心を通わせていた、とエウデモスは言う。ところがある日、犬が熊と遊ぼうとして、じゃれついてうるさがらせることがあったが、熊はいつになく気持ちを荒げ、犬に襲いかかると、可哀そうにもその腹を爪で引き裂き、八つ裂きにしてしまった。この出来事に憤ったのはライオンである、と同じ作者は言う。ライオンは許す心も友だち甲斐もない熊を憎む者の如く、且つまた友を喪ったかの如く犬を悼み、義憤に駆られて熊に懲罰を加えたが、熊が犬にしたのと同じことを熊にしたのである。

善きかな、男が死んでも子が遺されるのは。

とはホメロス（『オデュッセイア』三-一九六）の言である。[1] 敬愛するホメロスよ、友についても、仇討をしてくれる友を後に遺すのが有益だと、自然は示しているようですね。我々の聞いているのが本当だとすれば、ゼノンとクレアンテスについても同じようなことが考えられる。[2]

註 （1）トロイアを滅ぼして凱旋するアガメムノンは妻クリュタイムネストラとその情夫アイギストスに殺害さ

れたが、一子オレステスが遺され、父の仇を討った。（2）キュプロスのゼノン、前三三五頃―二六三年頃。ストア派哲学の創始者。クレアンテス、前三三一頃―二三二年頃。ゼノンの弟子で後継者。終生師に仕えたことはディオゲネス・ラエルティオス『ギリシア哲学者列伝』七―一六八に詳しいが、師の仇討の経緯は不明。

四七（四六）　インドの赤い虫と犬頭

大きさは玉押金亀子《タマオシコガネ》くらい、赤い色の虫がインドにいる。(1) 初めて見た人は辰砂《しんしゃ》のようだと言うかもしれぬが、とても長い脚を持ち、触ると柔らかい。琥珀を生み出す木に発生し、その木の実を食する。インド人はその虫を捕まえて磨り潰すと、それで紫衣や下に着る肌着、その他この色に染め変えたいあらゆるものを染める。そのようにして作られた衣料はペルシア大王の許にも運ばれるが、その美しさはペルシア人には賛嘆の他なく、ペルシア産のものと比べるとその優位は度肝を抜くばかり、とクテシアス（断片四五 pγ）は言っている。何しろ世にもてはやされるサルディス染め(2)以上に鮮やかで、燦然と輝きわたるのだから。

インドの玉押金亀子がいる地域には「犬頭」（狒狒）と呼ばれるものがいるが、それは容姿と性質から付けられた名である。動物の毛皮を纏って歩くが、その他は人間の形をしている。心正しく、人間を害することはなく、言葉は発せず吠えるだけだが、インド人の言葉を理解する。彼らの食餌は野生の動物で、苦もなく捕まえるのは極めて脚が速いからで、捕まえると殺し、火で料理する代わりに、細かく引き裂いて太陽熱にあてる。山羊と羊を飼うことも行う。食べるのは野獣だと言ったが、飼育する動物の乳を飲むわけである。

私はこれをもの言わぬ動物として語ったが、はっきりとした分節言語と人間の声を持たぬ以上、当然であろう。(3)

註 (1) 臙脂色を取り出す介殻虫の類。動かない雌を捕まえて乾燥させ磨り潰した。琥珀というのは介殻虫が木に穴を開け吹き出させる樹脂のことだろう。(2) サルディスは富裕をもって聞こえたリュディア王国(前五四六年滅亡)の首都。その名の染めは血を思わせる赤紫(アリストパネス『アカルナイの人々』一一二他)。(3)「犬頭」の典拠もクテシアスである。

四八(四七) 萌葱《もえぎ》色の鳥

クローリス(1)というのは鳥の名前で、コンフリー(鰭玻璃草《ヒレハリソウ》)というもの以外では巣を造らない。コンフリーは根で(2)、見つけるのも掘り出すのも難しい。巣床には毛と羊毛を敷く。この鳥の雌がこのように呼ばれ、雄はクローリオーンというが、生活術に長け、何であれ学ぶのが上手で、捕まってしまったら、学習のための苦しい試練を辛抱強く耐える。冬期にこれが自由に飛び回るのを見ることはないが、季節が巡り春分の頃になると姿を現す。アルクトゥーロスが昇る頃(3)、この鳥はやって来た故郷へと戻って行く。

註 (1) この章はアリストテレス『動物誌』六一五b三二以下、六一七a二八以下その他に拠ると思われるが、khlōris が同じ鳥の雌、khlōriōn は雄というのは間違い。どちらも khlōros (萌葱色の) からの命名であるが、前者は川原鶸、後者は高麗鶯の類とされる。(2)「コンフリーを根こそぎ引き抜いて巣を造る」(『動物誌』六一六a一)というのを誤解したものであろう。(3)アルクトゥーロス(牛飼座の主星。大熊座《アルクトス》を見張る者の意)が日の出直前に東の地平線上に昇る九月中頃。

四九(四八)暴牛の抑え方

怒りで気が立ち、暴威を角に顕し、手のつけようのない激しい勢いで突き進む雄牛は牛飼には止めることも叶わず、脅しても何をしても阻止できないが、右の膝にバンドを括りつけた男が立ち向かうと、雄牛を立ち止まらせて勢いを殺ぐのである。

五〇(四九)豹のこと

豹は前足に五本、後ろ足には四本の足指を持つ。雌の方が雄より強い。「豹の窒息」(1)と呼ばれる草をうっかり口に入れてしまったら、どこかで人糞を見つけ出して、それで命が助かる。

註 (1) pardalianchos を直訳した。アリストテレス『動物誌』六一二a七、ニカンドロス『毒物誌』三八では pardalianches の形で見え、鳥兜かとされる。クセノポン『狩猟について』一一-二に、鳥兜の毒を餌に混ぜて野獣を捕まえる猟法が見える。

五一（五〇） 馬の睫毛《まつげ》

馬には下側の睫毛がない、と言われている[1]。それ故、エペソスのアペッレス[2]は、馬を描いてその特徴を等閑に付したため非難された、と伝えられる。しかし別の説によると、そのように非難されたのはアペッレスでなくミコン[3]だという。動物を描いて巧みな人物ながら、ただその点でのみしくじったのだ、と。

註 (1) 人間以外の動物には下の睫毛はないが、下にも疎らな毛のみ生える動物もいる（アリストテレス『動物誌』四九八b二一以下、『動物部分論』六五八a二五以下）。馬はそのようである。(2) 前四世紀後半、ギリシア最大の画家。アレクサンドロス大王に重用された。プリニウス『博物誌』三五-七九以下に名人伝がある。(3) 前五世紀、画家・彫刻家。馬の絵を得意とした。

五二（五一） 虻の仲間

虻は最大級の蠅と同じ大きさ、丈夫でがっしりした体つきで、強力な針を口に付け、ブンブンという羽音を発する、と言われる。一方、馬蠅[1]は犬蠅と呼ばれるものと同じ大きさで、羽音は虻より大きいが、小さめの針を持つ。

註　(1) 馬蠅と訳したmuōps（近視の意）も虻の類で、木材から発生するという（アリストテレス『動物誌』五五二a二九）。

五三（五二）　野生のインド驢馬

大きさでは馬にも劣らぬ野生の驢馬がインドにはいると教わった。頭が紫色に近い他は全身これ白色で、目はラピス・ラズリ[1]の色を放つ。額には一ペーキュス半ほどもある大きな角を有し、角の下部は白く、上部は深紅、中程は漆黒である。インド人は彩り鮮やかなこの角で飲むとのことだが、皆がそうする訳でなく権門貴顕に限られ、角盃に等間隔に金が被せてあるのは、彫像の美しい腕をブレスレットで飾るのと似ている。この角盃で飲む人は不治の病を知らず、罹ることもないと言われる。痙攣や、いわゆる「神聖な病[2]」に襲われることがなく、毒薬で落命することもない。以前に何か有害なものを飲んでいたとしても、吐き出して快癒するというのである。

家畜種と野生種とを問わず世界中の他の驢馬や、他の単蹄類の動物にはアストラガロス[3]がないし、肝臓の側にも胆嚢がないと信じられているが、クテシアス（断片四五q）は、インドの有角驢馬はアストラガロスも胆嚢も備えていると言う。アストラガロスは黒く、割ってみると中も黒いと言われている。インド驢馬は驢馬の中で最速であるばかりか、馬や〈鹿〉(4)よりも駿足で、走り始めは悠然と、しかし次第に力を加えて行けば、それを追うことは、詩人の表現を借りるなら、「追いつけぬものを追走する」ことになるのである。(5)

雌がお産をして生まれたての仔を連れ回ると、父親たちも一緒になって幼獣を守ってやる。インドの驢馬が暮らすのは人跡稀な平原であるが、インド人がその狩りに向かうと、驢馬たちはまだ幼くてか弱い仔らには後方で草を食ませておき、自らは体を張って戦い、騎馬の者に突進し、角で撃ちかかる。角の強力さたるや、撃たれて持ちこたえうるものがないほどで、誰しも引き下がり深手を負い、どうかすると圧し潰されて役立たずにされてしまう。馬たちの脇腹に突っかかって引き裂き、腸《はらわた》をこぼれ出させたことさえあった。それ故、騎馬の者もこの驢馬に近づくのを怖れるのは、接近の罰が無惨な死であり、人馬もろともに破滅するからである。蹴りの威力も凄まじく、そのひと噛みは深々と達して、摑んだものは全て引っぱり出してしまうほどである。成獣を生きたまま捕まえるのは不可能で、投げ槍と矢で仕留められ、こうして死体となった驢馬からインド人は角を剝ぎ取り、先に述べたように処理する。インドの驢馬の肉は食うに耐えない。とてつもなく苦い、というのがその理由である。

註 (1) 原語 kuanos は青色顔料を採る藍銅鉱またはラピス・ラズリを指す。但し、「キュアノス色の」と形容詞になると「青黒い」または「黒い」を表す。(2) 癲癇は神が惹き起こすと考えられたのでこう呼ばれたが、ヒッポクラテスがそれを否定している。(3) 踝の間の距骨で、骰子のように利用された。インドの驢馬のみにこれがあることはアリストテレス『動物誌』四九九b二〇も言う。(4) 底本で「象」であるが、Hercher に従ってこう改める。(5)「ヘクトルよ、お前はアキレウスの馬を追って、追いつけもせぬのに走っている」(ホメロス『イリアス』一七-七五)に拠る。

五四(五三) 数を数える動物

動物は理性を欠くとはいえ、教えられずして生得の数える能力を持つ、とエウデモス(断片一三〇)は述べて、その証拠をリビアの動物の中から挙げている。彼はその名を言わぬのであるが、説くところはこうである。その動物は何かを捕まえると十一に分けて、十は食べるが、十一番目は謂わば初穂料か十分の一税として残す。誰のために、何のために、いかなる考えで、ということは考察に値する。この自得した知恵に一驚を喫するのも当然ではないか。理性を欠く動物が一つ、二つ、そしてそれに続く数を知っているのだ。人間の場合、こういったことを覚えさせるために——あるいは覚えさせないためにとなっていることが多いのだが——どれほどの授業とどれほどの鞭が必要であろうか。

五五(五八) 川原鳩

オイナスは葡萄の木だと言う人もあるが、鳥の名(川原鳩)と知るべきである。(1) これは森鳩より大きく、土鳩よりは小さい、とアリストテレスは言う。(2) スパルタにも「川原鳩獲り」と呼ばれる人たちがいると聞いている。

キルケーというのも、その性別のみならず本性においてもキルコス（隼？）とは異なる鳥と言ってよい、と言われている。(3)

註（1）葡萄酒《オイノス》の色に似るから、あるいは葡萄の収穫期に最もよく現れるから oinas と呼ばれる、とギリシア人は考えたが、セム語由来の呼称とされる。（2）アリストテレス『動物誌』五四四b五以下では三種の鳩の大きさがここと正反対。（3）本巻六章とほぼ同じ。一見鳥の名前らしくないものを二つ並べた章である。

五六（五四）　少年に恋したコブラ

エジプト人が語り、学者たちも聞き流しにはしない話であるが、ゼウスの息子ヘラクレスに因んで名づけられたエジプトのさる州(1)でのこと。エジプト人にしては美しい少年が鵞鳥を飼っていたが、彼は雌のコブラを恋人にして、彼女から賛仰されていた。ある時など、彼女は愛しい少年の夢に現われ、彼女の連合いなるもう一匹のコブラが少年に対して企む謀《はかりごと》を警告してやった。雄コブラは言ってみれば、花嫁を巡って少年に対する嫉妬から、そんな挙に出ようとしたのだが、少年は警告に耳を貸し、教えのままに身を護ったのである。ホメロスは馬に人語を語らせたが(2)、コブラに対しては、エウリピデスに言わせると「掟など気にもかけぬ自然が」、愛を教えたのである。(3)

註　(1) ナイル河中流域のヘラクレオテス州。羊頭の姿で崇拝された神アルサペス（太陽神レーやオシリスとも同一視された）をギリシア人はヘラクレスと見なしたことよりの名称。(2) 神馬クサントスは人語を発して、アキレウスの最期が近いことを告げる（『イリアス』一九-四〇四以下）。(3) エウリピデスの失われた悲劇『アウゲ』断片二六五aを引く。

五七（五五）　バクトリアの駱駝

駱駝の寿命は五〇歳と聞いたことがあるが、バクトリアの駱駝はその二倍に達すると教わった。バクトリア人は雄のうち戦争で使うものは去勢するが、それにより粗暴さと性欲を殺ぐものの、強さはそのままに残す。雌はさかりのつく部分を焼くのである。

五八（五六）　海豹《アザラシ》の恋

海綿を採るのを生業とする男に海豹が恋をして、海から現れると岩窟で男と睦みあった、とエウデモス（断片一三二）が伝えている。この男は仲間内でも醜男の最たるものなのに、海豹には誰よりもいい男に見えたのだ。それも驚くにはあたるまい。人間でも、飛びきりの美男美女には少しも心を動かさず、見向きもせずにいて、見劣りするのに惚れることがよくあるのだから。

五九（五七）　水蛇

水蛇に咬まれた人はたちまち耐えがたい悪臭を発し、誰も近づけなくなる、とアリストテレスが言っている。[1]同じ人はまた、咬まれた人は忘却に取りこめられ、両目は濃い靄に覆われ、続いて惑乱と猛烈な震えが生じて、三日のうちに死ぬ、とも言っている。[2]

註（1）アリストテレス、断片二七〇-九として登録されているが、アリストテレスとするのはアイリアノスの間違いかもしれない。アリストテレス『動物誌』四八七a二三に見える水蛇は淡水産無毒の蛇である。（2）ニカンドロス『有毒生物誌』四二一以下に水蛇の害毒の恐ろしさが歌われ、悪臭・靄・震え等は一致する。弓の名手ピロクテテスが水蛇に咬まれ、悪臭を発するためレムノス島に置き去りにされることは、ホメロス『イリアス』二-七二一以下、ソポクレス『ピロクテテス』、アポロドロス『ギリシア神話』摘要三-二七等。

六〇（五九）　青黒鳥

キュアノスというのは鳥で、[1]人見知りする性格、町で暮らしたり人家に宿ることを嫌うばかりか、田舎でも人の住む農家や出小屋のある所で暮らすことは避け、人跡絶えた土地を好み、山の頂きや切り立った崖を喜ぶ。本土にも快適な島々にも住みたがらず、ただスキュロス島[2]とか、それに似て不毛の痩せ地でほぼ無人の島があれば、それのみが心に適うのである。

註 (1) アリストテレス『動物誌』六一七a二三以下に記述があるが、同定は困難。ゴジュウカラ科の壁走《カベバシリ》とする説が有力。岩群青色《キュアノス》(青黒い)からの呼称。(2) エウボイア島の東に浮かぶ小島。山羊と大理石で有名。

六一 (六〇) 頭青花鶏《ズアオアトリ》

頭青花鶏は未来を予知することにかけては人間より賢い。現にこの鳥は冬が近づくのを察知するし、雪になりそうだと逸早く万全の備えをする。雪に見舞われるのを怖れて茂みの多い森林地帯に逃げ行くと、茂みが謂わば彼らの避難所になるのである。

第五巻

一　メムノンを悼む鳥

パリオン地方とそれに隣するキュジコス[1]には、見た目は黒く、形は鷹と言っても良さそうな鳥が棲息する由。この鳥は肉を口にせず、食欲は控えめで、食餌は草木の種をもって十分とする。晩秋になると、この鳥は群れをなしてメムノン[2]の墓目指してトロイアの地を訪れる。だから呼び名もメムノン鳥だ。今もトロイア地方に住む人たちは、曙女神《エオス》の子メムノンを祀る神聖な塚があると言うが、遺体そのものは母親によって、殺戮の場から世に言うメムノンの都スーサ[3]へと空中を運ばれ、ふさわしい葬礼に与っているから、トロイアにある墓標を彼のものとするのは的外れである。ともあれ、この英雄の名を負う鳥は毎年のようにやって来ると、二手に分かれて敵対し、半数が命を落とすほどの激しい戦闘を行って、勝ち残った者は元来た所へと帰って行くのである。どのようにして、またいかなる理由でこんなことが行われるのか、今の私には解明する暇がないし、自然の謎を追究する暇もないのだが、このことだけは言っておきたい。件の鳥が曙女神《エオス》とティトノスの息子のために、毎年その墓の傍らで闘争を繰りひろげるのに対して、ギリシア人ときたら、ペリアス[4]やアマリュンケウス[5]のために、それどころかパトロクロス[6]や、メムノンと戦ったアキレウス[7]のためでさえ、たった一度しか葬送競技を行っていない、と。

註 (1) パリオンはプロポンティス（マルマラ海）西南岸の町。キュジコスはその東にある大都。共にトロイアの東方にあたる。(2) メムノンは曙女神《エオス》とティトノス（トロイア王子）の子でエチオピア王。トロイア方を助けて参戦しアキレウスに討たれた（失われた叙事詩『エチオピア物語』）。その火葬の灰から黒い鳥が生じて戦ったことはオウィディウス『変身物語』一三-五七六以下に語られる。メムノン鳥は襟巻鷸《エリマキシギ》かとされる。(3) ペルシアの古都スーサがメムノンにより建設されたとの伝承による。(4) イアソンの父からイオルコス王国を奪い、イアソンの父母を死に至らしめた。イアソンの妻メデイアの謀で殺されたが、息子アカストスが葬った（アポロドロス『ギリシア神話』一-九-二七）。(5) エペイオイ人（ペロポンネソス半島西部エリス地方）の王。死後息子たちが葬送競技を催した（ホメロス『イリアス』二三-六二九以下）。(6) アキレウスの刎頸の友。その葬送競技は『イリアス』二三-二六二以下に詳しい。(7) アポロンとパリスに踵を射られて死に、パトロクロスの骨と混ぜて埋葬された。ギリシア軍が彼のために葬送競技を行った（アポロドロス『ギリシア神話』摘要五-五）。

二　恩寵の島クレタ島

クレタ島には全く梟がいないし、他所から持ちこんでも死んでしまう、と言われている。となると、エウリピデスが悲劇の中で、ポリュエイドスがこの鳥を見て、ミノスの死んだ息子グラウコスを見つけ出せると占った、という風にしたのはうっかりミスのように思える。[1] 私としてはそのことに加えて、クレタ人の伝承が次のことを歌い教えているのを知っている。クレタの地はゼウスを養育し、歌に名高いゼウス隠しを成し遂げた故をもって、[2] ゼウスから贈物をもらった、即ち、仇をなすために生まれて来るあらゆる害獣から免れ、そんなものを生みもせず、外から持ちこまれても育てもしない、ということにしてもらった、と。クレタ島はそういった動物を産しないので、その贈物の威力を証明しているが、もしゼウスの恩寵を試そうとか反駁しようとかして、異国の動物を持ちこむ者があっても、そこの土に触れるだけで死んでしまうのである。

そこで、隣国リビアの蛇捕りはこんな工夫を凝らすという。蛇を使う奇術師たちは毒蛇をたくさん飼い馴らして、見世物興行に連れて来るが、必要充分なだけの土を一緒に持ちこむのである。蛇が死なぬよう、用心のためにそんなことをする。こうして件の島に到着すると、持ちこんだ異国の土を地面に撒くまでは動物を下におろさない。その後で彼らは群衆を集め、愚昧な連中の度肝を抜くわけである。個々の蛇はとぐろを巻いたり蹲ったりして場の内に留まる限り、そして、伸び上がっても、生まれ育った国の土から越え出ない限り、命はある。しかし、自分に敵対する異国の異質の土へとはみ出したなら、当然命を失うのである。相手がテティスであれ誰であれ、ゼウスが一旦頷いたなら、それは実現せずには済まぬとするならば、[3] 外ならぬ育ての恩人に対して頷いたことは、よもや無効となることはあるまい。

註 （1）クレタ王ミノスの幼な子グラウコスが蜜壺にはまって死んだ。ミノスは占い師ポリュイドス（ポリュエイドスの別形）に王子を捜し出させ、且つ甦らせよと命じる。占い師は蛇が死んだ蛇を薬草で蘇生させるのを見て、それを真似る（アポロドロス『ギリシア神話』三-三-一）。葡萄酒蔵の屋根で梟が蜜蜂を追い払うのを見て、占い師はグラウコスの居場所を知った（ヒュギヌス『ギリシア神話』一三六）。エウリピデスには『ポリュイドス』の作があった（散逸）。⑵クロノスは神々の王の座を奪われることを怖れて、妃レイアが生む子供をことごとく噛みこんだ。レイアは最後にゼウスを生むと、クレタ島に送り、隠して養育させた（ヘシオドス『神統記』四五三以下）。⑶アガメムノンに辱めを受けたアキレウスは怒ってトロイア攻撃から身を引き、母テティスに対して、ギリシア軍を敗勢に陥らせるようゼウスに頼んで欲しい、と訴える。テティスの嘆願に対してゼウスは、「わしが一旦頷いたことは、取り消しも欺きもならず、果たされずには済まぬ」（ホメロス『イリアス』一-五二六以下）と答える。

三　インダス河の巨大な蛆虫

インダス河には猛獣は棲息せず、川中で生まれるのは蛆虫だけだと言われている。その姿は確かに、木材から生じて育つ虫のようだが、この蛆虫たるや長さは七ペーキュスにも達し、少し小さいのもいるがもっと大きなのも見られ、太さは一〇歳の少年が辛うじて両腕を回せるほどもある。上顎に一本、下顎にも一本生えている歯は共に四角形で、長さは一ピュゴーン。歯の強力なることは、石であれ野獣であれ家畜であれ、銜《くわ》えたものはことごとく造作なく粉砕してしまうほどである。泥土や軟泥を好み、昼間は川底に潜って暮らしているので見られないが、夜ともなれば陸《おか》に上がり、馬でも牛でも驢馬でも、出会ったものを粉砕し、寝ぐらに引きずりこむと、水中で啖《くら》って、その動物の腸以外、余すところなく平らげる。日中でも飢えに苛まれた時には、駱駝か牛が土手で水を飲んでいると、こっそりと這い上がり、相手の唇の尖端をしっかりと摑まえて、猛烈な勢いで強引に水中に引っ張りこんで餌にするのである。厚さ二ダクテュロスもある皮がこやつを覆っている(1)。

その捕獲法としてはこんな方法が工夫されている。太くて頑丈な釣針を鉄の鎖に取りつけ、幅広の白い亜麻で編んだロープを結びつけて水に下ろすが、釣針とロープを羊毛でくるむのは、この蛆虫に食い破られないためで、釣針に仔羊か仔山羊を突き刺してから、川の水に沈めるのである。三〇人からの男がロープに取りつくが、各人は槍に投げ紐を取り付け(2)、短剣を腰に吊している。必要とあれば殴りつけるための棍棒も傍らに置いてあり、これは山茱萸《サンシュユ》製で極めて堅い。蛆虫が釣針にかかり餌を嚥みこもうとするのを引き上げ、捕獲に成功すると殺して、三〇日間吊して陽に当てる。そこからどろっとした油が陶器の壺に滴り落ちるが、一匹あたり一〇コテュレーも出すのである。

人々はこの油に特別の印をつけてインド王に献上するが、余人にはその一滴たりとも持つことが許されない。残った死体は何の役にも立たぬが、油の方にはこんな効能がある。積み上げた木を燃やし、燠《おき》にして敷き広げたい時には(3)、一コテュレーの油を振りかければ、あらかじめ火種を入れなくても点火できる。人間か動物を燃やしたければ、この油を撒けばたちまち火がつくのである。インド王などは破城槌も装甲車もその他の攻城機械もあてにせず、敵対する諸都市をこの油で陥落させたと言われているが、都市を焼き落としたわけである。即ち王は、一コテュレー入る陶器の壺にこの油を満たして栓をし、投石機で城門に向けて投げ落とした。壺は城壁の狭間《はざま》に当たると、衝撃で粉々に割れ、油が漏れ出て、火が扉に降り注いで消すこともできぬ。武器も戦士も焼いて、火勢は飽くことを知らぬ。大量の塵屑《ごみくず》をぶちまけてやっと、下火になり消えるのである。クニドスのクテシアス（断片四五r）が語るところである。

註 （1）プリニウス『博物誌』九-四六には、ガンジス河には二つの鰓を持ち、長さ六〇キュービット（約二六メートル）、水を飲みに来る象を引っ張りこむほど強い青色の虫（vermis）がいる、との報告がある。（2）槍の柄の中程に革紐を螺旋に巻き付け、一端を指で保持して投げる。紐のほどける力がライフル銃の螺旋溝と同じ働きをして、槍は真っ直ぐに飛ぶ。（3）パトロクロスが客人のために肉を焼く時、燠を敷き広げた上に串に刺した肉を置く（ホメロス『イリアス』九-二一三）。その場面と語彙も似ている。

四　鼠海豚《ネズミイルカ》のこと

〈鼠海豚〉(1)は海豚と同じ動物で、これも乳を出す。色は黒ではなく、あくまでも深いラピス・ラズリの色に似ており、呼吸は鰓でなく噴水管――呼吸の通路はこのように呼ばれる――で行う。棲息地は黒海およびその付近の海で、普段の住処から外へ彷徨い出ることは滅多にない。

註 （1）底本は phalaina（抹香鯨）であるが Hercher に従って phōkaina（鼠海豚）と改める。アリストテレス『動物誌』五六六b八以下の鼠海豚の記事を、アイリアノスが誤って抹香鯨としたのであろう。

五　牝鶏《ひんけい》の晨《しん》

雌鶏が雄鶏と戦って勝つと、喜びのあまりその首筋が膨らみ、〈肉垂〉(1)を垂らす。雄鶏ほどではないにしても垂らし、誇らしくてたまらず、大股で歩く(2)。

註　(1) Hercher の読みに従う。肉垂は鶏の顎に垂れる肉質の塊。大きいほど、強いとされる。(2) 雌鶏が雄鶏に勝つと、雄鶏を真似て時を作る、雄に交尾を仕かける、鶏冠と尾羽を高く上げる（アリストテレス『動物誌』六三一b八以下）。

六　海豚の同胞愛

海豚は同胞愛の強い動物だと信じられており、それが証拠にこんな話がある。トラキア地方のアイノス町でのこと。たまたま一頭の海豚が捕まったが、負傷していたものの致命傷とまではいかず、捕えられてまだ生きていた。血が流れるわけだが、捕獲を免れた仲間たちがそれに気づき、大挙して港に押し寄せると、跳ねまわって、不穏なことをしでかしそうな気配であった。当然のことながら、住民たちもその子供たちも泳ぐ習慣があった。そこで、アイノスの人々は怖くなって捕虜を解放したのである。仲間たちは彼を無二の親友の如く、あるいはかけがえのない身内の如く庇いながら運び去った[1]。ところが人間は、男であれ女であれ身内が不幸に陥っても、共に奮闘し知恵を絞ること稀有なのである。

註（1）カリア地方（小アジア西南部）で海豚が捕獲され負傷しているのを、仲間が救援に押し寄せ解放させた話が、カリュストスのアンティゴノス『驚異集』五五（Keller版）、プリニウス『博物誌』九-三三に見える。

七　猿と猫

エジプトで猿が追われ猫が追いかけた話をエウデモス（断片一三二）が語っている。猿は全速力で逃げ、一目散に木に跳びついたが、猫たちも猛スピードで跳びかかったのは、こちらも樹皮に爪をかけて木に登れたからである。多勢に無勢、猿は捕まりそうになるや、幹からジャンプ一番、宙に垂れ下がった枝の尖端を両手で摑み、長時間、しっかりとぶら下がっていた。猫たちはもはや近づくこともできないので、走り下りて他の獲物へ向かった。必死の努力で死地を脱した猿は、間違いなく自分のお蔭で命拾いしたのである。

八　敵性の土地

アリストテレス（断片二七〇-一一）によると、アステュパライアの土地は蛇の敵との由、同人はまたレネイア島も鼬の敵だと言っている。[1] 嘴細烏はアテナイのアクロポリスに登れない。[2] エリス地方が騾馬を産する、などと言う人があれば、それは嘘だ。[3]

註 (1) アステュパライア、レネイア、共にエーゲ海の小島。(2) 鍛治神へパイストスがアテネと交わろうとして地にこぼした精液からエリクトニオスが生まれる。アテネはそれを箱に秘して育てる。アテネの留守中、箱を託されたアテナイの王女たちが箱を開き見て、幼児の傍らに二蛇がいるのを知る。このことを告げ口した嘴細烏は、悪い知らせをした罰でアクロポリスに近づけなくなった(カリュストスのアンティゴノス『驚異集』一二(Keller版))。(3) エリス地方ではある呪いのせいで騾馬が生まれない(ヘロドトス『歴史』四-三〇)。馬を愛するオイノマオス王が、雌馬と交わり騾馬の親となる驢馬を呪ったからという(プルタルコス『ギリシアの諸問題』三〇三B)。

九　土地の作用、蟬の場合

レギオンの人々とロクリスの人々は、[1] お互いの土地へ入って耕作してよろしい、という取り決めをしている。ところが、この二地域の蟬にはそんな同意はなく、心を一つにしていない証拠には、ロクリスの蟬をレギオンに持って行けば全く鳴かなくなるし、レギオンの蟬もロクリスでは寂として声なしとなる。このように沈黙を交換する原因は何なのか、妄説をなす人は別として、私にも余人にも分からない。レギオンとロクリスの皆さん、自然だけがそれを知っているのです。ともあれ、レギオンとロクリスの真ん中に川があって、[2]

両岸は一プレトロンと離れていないのに、どちら側の蟬も飛び越せないのです。因みに、ケパッレニアにある川も、こちら岸の蟬を多産に、あちら岸の蟬を不妊にしています。[3]

註 (1) レギオンとロクリス、共にイタリア半島南端の都市で、隔たること六〇キロメートル弱。(2) その名はハレクス川(ストラボン『地誌』六-一-九。本書三-三五参照)、あるいはカイキノス川(パウサニアス『ギリシア案内記』六-六-四)。(3) ケパッレニア(ギリシア西方の大島)を貫流する川のこちらに蟬はいるが、あちらにはいない(アリストテレス『動物誌』六〇五b二七以下)。

一〇 王を慕う蜜蜂

優しく穏やかで、しかも針を持たぬ王蜂に見捨てられると、蜜蜂は支配の座から逃げ出した者の後を慕って追跡する。そして神秘的な仕方で嗅ぎつけ、身に添う匂いで見つけ出すと、王位に連れ戻す。蜜蜂は王蜂のやり方を敬慕して、好き好んでそうするのである。ところが、アテナイ人はペイシストラトスを、[1] シュラクサイの人たちはディオニュシオスを[2]追放したし、他の国でも追放が行われている。それは法に悖る僭主であり、人を愛し臣民を保護するという支配術を発揮できなかった連中だ。

註 (1) 前六〇〇頃―五二七年。権力争いで二度追放され、三度び僭主(非合法的な手段で支配者となる)となったが、善政をしき、アテナイを経済的・文化的に発展させた。(2) ディオニュシオス二世。前三九六頃

――三三八年以後。父一世からシュラクサイ〈シケリア島の中心都市〉の支配権を継いだが、恐怖政治への反撥から二度追放された。プラトンが彼を理想の君主に教育しようとして失敗した。

一一　蜜蜂の王

蜜蜂の王は群れがこんな風に秩序を保つよう心を砕く。ある者には水運びを、ある者には内部の巣房《すぼう》造りを、そして第三部隊には食物集めに出かけることを指図する。後には蜜蜂たちは順繰りに仕事を取り替える。〈実に見事に分けられており、最年長の蜜蜂が巣を守るのが常である〉[1]。王蜂自身は、善き市民にして善き士と哲学者から称えられる名君の流儀で、上述のことに意を用い、規則を定めているだけでよく、それ以外はじっとして、自ら労働に就くことはない。ただ、蜜蜂にとって宿替えが望ましい場合には、統治者も出発する。王がまだ若ければ先導して、残余がついて行くが、年長けていれば、他の蜜蜂が運び役となって担いで行くのである。

蜜蜂たちは合図によって眠りに入る。就寝時間になったと判断すると、王蜂は一匹に指図して就床の合図を出させる。その蜂が承って王命を伝えると、それまでブンブンいっていた蜂たちは寝床に向かうのである。王蜂が健在である間は群れは平和裡に栄え、無秩序はすっかり影をひそめている。雄蜂《ケーペーン》は自分の巣房でおとなしく自足しているし、年配組も若者組も別々に暮らし、王も独りでいれば幼虫も独自の場を持って、食事とトイレも別である。ところが王蜂が死ぬと、群れ全体に無秩序無統制が瀰漫する。雄蜂《ケーペーン》が蜜蜂の巣房に卵を生むのを初めとして、一切が麻の如く乱れて、それ以後は群れの繁栄は覚束ない。統治者を欠いた蜜蜂は、遂には死に絶えるのである。

蜜蜂は浄らかな生活を送り、いかなる生類をも決して口にしないから、ピュタゴラス(2)の教えを受ける必要など更になく、食事は花で十分なのである。慎ましいことはこの上なく、奢侈逸楽を憎む。それが証拠に、香油を塗った人がいると、とんでもない悪さをした敵のように追いかけ追っ払うし、誰かと淫らな交わりをした後でやって来た人も、蜜蜂は察知して、まるで親の仇みたいに追いかける。

蜜蜂はまた勇気凛々として退くことを知らぬ。いかなる動物からも逃げず、臆することなく攻めかかる。迷惑を及ぼさず、先に手出しもせず、悪戯や攻撃の意図をもって巣に近づくのでない者には、蜜蜂は平和的、友好的であるが、苦痛をもたらす者に対しては、世に言う「宣戦布告なき戦争」が燃え上がり、蜜を奪いに来た者は敵の中に数えられる。雀蜂を刺しまくることさえあるのである。(3) ある時、巣に近づいた馬を蜜蜂が見つけ、激しく襲いかかって殺してしまった話を、アリストテレス(『動物誌』六二六a二二)が伝えている。しかし蜜蜂同士が内訌を起こすこともあり、力の強い連中が弱いのを打ち負かす。

聞くところによると、蟾蜍《ヒキガエル》と池の蛙、蜂喰《ハチクイ》と燕が蜜蜂に勝つし、雀蜂が勝つこともよくあるというが、蜜蜂に勝つ者は謂わば「カドメイアの勝利(4)」を収めるにすぎぬ。蜜蜂は針にもまして憤激で武装しており、敵はさんざんに撃たれ刺されて退散するからである。

蜜蜂には予知能力も欠けていないことは、アリストテレス(『動物誌』六二六b一二以下)がこんな話で証明している。他人の巣にやって来て、自分のものでもない蜜を奪い取ろうとする蜜蜂がいた。汗の結晶を奪われそうになった蜜蜂は、しかし慌てず騒がず、じっと我慢して、次に起こるべきことを気丈に待ち受けた。そして、養蜂家が数多の敵を殺してくれてから、巣の中の蜜蜂は今や安心して互角の戦いに入れると判断すると、撃って出て反撃にかかり、奪われたものの代わりに、天晴れ懲罰を下した、と。

註 (1)〈……〉部分はテクストが疑わしい。(2)前六世紀。サモス島に生まれイタリアに渡った哲学者・数学者・宗教家。輪廻転生や肉食の禁を説いた。(3)実は多数の蜜蜂が雀蜂を取り囲み、熱で焙り殺すのである。(4)破滅的損失を伴う勝利をいう。フェニキアの王子カドモスがギリシアに来てテーバイを建国したことから、テーバイはカドメイアとも呼ばれる。そこの王オイディプスの死後、息子エテオクレスが王位を継ぐが、兄弟ポリュネイケスがアルゴス群を率いて来寇、テーバイは勝ったものの犠牲も甚大であった、との故事に基づく。ヘロドトス『歴史』一-一六六にもこの表現が出る。

一二　蜜蜂の勤勉

これも蜜蜂の勤勉の一証となる。即ち極寒の地域では、プレイアデスの沈む頃(1)から春分までは、蜜蜂は巣に籠り、寒気を避け陽気を待ちわびながら内部で動かずにいるが、その他の季節には常に、何もせずじっとしていることを憎み、精励恪勤《かっきん》する。四肢が動かなくなる時期を除いては、蜜蜂がさぼるのを目にすることはないであろう。

註 (1)プレイアデス(昴《すばる》)が日の出直前に西の地平線に沈む(cosmical setting)十月末頃。

一三　蜜蜂は芸術家

特別の技術も規範もなしに、また専門家がコンパスと呼ぶ道具も使わずに、蜜蜂は測量を行い、美しい形を作り出し、自分たちを優雅に編成するが、中でも美しいのは、六辺で等しい角度を持った六角形である。蜜蜂の数が増え、巣が溢れると植民団を送り出すのも、人口が増え大きくなりすぎたポリスと同じである。蜜蜂はまた、雨が来そうな時や突風になりそうな時は察知する。思いがけず大風になった場合には、各自が足の先で石を運び、ひっくり返らぬように重しにしているのが見られよう。神の如きプラトン(『パイドロス』二三〇C、二五九A)が蟬について、その歌好き、音楽好きを語っているが、それは蜜蜂の合唱隊《コロス》についても言えることである。そこで、蜜蜂が羽目を外したりさまよい出たりした時には、養蜂家はリズミカルな調子で物を叩いて音を立てる。(1) すると蜜蜂はセイレーン(2)に引き寄せられるようにして、自分の住処に戻って来るのである。

註 (1)アリストテレス(『動物誌』六二七a一七)によると、貝殻や小石で音を立て呼び集めるという。(2)翼を持った女の怪物。孤島の断崖で美声で歌い、船人を誘き寄せて死に至らしめた(ホメロス『オデュッセイア』一二-三九以下)。

一四　変わり種

ギュアロス島にいる鼠は、何と鉄を含む土（鉄鉱石）を食べる、とアリストテレスが言っている。[1] テレドンというのはバビロニアの地だが、そこの鼠も同じく鉄を餌にする、とはアミュンタス[2]（断片七）の説。

カリア地方のラトモス山には蠍がいるが、そいつは町の人を刺し殺すけれども、異国人だと軽く刺して、むず痒くさせるだけの由。思うにそれは、「異人《クセノス》を守るゼウス[3]」が他所からやって来た人たちに報いる賜物なのであろう[4]。

註　(1) ギュアロスはアッティカ地方東方沖合の小島。水が乏しく不毛で、ローマ時代には流刑地とされた。カリュストスのアンティゴノス『驚異集』一八（Keller版）もここの鼠は鉄を齧ると記す。但し、アリストテレス（『異聞集』八三二a二二）はキュプロス島のこととしている。本書一七-一七も参照。(2) 前四世紀。アレクサンドロス大王の遠征に従い、旅程（歩数）計算をした人物。テレドンはエウプラテス河河口の町。(3)「家の垣を守る、救い主、自由を守る、嘆願者を守る、誓約を守る」等の枕詞が示すように、最高神ゼウスの権能は多方面に及ぶ。(4) アリストテレス『動物誌』六〇七a一三以下は有毒動物の危険度の地域差を述べる。

一五　雀蜂の王

雀蜂も王を戴くが、人間のように暴君に支配されるわけではない。王には針がないのがその証拠だ。臣下は自分で巣を構築する掟で、統治者は体格こそ二倍あるとはいえ、穏和で、意図してであれやむを得ずであれ、臣下を痛めつけることはできないことになっている。そこで、シケリアの両ディオニュシオス、(1)ヘラクレイアのクレアルコス、(2)「カッサンドレイアの虐殺者」アポロドロス、(3)「ラケダイモン人の破壊者」ナビスら(4)を、憎まずにいられる人がいるであろうか。雀蜂の王は針なきことと穏和さに拠って立つのに、この連中ときたら剣を頼みとしたのだから。

註　(1)ディオニュシオス一世、前四三〇頃―三六七年。シケリア島のシュラクサイを強大にしたが、暴虐と猜疑心で暴君の典型とされる。二世については本巻一〇章への註参照。(2)前四世紀前半、ヘラクレイア(黒海南岸の町)を十二年間僭主支配する間に、有力市民の毒殺・財産没収を恣にし、暗殺された。(3)前三世紀前半、カッサンドレイア(ギリシア北方、カルキディケ半島の町)の僭主。残虐な僭主の代名詞となるが、アンティゴノス・ゴナタス(マケドニア王)に討たれた。(4)ラケダイモンはスパルタを首都とする地域。ナビスはそこの簒奪王で、残虐な恐怖政治で聞こえたが、失脚後の前一九二年謀殺された。

一六　毒矢の文化

針を備えた雀蜂はこんなこともするそうだ。蝮の死骸を見つけたら飛びついて行き、その毒を己れの針に塗りたくる、と。どうやら人間もここから知識を得たらしいが、碌でもない知識だ。ともあれ、ホメロスもこんな例証を語っている。

青銅の鏃《やじり》に塗ろうと、人を殺める
毒を求めて、(1)（『オデュッセイア』一-二六一以下）

まことに、ヒュドラ（水蛇）の毒に矢を浸したヘラクレスの神話(2)を信ずるなら、雀蜂も毒に浸すことで針を研ぎすましているのである。

註　(1) 矢毒を求めてオデュッセウスが遠くまで旅したという架空の話の一部。(2) レルネ（アルゴス町の近く）の沼に棲む九つ頭の巨大なヒュドラを退治するのはヘラクレスの十二の難業の二番目。彼はヒュドラを退治した後、その毒（胆汁）に自分の矢を浸した（エウリピデス『ヘラクレス』一一八八、アポロドロス『ギリシア神話』二-五-二）。

一七　蝿の自制心

蝿もまた自然が造り成したものである以上、我々は蝿にも花を持たせてやるべきで、ここでその話をするのも当を得ていよう。

ピサ地方の蝿はオリュンピア競技祭の期間中、来訪者とも土地の人たちとも、謂わば休戦条約を結ぶ。即ち、夥しい犠牲獣が屠られ、血が注がれ、肉が吊されるのに、蝿たちは自発的に姿を消して、アルペイオス川の対岸に渡るのである。これは現地の女たちと少しも異ならないようにも見えるが、ただそのふるまいからして、蝿の方が女たち以上に自制心が強いと認められる。女たちが運動競技とその期間中の慎みの掟によって排除されるのに対して、蝿は自発的に犠牲獣から身を引き、生贄の儀式の間も、競技に定められた期間中も、自発的に立ち去るからである。[1]「集会が解かれると」[2]蝿が戻って来るのは、決議によって帰国を許された亡命者さながらで、蝿も女たち同様、再びエリスへと流れこんで来るのである。[3]

註　(1) 古代オリンピック競技会は四年に一度、八月下旬の五日間、エリス地方（ペロポンネソス半島西部。主邑の名もエリス）のオリュンピア（ゼウスの聖地。大河アルペイオスの北岸）で開催された。集会は盛大な犠牲式と運動競技を含み、古くはピサ（オリュンピアのやや東の町）の人々が、後にはエリス人が運営に当たった。前後の一ヵ月（長くて三ヵ月）は全土にわたり休戦の取り決めがなされ、既婚女性は観戦を許されなかった。(2) ホメロス『イリアス』二四-一より。(3) 蝿が姿を隠すようになった縁起譚がある。ヘラクレスがオリュンピアで犠牲を捧げていると蝿がうるさく、「蝿払いのゼウス」に祈ってアルペイオス川の向こうへ立ちのかせた（パウサニアス『ギリシア案内記』五-一四-一）。尚、蝿を称えた作品にルキアノス『蝿の讃美』がある。

一八　羽太《ハタ》

羽太は海の生き物で、釣り上げて切り開いてもすぐには死なず、かなりの時間、動くことを止めない。冬の間は穴に籠っているのを喜び、普段好んで暮らすのは陸近くである。

一九　狼と雄牛

狼は決して雄牛に突っかからないし、正面切って向かっても行かないが、それも尤もだ。角が怖くて角先を避けるのである。そこで、真っ向勝負の脅しをかけるがそうはせず、攻撃のふりだけして、しかし雄牛が突進して来るや、身を翻して背中に飛び乗り、懸命にしがみついて、獣と獣のレスリングとなるが、欠けたるものを生来の知恵で補う狼が勝つのである。

二〇　驢馬魚

驢馬魚（メルルーサ）は腹に心臓がある、とはこの方面に最も詳しい人たちが口を揃えて教えてくれるところだ(1)。

註　(1) 原語は「海の驢馬」で「鱈」と訳されることが多い。耳石が石臼の形に似て、驢馬が石臼の意味にもなるところから、あるいは、驢馬のような灰色からの名称との説がある。本書六-二〇参照。

二一　孔雀の美

孔雀は自分が最も美しい鳥であることを、そしてその美がどこに存するかを知っているので、それを鼻にかけて尊大である。孔雀が恃みとする羽は身の飾りとなるし、他所から来た人には恐怖を抱かしめるし、夏には日覆いともなる。それもわざわざ他から求めたのではない、自前の日覆いだ。例えば誰かを怖がらせようと思えば、尾羽を持ち上げて揺すり、叫び声を発する。すると見学者たちは、重装歩兵の物の具の撃ち合う音に怯えるように、肝を潰すのである。孔雀は首をもたげ、その首を傲然と上下させるところは、まるで羽飾り三本仕立ての兜を振り立てているかのようである。体を冷やす必要がある時にも羽を持ち上げるが、それを前方に傾けると、強烈な太陽光線から身を護る、身に備わった影となる。風が後方から吹く時には、ゆっくりと羽を広げていけば、通り抜ける風の息吹が、優しく心地よい微風を送って、鳥は一息つけるのである。

美しい少年とか見目よき少女は、自分の体の一番のチャームポイントを見せびらかすものだが、それと同じように、孔雀も賞讃されると気がついて、羽を整然と一列ずつ起こしていき、まるで花園か、多彩色の絵具で綺羅を尽くした絵のように見せるので、自然が造ったこの奇観を写す画家たちの前には汗が置かれている。(1) 孔雀はまた、いかに惜し気もなく見せびらかしているかを露呈している。それは、見学者には心ゆくまで見ることを許し、変幻極まりない羽模様を一所懸命顕しながら回って歩き、メディア人の美服やペルシア人の緞帳(2)をも凌ぐ自分の衣裳を傲然と見せつけているからである。

孔雀は異国の地からギリシアにもたらされたと言われている。(3) 長い間、天下の珍鳥として美の愛好者たちに有料で公開され、アテナイでは毎月の朔日に、善男善女を受け入れて研究を許し、展観を財政収入としていた。アンティポンが『エラシストラトスを駁す』(断片五八)で言うところによれば、雌雄の孔雀の値は一万ドラクメーであった。(4) その飼育には二倍の広さの鳥屋《とや》と、見張りと世話人を要する。ローマのホルテンシウスが初めて孔雀を殺して食卓に上《のぼ》せたと判定される。(5) マケドニアのアレクサンドロス大王はインドでこの鳥を見て一驚を喫し、その美しさを賛嘆するあまり、これを殺す者には最も重い罰を科すと脅した。

註 (1)「栄華《アレテー》の前には、不死なる神々が汗を置いた」(ヘシオドス『仕事と日』二八九)を思わせる表現。(2) 東方のメディア王国とそれを滅ぼしたペルシア帝国は、ギリシア人にとって贅沢の代名詞。(3) インド孔雀である。前五世紀後半には知られていたが、初見は不明。（4）アンティポン（前四八〇頃―四一一年）はアテナイ最初期の弁論家。他人の訴訟弁論を代作した。アンティポン断片の刊本では「一万」でなく「一千」。一ドラクメーは銀四・三七グラム（アッティカ地方の換算率）に相当する貨幣。前五、四世紀の職人の日当が一ドラクメー見当。豊かで物価が特別に安いリュシタニア（ほぼ今のポルトガル）では、大麦約五〇リットルや葡萄酒約四〇リットルが一ドラクメー、肥えた豚や仔牛が五ドラクメーであった（ポリュビオスを引くアテナイオス『食卓の賢人たち』三三一A）。（5）このことはプリニウス『博物誌』一〇-四五に見える。本書三-四二参照。

二二　鼠の連帯

鼠がワイン・クーラー(1)に嵌ってしまったら、泳いで這い上がることができないので、お互いに尻尾に噛みつき、一匹目が二匹目を、二匹目が三匹目を引っぱる。こうして互いに力を合わせ助けあうことを、至高の知恵をもつ自然が教えたのである。

註（1）葡萄酒を早く冷やすために壺でなく大型の盃に入れたようである。

二三　待ち伏せする鰐

ナイル河より水汲む人を鰐の待ち伏せすることは次の如くである。粗朶《そだ》にて体を覆い、隙間より窺いつつ、粗朶の下に潜《ひそ》んで泳ぐ。土器、水瓶、水差しなどを携えた人が来て水を汲めば、岸に向かって跳躍一閃、激しい力に摑みとり、ご馳走にする。鰐生得の邪悪と獰悪はかくの如し。

二四　犬を怖れる野雁《ノガン》

兎は固より、狐でさえ犬を怖れる。犬はその吠え声で猪を茂みから追い出すようだし、ライオンを撃退し、鹿を追いかけるが、鳥は一つとして犬を気にかけるものはなく、お互いに平和を守っている。ただ、野雁だけは犬に身震いするが、その理由は、体が重くて嵩ばる肉を持てあましていることにある。実際、翼が体を持ち上げ浮遊させるのは容易でないので、低く地表近くを飛ぶ。こうして、よく犬に捕まってしまうのである。野雁はこのことを自覚しているので、犬の吠えるのを聞いたなら、藪や沼地に駆けこんで、それで身を護り、当面の危険から難なく逃れるのである。

二五　仔羊の夙慧《しゅくけい》

人間が生みの親を認識し始めるのは遅く、それも教えられ、謂わば〈強制されて〉[1]父親を見つめ、母親に甘え、身内のものに微笑みかけるようになるのだが、仔羊はというと、生まれるや否や母親の側を跳ねまわり、他人と身内を知り分けて、羊飼から学ばねばならぬことは何もないのである。[2]

註　（1）Hercher の読みに従う。（2）一方、母羊は我が子以外には乳を飲ませない。

二六　猿真似

猿ほど物真似のうまい動物はなく、いかなる体の動きであれ、教えると正確に理解し、覚えこんだら披露する。例えば、学習すれば踊るし、教えれば笛も吹く。私自身、手綱を握り、鞭を振るって馬車を御す猿を見たことがある。他のことでも、一旦覚えたら教えた人を失望させることはない。自然はかくも多彩で融通無碍なのだ。

二七　変わりものの動物

動物の性質にはこんな変わったものがいろいろある。ビサルタイ族[1]の住地の兎には肝臓が二つある、とテオポンポス[2]（断片一二六ａ）が伝えている。レロス島のホロホロ鳥はいかなる猛禽類からも害を受けない、とはイストロス[3]（断片六〇）の説。アリストテレス（断片二七〇-一四）によると、ネウロイ人[4]の国の牛は肩に角を生やし、アガタルキデス[5]（断片七九ａ（Müller））によると、エチオピアの猪には角があるという。ソストラトス[6]（断片八）は、キュッレネ山[7]の黒歌鳥は全て白いという。ミュンドスのアレクサンドロス（断片三（Wellmann））。断片四（Jacoby））は、ポントス地方[8]の羊はとても苦い苦艾《ニガヨモギ》で肥え太るという。ミマス山[9]の山羊は六ヵ月間水を飲まず、ただ海を見つめて口を開け、吹き来る風を取り入れるのみ、とは同人の説。イリュリアの山羊は双蹄でなく単蹄だと聞いている[10]。しかし最も驚くべきことを語っているのはテオプラストス（断片一七一-二）で、バビロニアでは魚がしばしば川から上がり、乾いた地面で草を食む、というのだ。

註（1）ギリシア北方、ストリュモン川河口に住んだトラキア（後にマケドニア）の一部族。（2）前三七七頃—三二〇年頃、キオス島出身の歴史家。（3）前三世紀後半、歴史家・著述家。カッリマコスの弟子。（4）スキュティアの北、ボリュステネス（現ドニエプル）河の西上流域に住んだ民。（5）前二世紀、クニドス出身の歴史・地理学者。（6）前一世紀、外科医、重要な動物学者。（7）ペロポンネソス半島中央部、アルカディア地方の山。ヘルメス誕生の地。（8）黒海《ポントス》南岸の地域。（9）小アジア西岸、キオス島に相対する山。（10）羊・山羊・鹿・河馬は双蹄（アリストテレス『動物誌』四九九ｂ一〇）という知見からすると、この記事は奇

譚となる。

二八　青鶏《セイケイ》の仲間愛

青鶏は極めて嫉妬深い鳥であることに加えて、こんな特徴を持っているようだ。身内を愛し、仲間と寝食を共にすることを大事にすると言われており、現に私が聞いたところでは、青鶏と鶏は一つ屋で育てられ、同じものを食べ、そっくりの歩き方で、砂浴びも一緒にするという。こういったことから驚くべき友情が育まれるわけだ。ある時お祭があって、主人が二羽のうち鶏を潰し、家族にふるまうことがあった。仲間がいなくなった青鶏は孤独に耐えられず、自ら食を断って果てたのである。

二九　鵞鳥の恋、毒への態度

アカイア地方はアイギオン町でのこと。オレノス町出身のアンピロコスなる美少年に鵞鳥が恋をした。テオプラストス（断片一〇九）がこれを伝えている。この少年はオレノスからの亡命者の一人としてアイギオンで監視下に置かれていたが、鵞鳥が少年に贈物を届けていたという(1)。キオス島では竪琴弾きのグラウケなる絶世の美人に男たちが惚れた、というのなら何の不思議もないが、聞けば雄羊と鵞鳥も彼女に恋をしていた由(2)。

タウロス山脈を越えようとする時の雁《ガン》は鷲を怖れて、ちょうど枚《ばい》を銜《ふく》むように各自で石を銜《くわ》え、鳴き声を立てぬようにして、沈黙のうちに飛び渡るが、こうして殆ど鷲に気づかれずに済むのである。(3)

鶩鳥は体質が極めて熱く火のようなので、水浴びを好み、泳ぎを喜び、餌も特に水分の多いもの、草とか萵苣《ちしゃ》とか、その他体内を冷やす働きをするものを喜ぶ。しかし、飢えでカサカサになっても月桂樹の葉は食べないし、進んでであれ強いられてであれ夾竹桃(4)を口にしないのは、一口齧れば死ぬことを知っているからである。それに対して人間は、食べることと〈飲むこと〉(5)に関しては、〈だらしなさ〉(6)から悪巧みに引っかかってしまう。現に飲み食いの間に毒を飲みこむ者は数知れず、アレクサンドロス(7)しかり、ローマ皇帝クラウディウス(8)しかり、その子ブリタンニクス(9)しかり。毒を服して眠りに落ちて、そのまま起きて来ないのだが、自ら進んで呷《あお》る者もいれば、悪巧みにかかってそうする者もいるのである。

註 (1) アカイアはペロポンネソス半島北部の地域。アイギオンはそこの重要な港町。オレノスはそれより西の小町。この話はアテナイオス『食卓の賢人たち』六〇六Cにも見える。(2) キオス島は小アジア西岸沖の大島。グラウケのことは本書一-六に既出。(3) タウロス山脈はトルコ南部を東西に走る山脈。この話はプルタルコス『饒舌について』五一〇Aにも見える。(4) rhododaphnē は直訳すると「薔薇月桂樹」、夾竹桃かとされる。プリニウス『博物誌』一六-七九、偽ルキアノス『ルキオスまたは驢馬物語』一七に、これが山羊・羊・驢馬・馬などにとり猛毒だとある。(5)(6) Hercher の読みに従う。(7) 大王は連夜の痛飲の翌日に高熱を発し、一〇日後に死んだ。アリストテレスの調製した毒薬で殺されたとの説もある(アッリアノス『アレクサンドロス大王東征記』七-二四以下)。(8) 第四代ローマ皇帝。在位、四一―五四年。残忍にして貪食、四度目の妻小アグリッピナに毒を盛られた、他諸説ある（スエトニウス『ローマ皇帝伝』「クラウディウス」四四）。
（9）四一―五五年。継母小アグリッピナの連れ子ネロ帝に毒殺された（タキトゥス『年代記』一三―一六）。ラシーヌ『ブリタニキュス』の主人公。

三〇　狐雁《キツネガン》

狐雁[(1)]とはまた、動物の生まれながらの特性をうまく織りこんで名づけたものだ。姿は雁ながら、悪知恵では狐になぞらえるのが至当であろうから。これは雁より小さいが、より勇敢で、手強い戦い手だ。現に鷲とか猫とか、その他どんな動物が攻めて来てもこいつは防戦する。

註（1）原語 khēnalōpēx は khēn（雁）と alōpēx（狐）の合成語。筑紫雁《ツクシガン》とする意見もあるが、エジプト雁とする説が強い。「悪知恵」というのは、雛を守る策略をいうか（本書一一―三八参照）。

三一　蛇のしくみ

以下のことも蛇の特性である。心臓が占めるのは喉の所、胆汁は内臓の中、睾丸は尻尾のあたり、長くて柔らかい卵を生み、毒は牙に含まれる。

三二　孔雀

先にも述べた孔雀という鳥にはこんな生まれついての特性もあって、知る値うちがある。三歳で妊娠し始めて卵を生み、同時に羽の色も多彩で美しくなりだす。しかし続けて卵を抱くことはせず、二日間放っておく。他の鳥同様、孔雀も風卵を生むことがある。(1)

註　(1) アリストテレス『動物誌』五六四a二五以下に基づく記事であろう。

三三　鴨の本能

鴨が産卵する時は、陸地は陸地ながら、湖や浅瀬、その他水があって湿った場所の近くで生む。雛は神秘的な固有の本能によって、空中高く舞うことも陸で暮らすこともできないのを知っている。それ故水に跳びこむが、生まれたばかりでも泳げるので学ぶ必要はなく、潜ったり浮かび上がったりを巧みにこなすことは、まるでもう昔からそれを覚えているかのようである。泳いでいるところを、「鴨殺し」(1)と呼ばれる鷲が飛びかかり攫ってやろうとするが、鴨は潜って姿を隠し、潜行して別の所で顔を出す。が、そこには鷲が待ち受けている、鴨はまた潜る。何度もこれが繰り返されて、二つに一つ。鴨が潜ったまま窒息するか、鷲が他の獲物を求めて立ち去り、鴨は安心して再び水の上を泳ぐか、だ。

註　(1) アリストテレス『動物誌』六一八b一八には尾白鷲（別名子鹿殺し）、プランゴス（別名鴨殺し）、黒鷲（別名兎殺し）はじめ六、七種類の名が挙げられるが、同定は難しい。

三四　白鳥の勇気

白鳥は最も重大な事柄において人間より優れている。それは、いつ命の終りがやって来るかを知っているばかりでなく、自然からの最高の賜物のお蔭で、命の終りの接近を怡々《いい》として耐えることができるからである。死には苦しみも悲しみもない、という確信があればこそ、それができるのである。一方、人間は知りもしないことについて怖れ、それを最大の不幸だと見なしている。白鳥は死を喜ぶ念きわめて強く、生の終りに臨んで歌を歌い、謂わば弔いの歌を高唱するほどである。エウリピデスはベッレロポンテス(1)についても、死に対する覚悟が英雄的で豪邁であると称えている。現に、彼には己が心に向かってこう語らせている。

汝、世にある限り、神々への敬いを忘れず、
異人を助け、友への務めに倦むことなかりき……（断片三一〇）

白鳥も自らを弔う歌を歌い上げて、神々への讃歌、もしくは自らへの賛辞の形で、死出の旅路への備えと

しているのである。ソクラテスも証言しているが、[2] 白鳥は悲しみからではなく、むしろ心愉しくて歌っているのである。なぜなら、心に鬱屈や苦痛を抱える者は、節おもしろく歌ったりする余裕がないではないか、と。

ところで、白鳥は死に対してのみならず、戦いに関しても勇敢である。思慮と教養を備えた人と同様、悪事の口火を切ることはないが、先に悪巧みを仕かける者に対しては、引き下がりも譲りもしない。他の鳥は全て白鳥と平和で不戦の関係にあるが、鷲はしばしば攻撃する、とアリストテレス（『動物誌』六一〇a一、六一五a三三）が述べている。しかし鷲が勝つことは絶えてなく常に負けるのは、白鳥には戦う力があるのは固より、自己防衛の正義があるからである。

註　(1) コリントスの王子、実は海神ポセイドンの子。天馬ペガソスに乗って怪物キマイラを退治したりしたが、天に昇ろうとしてゼウスの雷に撃ち落とされた。断片はエウリピデス『ベッレロポンテス』より。(2) プラトン『パイドン』八四E以下。いわゆる「白鳥の歌」について、アイリアノスは「命の終わらんとする正にその時に、白鳥は声が最も冴えわたり、最もよく歌うと昔から信じられているが、私は白鳥の歌うのを聞いたことがない」(『ギリシア奇談集』一-一四) と記す。しかしアイスキュロス『アガメムノン』一四四四、カッリマコス『イアンボス』四-四七（断片一九四）、キケロ『弁論家について』三-六、オウィディウス『変身物語』一四-四三〇、ロンゴス『ダプニスとクロエ』一-一五他、「白鳥の歌」の例は多い。

三五　青鷺の食事作法

青鷺は二枚貝《オストレオン》を食べる名人で、ペリカンが二枚貝《コンケー》にするのと同様、殻が閉じたままを嚥みこむ。青鷺が嗉嚢と呼ばれる所に二枚貝を蓄えて温めると、熱のために貝が開く。青鷺は察知して貝殻を吐き出し、身はとどめおく。体内に入って来たものを強力な消化力で丸ごと食いつくし、餌とするのである(1)。

註　（1）プルタルコス『動物の賢さについて』九六七Cも「青鷺の狡知を読んだ」と言うが、青鷺は間違いで、ペリカンの記事（本書三-二〇）と混同しているとされる。尚、ostreon は二枚貝一般とも牡蠣《カキ》とも解せる。

三六　星鳥《ホシドリ》

その鳥の名は星鳥(1)、エジプトでは飼鳥で、人語を解することに優れるあまり、人に「奴隷よ」と罵られると怒るし、「愚図め」と呼ばれると傲然と気を悪くするのは、卑しい生まれをからかわれたり、不精を批判される時の人間と異ならない。

註　（1）本書二-二九の星鳥とは別で、ここでは山家五位《サンカノゴイ》かとされる。

三七　魚を摑む骨《こつ》

キュレネの液汁(1)を手に持って痺鱏《シビレエイ》を摑むと被害を受けずに済む。右手で竜魚を引っぱり出そうとしても、相手は出て来ず激しく抵抗するが、左手ですると、相手は屈して捕まる。

註　(1) セリ科のシルピオンのこと。根または茎を搗き砕き、液汁をガム状にしてスパイス・医薬品として珍重した。キュレネはこれのギリシア向け輸出で繁栄したが、乱獲のため、一世紀末プリニウスの頃には絶滅していた。その後、「メディアの液汁（阿魏《アギ》）」が代替品となった。

三八　ナイチンゲールの名声好き

マッサリアの人カルミス(1)の説として読んだのだが、ナイチンゲールは音楽が好きなだけでなく、名声が好きなのだそうだ。実際、人気のない所で独りで歌う時には、準備もなしに単調な節を歌うだけなのに、捕まって聞き手に囲まれている時には、様々に声張り上げ、うっとりと節を震わせるのである。ホメロスの詩もそのことをほのめかしていると私には思われる。

春立ちそめる頃、木々の葉蔭に止まり、
パンダレオスの娘、葉緑映える夜鶯は、

歌声うるわしく、転調を繰り返しつつ、
七色の声を響かせる、そのように、(2)（『オデュッセイア』一九-五一八以下）

しかし、「七色の声（poluēkhea phōnēn）」を poludeukea phōnēn と読む写本もあるのだ。adeukēs が「決して真似ることのできない」の意味であるからして、これは「様々に真似されたる声」となる。

註（1）一世紀中頃。ローマで冷水療法で名を馳せた医師。マッサリアはガリアにおけるギリシア人植民地、現マルセイユ。（2）パンダレオスの娘アエドン（ナイチンゲールの意）はテーバイ王ゼトスに嫁して一子イテュロスを生む。義理の姉ニオベが子だくさんであるのを嫉妬してその子を殺そうとするが、暗闇で誤って我が子を殺した。悲しみの果てに神々に祈って鳥に変えられた。本書二-二二への訳註に記したのとは別の話形である。

三九　ライオンのこと

デモクリトス(1)（断片一五六）によると、動物の中でひとりライオンのみが目を開けて生まれるのは、既に一種の瞋恚《しんい》に満たされ、誕生の時からして何か高貴な行いを志しているからである。別の人たちはまた、ライオンが眠っていても尾を動かすことを観察しているが、どうやらこれは、完全に休んでいるのではないことを示し、他の動物と違って、眠りがライオンを取りこめ包《くる》みこんで支配することのないのを示すためであろう。エジプト人はこういったことの観察に基づき、ライオンは眠りに打ち勝ち常に目覚めている、と言うが、それは誇張だと言われている。ともあれ、彼らがライオンを太陽に配するのもそれがためだと聞き及ぶ[2]。何しろ太陽は、地上で姿を見られる時も大地の下を旅する時も、ひと時も休まず、諸神中最もよく働くものなのだから。その証拠としてエジプト人は、「疲れを知らぬ太陽《ヘリオス》」というホメロス(『イリアス』一八-二三九)の句を引用する。

強さに加えて、ライオンには知性もある。例えば、牛を襲いに畜舎を訪れるのも夜間に行うのである。ホメロスはそれを知っていてこう言う。

ライオンが夜陰にまぎれて襲い来て追い散らすように、(『イリアス』一一-一七三)

そしてその猛々しさで全ての牛を恐慌に陥れ、一頭を摑んで啖うのである。〈同じ詩人はこうも語る〉[3]。飽きるほど詰めこんだ時は、後日のために蓄えておきたいのだが、食うにこと欠き飢えるのが怖いとばかりに、その場に留まり見張りなんぞするのが恥ずかしくてならぬ。そこで、大口開けて特有の息を吐きかけ、悪臭に見張りを委ねて、自分は立ち去る[4]。他の動物がやって来ても、そこにあるのが何者の食い残しかを察知すると、手を出す勇気はなく、掠奪を疑われるのも、自分たちの王のものを剝《はっ》るのも怖くて、退散することになる。もし狩りの首尾がよくて獲物が豊富にあれば、ライオンは先のものなど忘れ、味が落ちたものと軽んじて見向きもしないが、そうでない時には、自分の蓄えものの所へ立ち戻るのである。食いすぎた時には、安静と絶食で腹を空にするか、もしくは猿を襲って少し食い、その肉で腹を緩くして空にするのである。

ともあれ、ライオンが正義を知ることは、さながら、

先にかかって来る者があれば、そやつを防ぐ、（『イリアス』二四-三六九）

という人の如くである。即ち、攻撃する者には、尻尾を振りたてつ脇腹に巻きこみつ立ち向かい、拍車を駆るように己れを鼓舞する。飛び道具をあて損なった者に対しては、同じ程度に防衛し、追い散らしはするものの害は加えない。(5)

幼時から飼い馴らされたライオンは極めておとなしく、人当たりがよく、遊ぶのが好きで、飼主を喜ばせるためにどんなことでも鷹揚に耐える。現に、アンノンはライオンに荷物運びをさせたし、(6)ベレニケにはおとなしいライオンが近侍して、化粧係たちといささかも変わらなかった。舌で彼女の顔をそっと舐めて浄め、皺を伸ばし、食卓を共にして、おとなしく行儀よく食べることは人間並みだったのだから。(7)カタネの僭主オノマルコス(8)とクレオメネス(9)の息子もライオンを食卓の友にしていた。

註　(1) 前四六〇頃―三八〇／七〇年。原子論で知られる博学多識の哲学者。『動物に関する諸原因』三巻を著したという。(2) プルタルコス『食卓歓談集』六七〇Cも、ライオンのみが生まれたてで目が見え、瞬時しか眠らず、眠る間も目が輝く故、エジプト人はライオンと太陽を結びつけるという。しかし、本書四-三五では、ライオンの仔は目が見えぬとあった。(3) Hercher に従って削除したい。(4) アリストテレス『動物誌』五九四b二六にも、食べたものに強い匂いを吐きかけるとあるが、理由は記されていない。(5) このことはプリニウス『博物誌』八-五一にも見える。(6) ラテン語形ハンノーで知られる、前三世紀、カルタゴの将軍。従軍中、ライオンに荷物運びをさせて、独裁者になるつもりだと告発され追放された（プルタルコス『政治家になるための教訓集』七九九E)。(7)同名の妃が数人いるが、プトレマイオス三世の妃なら、前二七三頃―二二一年。カッリマコスの頌詩『ベレニケの髪』を献じられた妃。テルトゥッリアヌス『魂について』二四-五もこれに言及するが、どのベレニケか特定していない。(8)年代不明。カタネはシケリア島東岸の町。(9)スパルタ王はじめよくある名前だが、特定できない。

四〇　豹の芳香

豹は驚くべき芳香を身に備えていると言われている。それは我々には感知できないが、豹は自分の強みを知っているし、他の動物も同様に知っていて、こんな風に捕まるのである。豹は餌が必要になると、鬱蒼とした茂みや深い葉陰に身を潜め、姿は見せず、息だけ吐いている。すると仔鹿やガゼル、野生の山羊やその類いの動物が、呪文のような芳香に引き寄せられて近づいて来る。豹は飛びかかり獲物にするのである。(1)

註　(1)このことはアリストテレス『動物誌』六一二a一二以下、テオプラストス『植物原因論』六-五-二、他に見える。

四一　反芻動物と烏賊

反芻する動物は三つの胃を持つ、と私は学んだが、その名称はケクリュパロス、エキーノス、エーニュストロンだと聞いている[1]。

甲烏賊と槍烏賊は二本の触腕で餌を獲る。使い方からも形状からもよく合っているので、「触腕」と呼ぶのは悪くない[2]。海が荒れて波立ち騒ぐ時には、烏賊は長い触手で岩を摑み、碇《いかり》を打ちこんだかのようにしっかりとしがみつき、波ものかはびくともしない。やがて海が凪ぐと、岩から離れて自由になり、また泳ぎ出す。嵐の避け方と危険からの身の守り方、なかなか馬鹿にはならぬ知識を持っているわけだ[3]。

註　(1) アリストテレス『動物誌』五〇七b一以下、『動物部分論』六七四b一四以下に解説があるが、アイリアノスは第一胃の「メガレー・コイリアー（大きな胃、瘤胃）」を省いている。第二胃「ケクリュパロス（網胃、蜂巣胃）」はヘアネットの意。第三胃「エキーノス（重弁胃、葉胃）」は針鼠や海胆《ウニ》を指す言葉。第四胃「エーニュストロン（皺胃）」は「消化の仕上げをするもの」の意。(2) 象の鼻や蠅の吻を表す proboskis（餌を供給するもの）という言葉を用いることを釈明している。(3) アリストテレス『動物誌』五二三b三〇以下に基づく記述であろう。アリストテレスは烏賊の足は八本、特に長い二本は触腕と見なした。

四二　蜜蜂の種類、蜂蜜のこと

もしあなたが各種蜜蜂の名前を学びたいと仰言るなら、私は教わったことを惜しまず申しましょう。リーダーと呼ばれるのがいて、他にセイレーン(1)、働き蜂、それに造形係などがあります。ニカンドロス(2)（断片九三）は、雄蜂《ケーペーン》が〈水を運ぶ(3)〉と言っています。

カッパドキア(4)の地では蜜蜂は巣房を持たずに蜂蜜を作ると言われ、その蜂蜜はオリーブ油のように濃厚だと評判です。ポントス地方のトラペズス(5)では、蜂蜜は黄楊《ツゲ》から採れますが、匂いが強くて(6)、健康な人を狂わせ、異常な人を健康に戻す、という話です。メディア地方では蜂蜜は木々から滴り落ちるそうですが(7)、あたかもこれは、キタイロン山では甘い滴《しずく》が枝から流れ落ちる、とエウリピデス（『バッコスに憑かれた女たち』七一一）が言うとおりです。トラキア地方でも植物から蜂蜜が採れると聞きました。ミュコノス島(8)には蜜蜂がいないばかりでなく、持ちこんでも死んでしまうのです。

註　(1) 雄蜂《ケーペーン》に同じ、あるいは、集団生活をしない蜂をいう。本書四-六への註参照。(2) 前二世紀、教訓叙事詩人。『有毒生物誌』『毒物誌』が伝存する。(3) 本書一-九や本巻一一章に水運びが見えることから、Hercher の読みに従う。(4) 小アジア東部の内陸地域。(5) 黒海東南岸の港町。古くからギリシア人の植民地であった。(6) テオプラストス『植物誌』三-一五-五は、コルシカ島の黄楊から採れる蜂蜜は、黄楊の匂いがして美味ならずという。(7) カッパドキアとトラペズスの話はアリストテレス『異聞集』八三一b二二に見え、メディアの話は同書ではリュディア地方のこととある。(8) エーゲ海の痩せ小島。

四三　一日虫

アリストテレス（『動物誌』五五二b一七以下）曰く、ヒュパニス川のほとりに一日虫というもの生ず、暁闇に生まれ日没にかかる頃死ぬる故なり、と。(1)

註　(1) ヒュパニスはウクライナ南部のブーグ川。虫は南ロシアに多い紋蜉蝣《モンカゲロウ》かとされる。プルタルコス『アポロニオスへの慰め』一一一Cにも言及あり。

四四　甲烏賊の毒

甲烏賊はそのひと咬みに毒があり、また強力な歯を隠し持っている。臭蛸《ニオイダコ》(1)や蛸（真蛸）も咬むもので、蛸は甲烏賊より激しく咬むが、放つ毒は少なめである。(2)

註　(1) アリストテレス『動物誌』五二五a一三が記す多くの蛸のうち、heledōnē（麝香蛸）に同じか。(2) 真蛸と甲烏賊に毒あることはオッピアノス『漁夫訓』二-四五四以下にも見える。

四五　猪、豚についてのホメロスの知識

猪は牙を研がないうちは人を襲わないと言われている。ホメロスも、

曲がった顎の間の白い牙を研いでから、（『イリアス』一一-四一六）

という句で証言している。(1) 豚が最もよく肥えるのは、水浴びをせず、泥の中で転げまわって過ごし、濁った水を飲み、静穏と暗い寝ぐらを喜び、ガスがたまり満腹感を与える食物を喜ぶ場合だと聞いている。ホメロスもその辺りの事情を示唆しているらしく、「地べたに寝る豚」（『オデュッセイア』一〇-二四三）と言う時、豚が転げまわり、汚い溜まり水を喜ぶことを〈……〉(2)。豚が濁った水で肥えることについてはこう言っている。

黒い水を飲んでいる、

それが豚にたっぷりと脂をのらせるのだ。（『オデュッセイア』一三-四〇九以下）

豚が暗い所を喜ぶことについては、ホメロスはこのように証明する。

北風《ボレアス》の当たらぬ空ろな岩場で眠っていた。（『オデュッセイア』一四-五三三）

ガスが溜まる食物については、「豚は好物の団栗を食い」（『オデュッセイア』一三-四〇九）の句でほのめかし

ている。

更にホメロスは、雄豚が雌豚を見ると痩せて肉を落とすことを知っているので、雄は雄だけで、雌は雌だけで眠るように描いている（『オデュッセイア』一四・一四以下）。サラミス[3]では、穀物がまだ緑色で畠の麦が成育中に、豚が侵入して食い荒らした場合には、サラミスの住民は豚の歯を叩き落とすという掟がある。ホメロスにある「畠を荒らす豚」（『オデュッセイア』一八・二九）もこれを指すと言われている[4]。しかし、これには別の説をなす人たちもいて、豚がまだ緑の穀物を食べたら歯が弱くなる、と解釈するのである。

註（1）底本は「研いでから」（アオリスト分詞）だが、現行の『イリアス』テクストでは「研ぎながら」（現在分詞）である。（2）動詞が欠けており、Hercher に従って欠語を想定する。（3）キュプロス島東海岸の町。サラミス島出身のテウクロスが建設して同じ名をつけた。（4）乞食姿に身をやつして帰館したオデュッセウスに対して、食客乞食のイロスが「畠を荒らす豚のように、歯を全部叩き落としてやろう」と挑戦するところ。

四六　自然の教える医療

犬が怪我をした場合、対処する薬草を自然が与えてくれている。犬はまた腹の虫に苦しめられると、穀物でもいわゆる「畠の麦」を食べて、腹の虫を排出する[1]。それぞれの腹[2]を空っぽにしたい時にも、一種の薬草を服し、食べたもののうち、上部に浮んでいるものは吐き戻し、残余は下から排出される、と言われている。エジプト人が吐瀉の術を学んだのもここからだという。鷓鴣と鸛、それに森鳩が怪我をした時には、マヨラナ（花薄荷）を噛み砕いて患部にあてがい、それで体が癒えるから、人間の医術など全く必要としない、という話だ。(3)

註 (1) このことはアリストテレス『動物誌』六一二a三一以下に見える。腹の虫（真田虫、回虫、蟯虫）の説明は同書五五一a八以下にある。「畠の麦」は刈り取った麦でなく、畠で成育中のもの。(2) 胃や腸を漠然と言ったものであろう。(3) 鸛のマヨラナ処方のこともアリストテレス『動物誌』六一二a三一以下にあり。

四七　目を潰された蜥蜴

この話については古人の証言は要らない、私が親しく見て知ったことをお話ししよう。

緑の色あくまで深く、形はでっぷり太り気味の蜥蜴を男が捕まえ、青銅製の針を刺し貫いて蜥蜴の明を奪った。そして、新しく作った陶器の壺に、空気は通すが蜥蜴は逃げ出さぬ程度の微細な穴を開けると、蜥蜴を放りこむと共に、十分湿った土と、名前は明かしてくれない薬草を注ぎこみ、蜥蜴紋を彫りこんだ黒玉《こくぎょく》を取り付けた鉄の指輪も入れる。この壺に九つの封印を施した後、覆いを被せ、九日にわたり、一つずつ封印を外して行った。そして最後に九つ目を壊し、容器を開けると、この目で見たのだが、蜥蜴は日が見えた。しかも、それまで盲《めし》いていた目が一層よく見えるようになっていたのである。私たちは、蜥蜴を捕まえた場所に放してやったが、このことをした男は、かの指輪は眼病の良薬だと言っていた。(1)

註 (1) 蜥蜴は眼病治療に様々な風に用いられるとして、プリニウス『博物誌』二九-一三〇はこれと殆ど同じことを記す。「黒玉」と訳したのは lithos Gagatēs (小アジアのリュキア地方ガガス町に産する石炭類)、褐炭および黒玉にあてられる。

四八 動物間の友情と敵意

動物と動物の間には友情が成り立つ、しかも寝食を共にするものは固より、同族でないもの同士、更には種の共通性から見て何の関係もないもの同士でも、友情が成り立つことを思えば、ああ、人間たちよ、私はたまらなく恥ずかしくなる。例えば、羊は山羊と、土鳩は小雉鳩と仲がよいし、森鳩と鷓鴣は親愛の情を懐きあい、翡翠《カワセミ》とケーリュロス(1)が憧れ求めあうことは我々もかねてより知るところだ。嘴細烏《ハシボソガラス》と青鷺、鴎といわゆる黒丸烏、ハルペーと鳶も友好的である。

一方、永遠の、謂わば休戦なき戦いを続けるのは嘴細烏と梟である。鳶と大烏、ピュラッリス(2)対小雉鳩、ブレントス(3)と〈鴎〉(4)、更にはクローレウス(5)対小雉鳩、アイギュピオスと鷲、白鳥と大蛇、羚羊(アンテロープ)および雄牛に対するライオン、これらも敵同士である。しかし、とりわけ激しい敵意を懐くものといえば象と大蛇、コブラに対するマングース、アイギトスと驢馬である。驢馬が嘶《いば》えばアイギトスの卵が割れ、未熟な雛が巣の外にこぼれ落ちるからであるが、アイギトスの方では子供の仇討とばかりに、驢馬の傷口に飛び乗って啄《ついば》むのである。(6)

狐はキルコス（隼？）を憎み、雄牛は大烏を、アントスは馬を憎む。(7) 教養があり、何事も疎かには聞かない人ならば、海豚と抹香鯨、鱸《スズキ》と鯔《ボラ》、鱓《ウツボ》と穴子、等々も反目しあっていることを知っておくべきである。

註 （1）カリュストスのアンティゴノス『驚異集』一三（Keller版）によると、翡翠の雄がケーリュロスと呼ばれるが、本章や七-一七、それにアリストパネス『鳥』二九八以下等は別の鳥とする。姫山魚狗《ヒメヤマセミ》かとする意見もあるが不明。（2）雉鳩と住地・餌を同じくする故に敵対するというが（アリストテレス『動物誌』六〇九a一八）、同定困難。pūr（火）に基づく呼称。（3）アリストテレス『動物誌』六一五a一六では山や森の鳥（黒歌鳥？）とされ、六〇九a一三では海辺の鳥（水薙鳥の類）とされ、不明。（4）典拠のアリストテレス『動物誌』六〇九a一三に基づき「鵐」と改める。（5）アリストテレス『動物誌』六〇九a七他に出るが、不明の鳥。「黄緑色の」の意。（6）このことはアリストテレス『動物誌』六〇九a三一以下に出るが、aigithos は胸赤鶸《ムネアカヒワ》、青雀《アオガラ》などかとされるものの不明。（7）アリストテレス『動物誌』六〇九b一四以下に、アントスは馬の声を真似、回りを飛んで怖がらす、とある。anthos は中性名詞では「花」の意、男性名詞で鳥の名前になり、『動物誌』新訳は爪長鶺鴒《ツメナガセキレイ》とする。

四九　死への態度

狩人が俯《うつぶ》せに倒れて息を押し殺していると、熊は匂いを嗅いで、死体だと思ってやり過ごすが、この動物は死体が大嫌いなようである。(1) 鼠も自分の巣や隠れ処で死んでいるものを憎むし、燕に至っては死んだ燕を放り出すほどで、蜜蜂も同じことをする。蟻の場合も、知恵に溢れる自然に導かれて、死骸を運び出し、巣穴を清浄に保つのは、同族同類のものが死ねば、逸早く視界の外に運び去るのがもの言わぬ動物の特性だからである。

ギリシア的な粉飾や誇張とは無縁のエチオピア人が言っていることだが、象が象の死体を見かけた時には、鼻で土を掬《すく》って来て振りかけることなしに通り過ぎはしない。それはあたかも、そうしないと不浄になるので、共通の自然より課せられた、神秘的な敬虔の務めを果たし、穢れを避けようとするかのようである。(2) 枝を投げかけるのでも十分であり、万物に等しく訪れる終末に敬意を払った後に、象は立ち去るのである。

私たちの所にはまたこんな話も届いている。戦闘中に飛び道具に当たるか、狩りでそのような目に遭うかして、象が負傷して死に瀕した時には、手近の草か足許の土を掬い上げ、天を仰いでそれを投げつける。そして、自分たちの言葉で嘆きつつ憤りを発するのは、まるで不正で非道な目に遭ったことを神々に訴えているかのようである、と。

註　(1) 熊は死体には触れないことを知っていて死んだふりをする男の話が『イソップ寓話集』(Perry 版、六五

「旅人と熊」）にある。（2）本書二－四二では鷹が人間のむき出しの遺体に土を振りかけていた。アッティカの法についてはそこへの註参照。

五〇　安心と恐怖と

動物の特性といえばこのようなことも認められそうである。例えば、飼鳥で、人間の足許で育てられてよく馴れているものは、馬や驢馬や牛や駱駝にも平気なのが見てとれる。おとなしくて馴れた象と一緒に飼われる鳥は、恐れ気もなく象の間を歩きまわる。鶏などは象の背中に飛び乗るほどで、それほど平気で怖さ知らずである。

しかし、鼬が側を走ると、飼鳥はびっくり仰天して激しく恐怖する。牛のモーや驢馬のヒーホーは気にも留めないのに、鼬がキーと鳴くだけで、身の毛もよだつのである。飼鳥はまた、鵟鳥や〈白鳥〉(1)や駝鳥は殆ど全く意に介さないのに、最も小さい鷹には怖じ気づく。雄鶏が時を作るとライオンを恐怖に陥れ、(2)バシリスクの命を奪うが、雄鶏自身、猫と鳶が耐えられない。土鳩は鷲や禿鷲の叫び声は平気なのに、キルコス（隼？）と海鷲ではそうはいかない。

仔羊、仔山羊、仔馬は全て生まれるとすぐに母親の乳首の所へ行き、心ゆくまで乳房を吸う。母親は何ら構うことはせず、ただ立っている。それに対して、狼や犬やライオンや豹など、足指の割れている動物は全て、仰向けに寝て子供に乳を銜ませるのである。

註　（1）定本「kunōn（犬）」をHercherに従って「kuknōn（白鳥）」と読む。（2）『イソップ寓話集』（Perry版）八二「驢馬と雄鶏とライオン」はこの通念に基づく話。

五一　動物の多彩な声

自然は人類同様、動物たちをも実に千差万別の声と言葉を持つものにした、と言えよう。例えば、スキュティア人とインド人は別の言葉を話すし、エチオピア人もサカ族もそれぞれ独自の言葉を有する。ギリシア人の言葉とローマ人の言葉も違っている。動物も同じで、それぞれの舌に応じた多種多様な声や音を発する。ある者はウォーと吼え（ライオン）、ある者はモーと鳴く（牛）。ヒヒーン（馬）とかヒーホー（驢馬）とかいう嘶き、ベーベー（山羊）、メーメー（羊）など、様々な発声があるし、ワンワン吠えるか、クンクン鳴くか、ウーと唸るか、得意の声も様々だ。キーという叫び（鶴）、シューという音（蛇）、耳ざわりな声、妙なる声、節よき声、舌足らずの声、その他無数の声が自然からの贈物として、それぞれの動物の特性となっているのである。(1)

註　（1）音や声を表す原語は訳し分けるのが難しいが、訳者のイメージする動物を（　）で仮に示しておいた。

五二　ナイルの氾濫を知る動物

エジプトの地はナイルのほとり、両岸にコブラが巣を営む。余の季節には、コブラが巣を好むことは人間がその住処に愛着するのと異ならないが、夏期、川の溢れる頃ともなると、増水と季節風に押されて旅じたくして、氾濫に先立つことおよそ三〇日、このコブラはナイルを隔たる場所に家移りをなし、高台の安全地帯に潜りこむ。もちろん子供たちをも引き連れているのは、自然より特殊の能力を授けられて、これほど大きく活発な河の年ごとの氾濫を予知し、それに襲われ被害を被ることを予防するためである[1]。同じ時期、亀や蟹や鰐も、川が届かず水のつかぬ所に卵を移す。この卵に遭遇した人は、ナイルがどれだけ増水するかを推し量り、自分の畠に灌水するのである[2]。

註（1）ナイルが夏至の日から百日間水嵩を増すこと、その原因についての諸説はヘロドトス『歴史』二-一九以下に詳しい。（2）鰐がナイルの増水の程度を正確に予知して卵を生むことは、プルタルコス『動物の賢さについて』九八二C、『イシスとオシリス』三八一Bにも見える。

五三　河馬の知恵

河馬はナイルの養い子である。畠の麦が稔り、穂が黄金に色づいても、すぐには毟《むし》ったり食べたりにかからず、畠の外側を通り過ぎながら、どれほどの分量で腹一杯になるかを推量し、十分量の計算が立ってから畠に侵入し、腹を満たすと、ナイルの流れを背にして、後ろ向きに退却する。河馬がこんな賢い工夫をするのは、農夫が畠を守ろうと攻撃して来ても、敵に背中を見せず、対面しながら易々と水の中に走りこめるようにするためである(1)。

註 (1) プリニウス『博物誌』八-九五に、河馬はあらかじめ一日の分量を決めて畠の穀物を食い、再来した時に罠を仕掛けられぬように足跡をつける、とある。アンミアヌス・マルケッリヌス『歴史』二二-一五-二二では、河馬は腹一杯食べたら後ろ向きに進み、多くの道筋をつけて狩手の目をくらます、と。

五四 猿を凌ぐ豹の知恵

マウリタニアでのこと。豹は猿を襲うのに決して強引に、腕ずく力ずくではしない。その理由は、猿たちが突っかかって来ず、豹から逃げて木に駆け上がり、そこに坐って豹の悪巧みを防ぐからである。しかし、狡猾さでは豹が猿より一枚上手のようで、猿に対してこんな罠を企み織りなすのだ。猿の群れが坐っている所へ行って、その木の下に身を投げ出し、地べたに仰向けに寝そべると、腹を膨らませ、手足を伸ばし、両の目を瞑り、呼吸さえも圧し殺して、死んだように横たわるのである。憎らしい敵を見下ろす猿たちは相手が死んだと思い、願ってもないことが実現したと考える。それでも安心できずにテストをするのだが、そのテストというのは、怖さ知らずと思われる一匹を木の下へ送り出し、豹の状態を確かめ検分させることである。その猿は降りて行くが、全く怖くないわけではないので、少し駆け下りてから恐怖に押し戻されて引き返す。再び降りて行き、近くまで行くが、戻って来る。そして、もう一度とって返し、両の目を検分し、呼吸をしているかどうかを調べる。しかし、豹は強固な自制心で身じろぎもせず、猿に徐々に怖さ知らずを植えつける。この猿が側まで行き、留まって害を受けないものだから、高い所にいる猿たちも今や安心して、その木や付近に生える木々から駆け下りて来て、一団になると、豹を取り囲んで踊り出す。そして豹の体に跳び乗ると、その上でとんぼ返りを打ったり、嘲弄するような、猿丸出しの勝どきダンスを踊ったり、様々に侮辱を加えて、てっきり死んだと思う喜び、嬉しさの証とするのだ。豹の方は全てを隠忍していたが、やがて猿どもが踊りと侮辱に疲れ果てたと見てとるや、突如跳ね起き躍りかかって、ある者は爪で掻きむしり、ある者は歯で八つ裂きにして、食べ放題のご馳走フルコースを敵から貰うのである。

堅忍不抜の豹の気高さ。(1) 敵の侮辱に勝たせるために、自然は豹に毅然と忍の一字を貫かせ、「耐え忍べ、わが心よ」(ホメロス『オデュッセイア』二〇-一八)と言う必要もなくさせたのである。かのラエルテスの子(2)でさえ、女奴隷たちの狼藉に耐えられず、もう少しで早まって己れの正体を顕すところだったのである。(3)

註 (1) この辺り原文に問題がありそうだが、一応の訳をつける。(2) オデュッセウスである。彼は二〇年ぶりに帰館し、女奴隷が求婚者らと情事に耽るのを知るが、成敗の時が来るまで耐え忍ぶ。(3) アポストリウス『百諺集』八-七九に「豹の死を演じる」なる諺が見え、この話が引かれる。

五五　象の準備

インドの象は、木を根こそぎ引っこ抜くようインド人から強要された場合、先ずその木を揺すってみて、本当に覆せるか、全く不可能か、よく調べてからでないと、ぶつかりも仕事に取りかかりもしない。

五六　海を渡る鹿

シュリアの鹿はアマノス山地、リバノス山脈、カルメロス山といった大いなる山地に産する。[1] 海を渡りたくなった時には、群れなして海辺に到り、風の性質を見守り、優しくそっと吹きつけるのを感じると、勇を鼓して海に入る。一列になって泳ぎ、後続の者が前を行く者の尻に顎を預けて、数珠つなぎになる。〈初め先頭にいた者が疲れてくると〉[2] 最後尾に回り、長い列のすぐ前の者に体を休ませて、後衛となる。行く先はキュプロス島で、その地の草を恋い求めてであるのは、そこの草が丈高く、良質の餌となるからだという説がある。キュプロス島の人々は住む土地が肥沃だと語り、自分たちの耕地を敢えてエジプトのそれに比べているほどである。

ところで、このような泳ぎの技を発揮する鹿は他にもいる。現に、エペイロスの鹿はケルキュラ島へと泳ぎ渡るが、両地は海峡を挟んで一衣帯水なのだ。[3]

註　（1）アマノス山地はキリキアとシュリアの国境地帯、現トルコのイスケンデルンの東。リバノス山脈は今のレバノン山脈。カルメロス山はイスラエル北部ハイファ地区。カトリック修道会カルメル会の発祥地。三つの山はキュプロス島に対面する。（2）オッピアノス『猟師訓』二-二一七以下、テュロスのマクシモス『哲学談義』六-三（Trapp版）等の記述から、〈……〉の如き欠文が想定されている。尚、鹿の泳ぎはプリニウス『博物誌』八-一一四にも見える。（3）エペイロスはギリシア西北部の地域。ケルキュラ島はイオニア諸島中の大島。現ケルキラ、英名コルフ。

第六巻

一　動物と人間、勇気と節制競べ

人間は、優れたものとなるためには鞭撻と説得の言葉を要し、怯懦を追い払い勇気を備えさせる言葉を必要とする。運動選手は競技場に向けて、兵士は戦場に向けてという具合に。ところが動物の場合は、外からの激励を必要とせず、自ら闘志をかき立て、自分を立ち上がらせ奮いたたせる。例えば、戦いに赴かんとする猪は滑らかな岩で牙を研ぐが、ホメロス（『イリアス』一三-四七一以下）もこの動物について、明らかにそのことを証言している[1]。更にライオンも、尻尾で我が身を鞭打ち奮いたたせて、安閑と気を抜くことを許さない。詩人はこのことを知っていて、ライオンを称えている（『イリアス』二〇-一七〇）。象の場合も、いよいよという時には、鼻で自分を打って戦闘へと燃えたたせるので、歌で鼓舞する人も、「坐してぐずぐずしている場合ではないぞ[2]」と言い立てる人も必要ないし、テュルタイオス[3]の詩を待つまでもない。

群れのリーダーである雄牛が別のリーダーに負かされた時には、独り離れて別の場所へ行き、自ら競技のコーチとなって、あらゆるトレーニングに打ちこむ。その際、砂をかぶり[4]、木に角をこすりつけ、〈雌牛との交わりは控え[5]〉、武勇の鍛錬のためには全てに自分を合わせるが、とりわけ女色を断ち節制に努めることは、タラスの人イッコスの如くである。この人物のことはアリストンの子プラトン（『法律』八三九E以下）が、競技の期間中ずっと、あらゆる性的交わりを避け禁欲をとおしたと称えている(6)。イッコスは人間であり、オリュンピア競技祭やピュティア競技祭を愛し、誉れの何たるかを解し、名声を求める者であるからして、おとなしく身を慎んで独り寝をしたからとて、もって多とするにはあたらない。彼にとっては、オリュンピア祭での野生のオリーブ、イストミア祭での松、ピュティア祭での月桂樹といった賞品こそが(7)、そして生前には賛仰が、死後には顕彰が名誉であり、またそう信じたのであるから。

尚また聞くところによると、竪琴《キタラ》奏者のアモイベウスは、絶世の美人を娶りながら、競演のために劇場へ通う期間中は、房事を避けたという。悲劇役者のディオゲネスは、淫らな共寝は完全に自らに禁じた。パンクラティオン選手のクレイトマコスは、犬の交尾を目撃しただけで道を変えたし、宴席で色事にまつわる淫らな話を耳にしようものなら、席を蹴たてて退出した(8)。

金儲けのためであれ名声や栄誉に与るためであれ、人間ならばこのようなことをしても少しも驚くにあたらない。しかしながら、アリストンの子よ、敵に打ち勝った雄牛に対しては、人間はいかなる勝ち名乗りをあげ、いかなる賞を選んであげるのだろうか。

註　（1）トロイアの勇将アイネイアスの攻撃を待ち受けるイドメネウスが、多数の狩人や犬を待ち受ける猪に譬えられる。（2）バッキュリデス（前五二〇頃—四五〇年頃、合唱抒情詩の大家）、断片一五より。（3）前七世紀、エレゲイア詩型の軍歌でスパルタ兵を鼓舞した。（4）レスラーは競技の前に体にオリーブ油を塗り、滑り止めに砂をまぶした。あるいはここは、闘牛が前足で砂を蹴散らすイメージか。(5) 後続部と重複するので、Hercher はここを削除。(6) 雌を争って敗れた雄牛が捲土重来を期して鍛錬することは、ウェルギリウス『農耕詩』三-二一九以下、オッピアノス『猟師訓』二-六九以下にも歌われる。タラス(南イタリアのギリシア人植民地、現ターラント)のレスラー、イッコスのことはアイリアノス『ギリシア奇談集』一一-三にも見える。(7) ギリシアには四大競技祭があり、オリュンピア(ペロポンネソス半島西部のゼウスの神域で、四年に一度)、イストミア(コリントスにて海神ポセイドンを祭る。二年に一度)、ピュティア(デルポイにてアポロンを祭る。八年、後には四年に一度)の他に、ネメア競技祭(ペロポンネソス半島東北部ネメアにて、ゼウスを祭る。二年に一度で、賞品は芹で編んだ冠)があった。(8) 三人のエピソードはアイリアノス『ギリシア奇談集』三-三〇にも再説される他、クレイトマコスのことはプルタルコス『食卓歓談集』七一〇D以下にも見える。パンクラティオンはレスリングとボクシングを併せたような格闘技。

二　豹の慈悲

理性のない動物は馴染みになったものには手を出さぬ習いで、命を助けることもよくある。現にこのような話を聞いている。ある猟師が幼獣の頃から飼い馴らした豹を持っていて、それを可愛がり懇ろに世話することは友だちか恋人のようであった。ある時、生きた仔山羊を連れて来て与えたのは、餌になると同時に、仔山羊を引き裂くのが豹の楽しみにもなろうが、死んだ獣の肉は食わぬと思われたからであった。しかし仔山羊が持ちこまれた時、豹は食いすぎ故に絶食を欲していたので、自制した。二日目も、まだ空腹という薬が必要であったので、同じようにした。三日目になると腹が減り、いつものようにそれを声で知らせたが、二日の間に親密になっていた仔山羊には尚も手をつけずに生かしておき、別のものを貰った。人間なら兄弟や生みの親、古い友人でも裏切るし、その例は多い(1)。

註 (1) プルタルコス『動物の賢さについて』九七四Cには、この話が虎のこととして見える。

三 熊の冬眠

熊が形のない肉を生み、謂わば整形するように舌で舐めて体を作ってゆくことは上(本書二-一九)で語っておいた。そこで語っていないことを今話そうと思うが、ちょうどよい機会でもある。

熊は冬に出産し、生むと穴ごもりするが、酷寒を怖れて春の到来を心待ちにし、三ヵ月が満ちるまで仔を外に出さない。熊は妊娠したことを感じると、病気ではないかと心配して巣穴を探し求める。そこから、熊の妊娠は「穴ごもり(冬眠)」と呼ばれる。次いで穴に入るのだが、普通に歩かず、仰向けに寝そべって進み、猟師が辿る足跡を消す。地に背中を着けて体を引きずるわけである(1)。入ってしまうとじっと動かず、太った体に鑢《やすり》をかけるような感じで細ってゆき、これを四〇日続ける。但し、アリストテレス(『動物誌』六〇〇b四)に言わせると、全く動かないままでいるのは二週間で、残余の期間は寝返りを打つだけだという。ともあれ四〇日間ずっと、食事も栄養も摂らぬままだが、右手を舐めまわすだけで十分である。[2] 極度の衰弱[3]のため、内臓が皺皺になりくっついてしまう。熊はこのことを知っているので、穴を出るとアロン[4]という野草を食べる。これはガスが溜まる食べ物で、熊の内臓のくっつきを広げ、餌の摂取を可能にする。そして再び腹が膨れてきたら、蟻を食べるし排泄も楽になる。熊が自然に教わって腹を空にしたり満たしたりすることを私は十分に語ったが、人間諸君、熊は医者も処方箋も必要としないのですぞ。[5]

註　(1) プルタルコス『動物の賢さについて』九七一D以下では、巣穴に入る際、できるだけ足跡を付けぬようにし、背中向きに入るという。(2) 中国で古来、熊掌が天下の珍味とされたのは、熊が冬眠中、右の掌に塗った蜂蜜を舐めて過ごすからだとされるが、俗説にしてもことの一致は興味深い。(3) 原語 σύντηξις（シュンテークシス）には「溶解（物）」の意味がある。「病的な分解作用によって成長するものから分離すること（分離したもの）」をいう（アリストテレス『動物発生論』七二四b二六）。一方、この語はヒッポクラテス派の論文では「衰弱」を表すことが多い。(4) サトイモ科の植物。(5) 熊の冬眠その他の生態は、アリストテレス『動物誌』六〇〇a三〇以下、プリニウス『博物誌』八-一二六以下に詳しい。

四　大蛇の毒の元

大蛇が果物を食べようとする時には、苦草《ニガクサ》と呼ばれるものの汁を啜っておくが、[1] 大蛇が体内ガスで満たされることをこの草が防いでくれるのである。また、人間なり獣なりを待ち伏せする時には、大蛇は猛毒の根や草を食べておく。ホメロス（『イリアス』二―二―九三以下）も大蛇の食い物を知らなかったわけでないのは、有毒でたちの悪い食べ物を夥しく詰めこんだうえで、巣穴の傍らでとぐろを巻いて待ち受ける様を描いているからである。

註（1）このことはアリストテレス『動物誌』六一二a三〇以下に見えるが、理由は記されない。プリニウス『博物誌』八―九九は、大蛇は春期の吐き気を萵苣《チシャ》の汁で解消すると記す。

五　角を落とした鹿

角を落とした鹿はその場を逃れて茂みに潜りこみ、敵襲を用心するが、それも当然なのは、何しろ身を護る術とてなく、この瞬間、力も奪い去られていると信じるからである。傷口がまだ生々しく、そこが固まり軟骨と呼ばれるものができるまでは、太陽光線が当たり肉を爛れさせないように用心する、とも言われている。(1)

註（1）アリストテレス『動物誌』六一一a二五以下には鹿の角についての詳しい記述がある。角が伸びてからは、育て乾かすため日光にあてるという。

六　馬も怯む

戦場に赴く馬は、壕を跳び越え、穴を跨ぎ、杭や逆茂木といったものを越え渡るのを尻ごみするものだが、
これについてはホメロスがこう言うのを聞くことができる。

そのようにヘクトルは軍勢の間を行きつつ、味方の兵らの
首《こうべ》を巡らせ、壕を渡れと叱咤したが、駿足の馬どもも
その勇気なく、壕の縁に立ちすくみ、高く嘶くばかり。
それほどに、幅広の壕は恐ろしく、
近くに寄って飛び越すのも、越え渡るのも
容易でなかった。(1)（『イリアス』一二-四九以下）

註　（1）ギリシア軍の船陣を護る防壁と壕にヘクトル以下トロイア勢が肉迫する場面。因みに、『イリアス』では英雄は二頭立て戦車に乗るが、ここは騎馬が立ちすくんでいるような記述なので、疑問視されている箇所。

七　鳥の墓

エジプトは「鰐の町」に近いモイリス湖[1]のほとりに、嘴細鳥の墓なるものを人は示すが、その由来をエジプト人が伝えている。マレス[2]と呼ばれるエジプトの王が大そうよく馴れた嘴細鳥を飼っていたが、届けて欲しいと思う書簡をこの鳥はどこへなりと素早く届けて、並ぶもののなき早使いである上、用を承るや、どこへ翼を向け、どこを通過して、到着したらどこで休むべきかも弁えていた。その功により、マレス王はこの鳥が死ぬと、記念碑と墓で顕彰したのである。

註　（1）メナス（Mēnās）王が自分の犬に追われてモイリス湖（ナイル河西岸、現ファイユーム県）に逃れた時、一匹の鰐が王を背中に乗せて対岸まで運んだ。王はそこに「鰐の町」を建て、鰐を神として崇拝させた（シケリアのディオドロス『世界史』一-八九-三）。この町はプトレマイオス朝時代にアルシノエと改称、現ファイユーム。（2）ヘロドトス（『歴史』二-一〇一他）ではモイリスとして名の出る王で、誤って前十四世紀に置かれているが、第十二王朝のアメンエムハト三世（前一八四二頃―一七九七年頃）のこととされる。

八　動物の世話の呼び分け

動物を飼う時の世話についても、動物ごとに独特の呼び方がある。例えば、仔馬の場合だと駒責めと言われるし、仔犬だと犬飼、そして象使い、獅子飼、鳥飼、等々である(1)。

註 (1) 原語は動物名に「飼育・世話」などを付けたもので、いずれも稀語である。

九　母熊は強し

熊の知恵といえばこんなこともある。仔熊を連れている時に追われたならば、子らをできる限り前方に押しやり、子らが力尽きたと見てとると、一頭は背に、一頭は口に銜えて運び、木に抱きついて跳び乗る。母親が駆け上がる間、一頭は爪で背中にしがみつき、一頭は口で運ばれているわけだ(1)。

熊が飢えている時に雄牛に遭遇すると、いきなり力一杯戦うことはせず、組み打ちをして、首筋を摑んで押し倒すと、〈噛み続ける(2)〉。雄牛が押し拉《ひし》がれ呻き声を漏らし、遂には力尽き伸びてから、腹を満たすのである。

註 (1) アリストテレス『動物誌』六一一b三二では、熊の逃げ方はごく簡単に記されるのみ。(2) 底本で「同時に食べる」とあるが、ごまかし気味に訳した。

一〇　動物の学習能力・記憶力

動物が学習能力に優れていることは、こんなところからも観察される。プトレマイオス[1]朝エジプトの人々は、狒狒に文字や踊り、笛や竪琴を教えたが、狒狒はその芸に対してお代を求め、ぶら下げた袋に貰った金を放りこんで持ち歩くことは物乞い名人さながらであった。シュバリス[2]の人たちが馬にダンスまで仕込んだことは夙に喧伝されている。象が従順に、しかも苦もなく学習することは上で（本書二-一一）述べた。犬も教えこめば、立派に家事の下働きをこなすので、貧乏人は犬を奴隷として使えば十分である。ところが、この種の奴隷さえ持たない人々がいるもので、アラビアではトログロデュタイ族[3]、リビアではヌミディア人[4]、エチオピアでは湖上生活を営む限りの人々[5]がそれで、この連中は魚を食糧にする以外に、何一つ食べることを学んでいないのである。

動物は体験したことを記憶しているが、シモニデス[6]やヒッピアス[7]やテオデクテス[8]の記憶術、あるいはこの特技と知恵で喧伝される人たちの技を必要としない。例えば、母牛は仔牛が連れ去られた場所へ行き、習い性となった唸り声で非運を嘆く。軛に繋がれそうになって、笑う牛もいれば後ずさりする牛もいる。馬の場合は、轡鎖《くつわぐさり》や馬銜《はみ》の打ち合う音を聞き、胸を飾る厚総《あつぶさ》や面懸《おもがい》を見てはいきり立ち、飛び跳ね蹄を戛戛《かつかつ》と鳴らして熱狂する。馬飼の大声にいよいよ昂り、耳を立て鼻孔をふくらませるのも、疾走を思い出し、習慣が抗しがたい呪文となるからである。

註　(1) アレクサンドロス大王の死後、エジプトを治めたマケドニア人諸王の名（前三二三―前三〇年）。(2) 南イタリアのギリシア人植民地（現シーバリ）。繁栄を極めたが前五一〇年、贅沢が因で滅ぼされた（本書一六-一二三、『ギリシア奇談集』一-一九）。(3)「穴居民」の意で、古文献ではコーカサス山地の北、西北および内陸アフリカ等に現れるが、エチオピアの民（ヘロドトス『歴史』四-一八三）が有名。但し、Trōglodutai は誤りで、Trōgodutai（紅海西岸に住む）の読みが正しいとする説がある。(4) アフリカ西北部。普通名詞では遊牧民の意。(5) ヘロドトス『歴史』五-一六にはトラキアの北に湖上生活を送る民が出るが、ここの民は不明。(6) 前五五六頃―四六七年頃、合唱抒情詩人。宴会場の屋根が崩落して客が全滅した時、一人席を外していて生存（ゼウスの息子、カストルとポリュデウケスの恩寵による）。座席の順と人との結びつきから全員を思い出し、この原理で記憶術を発明した（キケロ『弁論家について』二-三五二以下）。(7) 前五世紀、ソフィスト。五〇人の名前も一度聞けば覚えたという（プラトン『ヒッピアス（大）』二八五E）。(8) 前五／四世紀、悲劇詩人、修辞学者。何行の詩でも一度聞いただけで復誦できたという（クインティリアヌス『弁論家の教育』一一-二-五一）。

一一　鹿の産所

鹿は道端で仔を生むが、賢慮あってそのようなことをするようだ。というのも、獣を怖れその襲撃を怖れるものの、人間には安心しているからで、自分たちが獣より弱いのを確信する一方、人間からは逃げられることを疑っていないのである。しかしながら、体が肥満してくると、もはや道端で生むことがないのは、走るのが遅くなっているのを知っているからである。そうなると、山襞とか茂みとか谷間などで産をする。

一二　陸亀《オカガメ》の毒消し

マヨラナ（花薄荷《ハナハッカ》）を食べた陸亀は蝮など全く問題にしない。それがない場合は、ヘンルーダを食べて敵への備えとする。もし両方とも手に入らない時は、殺されてしまう(1)。

註　(1) プルタルコス『動物の賢さについて』九七四Bでは、蛇を食べてしまった亀はマヨラナを、鼬はヘンルーダを事後に食べるとある。本書三-五参照。

一三　鹿の節度

聞くところによると、鹿は目の前にあるものに満足して、それ以上は望まず、食欲に関しては人間よりずっと節度があるという。例えば、ヘッレスポントス海峡付近に丘があり、その麓で鹿が草を食んでいるが——因みに、ここの鹿は片側の耳が裂けている——鹿たちは丘より向こうへ行くことはなく、他所の牧草を欲しがりもせず、余分の草を求めて別の草場に憧れたりもしない。一年を通じて、目の前にあるだけで十分なのである(1)。ああ、人間たちよ、弓矢の神の石の敷居が内に蔵する限りの宝[2]（ホメロス『イリアス』九-四〇四）をもってしても、死ぬまで満たされることのないお前たちは、これに対して何と言うつもりか。

註 (1) このことはプリニウス『博物誌』八-二二五にも見える。アリストテレス『動物誌』五七八b二八以下に、小アジアのアルギヌサにあるエラポエン山（鹿の山）の雌鹿は全て、（片）耳が裂けているという。(2) デルポイのアポロン神殿が蔵する財宝をいう。

一四　ハイエナの催眠術

アリストテレス（断片二七〇-一八）によると、ハイエナの左手には催眠の力があって、触れるだけで昏睡を惹き起こす。現に、しばしば畜舎を訪れ、眠っている動物がいると〈そっと〉[1]近づき、謂わば催眠術の手を鼻面に置くと、相手は術に引きこまれ、ますます圧迫されて、感覚をなくしたようになる。そこでハイエナは、頭の下の地面を掘り、頭をねじ入れるだけの深さの穴にして、喉を上に曝した状態にしておいてから、摑みかかり窒息させて、巣穴に持ち帰る。

ハイエナが犬を襲う場合にはこんな風にする。月がまん丸に満ちると、月光を背にして、自分の影を犬に投げかけ、一瞬にして黙らせる。まるで魔法使いの女のように呪縛してしまうと、声をなくした相手を運び去り、それから思うままに扱うのである[2]。

註　（1）Jacobs の校訂案に従う。（2）関連記事については本書二-七への註参照。尚、オッピアノス『猟師訓』三-五三以下は、ライオンの右手に獣を麻痺させる力があるという。

一五　少年に恋した海豚

イアソスの町の美しい少年に海豚が恋をした話は夙に言い囃されているが、私としてもそれに触れずにおくつもりはないので、その物語を語ろう。

イアソスの住民の体育場が海のほとりにあって、若者たちは走ったり砂場で体を鍛えたりした後、海へ降りて沐浴するのが昔からの習いであった。さて、若者たちが泳ぐ中にひときわ美しい少年が一人、海豚がこれに胸しめつけられるほどの恋を覚えたのである。初めこそ、近寄って来ては少年を怖がらせ怯えさせたが、やがて慣れるに従い、少年にも親愛の情と熱烈な好意を懐かせるに至った。今や彼らは二人で戯れるようになり、ある時は並んで泳ぎ、負けるものかと速さを競ったり、またある時は、少年が仔馬に跨がる騎士さながら、泳ぐ恋人の背中に誇らしげに坐ったりするのだった。このことはイアソスは固より、他郷の人たちの耳目をも惹かずにはいなかった。何しろ海豚が美童を乗せて沖あい遥か、乗り手の少年がよしとする所まで泳ぎ出て、やがてターンして浜近くまで連れ帰り、別れに臨んで一方は海原へ、一方は我が家へと戻って行ったのだから。海豚は体育場の引ける時刻になると迎えに来たし、少年も友に待たれていること、それと一緒に遊べることが嬉しかった。少年は生来の美に加えて、人間のみならず獣からも並外れた美貌を認められているということで、衆目を集めたのである。

しかし、思い想われるこの恋が嫉妬[1]に屈するのに長い時間はかからなかった。ある日、少年は激しい運動をしすぎて疲れ果てるままに、海豚の上に腹這いに身を投げたが、どうしたはずみか、海豚の背鰭の棘のように立つのが、美しい少年の臍を突き刺した。血管が破れ、夥しく血が流れて、少年はその場で息絶えた。海豚は重みでそれを感知して——無理もない、少年が呼吸と共に身を浮かすことをせぬので、いつもより重いものが乗っていたからだ——そして海面が血で朱に染まるのを見て事態を悟り、愛しい少年に後れて生きながらえることに耐えられなかった。そこで、波を蹴たてる船さながら、渾身の力を振りしぼり弾みをつけて、浜に身を投げ上げた。死体も運んで来ていたが、一方は既にこと切れ、一方は気息奄々として、並んで横たわったのである。

美しいエウリピデスよ、そなたも語り噂も教えるところによれば、ライオスはギリシア人で初めて男同士の恋に手を染めたというのに、クリュシッポスのためにこのようなことはしなかったな[2]。

イアソスの人たちはその熱烈な友情に報いるために、美しい少年と恋する海豚の合葬墓を造り、海豚に跨がる少年の碑を建てた。その地の人たちは更に、銀貨と銅貨を拵え、カップルの悲恋を刻印して、かくも威力ある神[3]の業を崇めて後世に伝えたのである。

聞き及ぶところでは、アレクサンドリアでもプトレマイオス二世の時代に、そしてイタリアのディカイアルキアでも、同じような海豚の恋があったという[4]。もしヘロドトスがそれらを知っていたなら、思うに、メテュムナのアリオンの事件にも増して驚いていたであろう[5]。

註　（1）限度を超えたもの（栄えすぎ、大きすぎ、美しすぎ等）や思いあがり《ヒュブリス》には神の嫉妬による罰が下る。ヘロドトス『歴史』のテーマであり、ギリシア文学の重要思想。（2）ライオス（テーバイ王オイディプスの父）はペロプス（ペロポンネソス半島の王）の客となる間に、その息子クリュシッポスに恋慕して誘拐した。一説に、クリュシッポスはそれを恥じて自殺した。エウリピデスは美男の詩人アガトンの意を迎えるために悲劇『クリュシッポス』を作ったという俗説がある（アイリアノス『ギリシア奇談集』一二－二一）。「美しい誰それ」というのは同性愛者が壁などに残す落書のスタイル。（3）恋の神《エロス》である。イアソス（小アジア西岸、ミレトスの南）の少年と海豚の話はプリニウス『博物誌』九－二七、プルタルコス『動物の賢さについて』九八四E以下にも見える。アテナイオス『食卓の賢人たち』六〇六Cによると、典拠はサモス島の僭主・歴史家ドゥリス（前四／三世紀）。（4）ディカイアルキア（ナポリの北）の少年と海豚の話はプリニウス『博物誌』九－二五、ゲッリウス『アッティカの夜』六－八などに見える。小プリニウス『書簡』九－三三が伝えるヒッポ（北アフリカ）の海豚は、役人の視察が増えて町の財政を圧迫するというので殺された。（5）メテュムナ（レスボス島の町）出身のアリオンは抒情詩人、竪琴の名手（前七世紀後半）。海豚に救われた話は本書二－六への註参照。

一六　動物の予知能力

飢饉が襲って来ようとする時にそれを感知する犬、牛、豚、山羊、蛇、その他の動物は、疫病や地震の来そうなことをも逸早く知るし、好天や豊作をも予知する。人間を生かしもすれば殺しもする言葉というものをこの動物たちは持たないのに、今言った事柄では過つことがないのである。

一七　大蛇の恋

ユダヤの民、あるいはイドマヤの民と呼ばれる人たちの土地にて、ヘロデ王の時代のことであった(1)、とその地の人たちは語り伝えるが、巨大な大蛇が美しい少女に恋をして、通って来ては、恋情燃えるが如く添い寝さえしたという。大蛇は能うかぎりおとなしく、人なつこい態で這い寄って来たが、固より少女は恋人が怖くてならぬので、秘かに抜け出し、一ヵ月を外で過ごしたのは、思い姫の不在の間に大蛇が忘れてくれるかと思ったのである。しかし、孤独は大蛇の苦悩を募らせ、日ごと夜ごと訪ねてみたが、望みのものに会えなくて、その苦しみは恋いこがれて報われぬ恋人のようであった。やがて娘が立ち戻ると、大蛇もやって来て、体の余の部分で抱きつき、尾で思い姫の膝を手加減しながら叩いたのは、無視されて腹を立てたからに違いない。ともあれ、他の神々は固よりゼウスをさえ支配する方(2)は、理性のない獣をも無視することなく、獣をどのように扱われるかを、この話やその他の事例で明示なさるのである。

註　(1) イドマヤ人(エドム人)はユダヤの南部、死海の南を占めた。ヘロデはローマの庇護を受けながらユダヤを支配した、残虐で名高い王(前七三頃—前四年)。(2) 恋の神《エロス》である。尚、アイトリア地方(ギリシア西北部)のこととして似た話がプルタルコス『動物の賢さについて』九七二Eに見える。「思い姫」の訳語は『ドン・キホーテ』永田寛定名訳の思い出に拝借した。

一八　蛇の特技

アリストテレス（『動物誌』五九四ａ一五以下）が言うように、蛇は貪食で類のない何でも食いであるが、自分の食道が細くて長いことを自覚しているので、直立して尻尾の先で立ち上がり、食べたものが滑り落ちて、体の隅々まで行きわたるようにする。蛇はまた足がないのに、這うスピードたるや凄まじい。実際、ある蛇などは投げ槍のように飛び出し飛翔するので、名前もその行動から付けられる。つまり、アコンティアース(1)と名づけられているのである。

註（1）akōn, akontion（投げ槍）からの命名で、Flying snake の一種だろうが同定はできない。ローマのヤクルスも iaculum（投げ槍）からの呼称で、木の枝から飛びかかるという（プリニウス『博物誌』八-八五、ルカヌス『内乱（パルサリア）』九-八二三）。

一九　鳴き声の競演

節おもしろく囀る鳥はどれもよく耳につくが、私たちのよく知るのは燕に黒歌鳥、蟬の族、おしゃべり懸巣《カケス》(1)、羽を鳴らす飛蝗《バッタ》に喞々《しょくしょく》と集《すだ》く蟋蟀《コオロギ》、螽蟖《キリギリス》(2)も黙してはいないし、加えて翡翠《カワセミ》や鸚鵡もいる。水の中の生き物にも蛙鳴《あめい》がある。鳴き声も、悲しげで女の声のようなものもあれば、鋭く甲高いものもある。贅沢な奢りの暮らし故に元の家から新居へと家移りするように、枝から枝へと移りながら歌うものがいるかと思えば、草原で心ゆくまで歌うものもいる。それはまるでお祭りに集まって、花に囲まれた優雅な生活を送り、春の到来を音楽で寿《ことほ》いでいる、とでも言いたくなるような光景だ。白鳥のこと、そして白鳥がどの神の従者であるかは上（本書二-三二、五-三四）で述べた。

懸巣は他の音もいろいろと真似するが、とりわけ人間の真似をよくする。物真似にも個性があって、アントスと呼ばれる鳥、鷦鷯《ミソサザイ》、蟻吸《アリスイ》、大鳥で異なる。アントスは馬の嘶きを、鷦鷯（salpinx）は同じ名前のラッパ（salpinx）を、そして蟻吸は横笛を演じわける。大鳥はといえば、雨だれの音を真似ようとするのである。(3)

註（1）懸巣の声は最も変化に富んでいるという（アリストテレス『動物誌』六一五b一九）。（2）飛蝗（akris）、蟋蟀（parnops）、蝗蜥（trōxallis）の訳し分けについては自信がない。（3）これは雨になる予兆という（テオプラストス『気象に関する予兆』断片六-一-一六）。

二〇　蠍さまざま

蠍は雄が極めて危険で、雌は比較的穏やかなようだ。九種類の蠍がいると聞いており、(1) 白いもの、はたまた赤褐色のもの、他に煙の色のもの、加えて黒いものがいる。緑色のもの、太鼓腹のもの、それに蟹に似たものがいるという話だ(2)。炎の色のものが最も危険だとされている。風聞で得た情報では、翼を持つもの、針が二本のものもいるということだし、椎骨が七つあるものもどこかで目撃されている。蠍は卵でなく生体を生む。こんな説があることも知っておくべきで、この生き物の子孫は交尾によって生まれるのでなく、〈……〉(3)と。〈激しい灼熱に向けて〉蠍は生む。それぞれの蠍が針を刺せば、どのような結果を及ぼし、どのように殺すかは、別のところから学んでいただきたい。

註 (1) 以下の記述と数が合わないが、ニカンドロス『有毒生物誌』七六九以下、プリニウス『博物誌』一一-八七(前三世紀のアポロドロスに拠る)も九種類と記す。(2)「白いもの」は幼虫の時期、「赤褐色のもの」はファーブルも飼育したラングドックサソリ、「蟹に似たもの」はカニグモ科の蜘蛛かとされる(Scholfield による)。(3) 欠文が想定されるが、本書二-三三では、死んだ鰐から蠍が生まれるとあった。欠文の後の「激しい灼熱に向けて」の文脈上の意味も摑めない。

二一 象対大蛇

インドでは象と大蛇が不倶戴天の敵だと聞く。即ち、象は木の枝をむしり取って餌にするのだが、大蛇はそのことを知っていて、木に這い登ると、尻尾の方の半身を木の葉で隠し、頭の先までの半身をロープのように宙ぶらりんにさせておく。そして、枝葉を引きむしろうと象がやって来ると、大蛇は象の目に飛びかかって抉り出し、やおら首に絡みついて、下半身で締めつけ上半身で絞り上げつつ、見たこともない変わった首吊り縄で猛獣を窒息させるのである[1]。

註　(1) エチオピアの大蛇は象の脚に絡みつき、眼光で相手を見えなくさせて、倒して食うという（シケリアのディオドロス『世界史』三-三七-九）。

二二　相性

火と雄鶏はライオンの大敵であり、ハイエナは豹の、守宮《ヤモリ》は蠍の大敵である。守宮を近づけるだけで蠍は麻痺状態に陥る。象は大蛇に怯え、荷役獣は全て尖鼠《トガリネズミ》を、そして海蜘蛄《ウミザリガニ》は蛸を怖がる。更に、犬を屋根から押し落とそうとしても落とせないのは、犬が大きな危険を怖れるからである[1]。

註　(1) 雄鶏とライオンについては本書三-三一への註参照。象と大蛇は六-二一で語られたばかり。荷役獣のことはアリストテレス『動物誌』六〇四b一九に見える。

二三　蠍の鎖

これはまた、自然は蠍に何という狡知を授けたように見えることか。全く独特の狡知だ。

リビア人は夥しい蠍とその奸策に怖れをなして、自衛のために無数の対策を講じている。深いブーツを履いたり、高床で宙に浮いて寝たり、ベッドの支え綱を壁から離したり、寝台の脚を水を満たした水瓶に入れたりして、以後は枕を高くして安眠できると考える。ところが、敵は何たる手管を弄することか。蠍は天井にぶら下がれる箇所を見つけると、そこに鋏でしっかりとしがみついて針を伸ばす。すると二匹目が屋根裏から下りて来て、一匹目の体を伝って這い下り、鋏で一匹目の針にしがみつき、自分も針を宙に突き出す。それに三匹目がしがみつき、四匹目が三匹目に、そして五匹目も列に加わり、後続の者が前の者を伝わって降下する。そして、最後の蠍が眠っている人を刺すと、上の連中を伝って這い上がり、次の者、下から三番目の者、残りの者も上がって行き、遂には全員が鎖がばらけるようにして連結を解くのである(1)。

註（1）尻尾を摑んで鎖を成す動物は他に狼（本書三-六）、鼠（本書五-二二）がある。

二四　狐の狡知

狐は狡賢い奴で、例えば針鼠に対してはこんな悪巧みをする。まともな姿勢の針鼠を打ち負かすことはできない。理由は、針に妨げられるからである。そこで、狐は自分の口に気をつけながらそっと相手をひっくり返し、仰向けに寝かせてから腹を裂き、それまで怖がっていた相手を易々と食べるのである(1)。

ポントス地方では野雁《ノガン》をこんな風にして狩る。狐は後ろ向きになると、頭を地に近づけて屈みこみ、尻尾を鳥の首のようにおっ立てる。騙された野雁は仲間の鳥だと思ってやって来るが、至近距離になると、狐が向き直り力まかせに跳びかかって、易々と捕まってしまうのである。

小魚の獲り方は実に気が利いている。川の堤に沿って歩きながら、尻尾を水に差し入れる。小魚が泳ぎ寄って来て、密生した毛に捕まり絡まってしまう。狐はそれに気づくと水から離れ、乾いた所まで来ると尻尾を振り回す。小魚が落ち、狐は極上のご馳走にありつくのである。

トラキア人は川の氷結が危険でないかどうかの指標にこの動物を用いる。狐が駆け抜けた氷が、狐の踏みつけに撓《たわ》んだりへこんだりしなかったなら、トラキア人は安心して後に続く。当の狐は渡し場の安全をこんな風にテストする。耳を氷につけてみて、下で流れがたてる音も聞こえず、深くまでかすかな響きもしないようだと、氷が固いと安心して、真っ先に駆けて行く。そうでない場合は、足を踏み入れないのである[2]。

註　(1)但し、プルタルコス『動物の賢さについて』九七一E以下は「狐は企みをたくさん知り、針鼠は一つ大きなのを知る」というアルキロコス(断片二〇一(West))所生の諺を引き、針鼠が体を丸めて防衛に成功すると記す。(2)狐が氷の固さを知ることはプリニウス『博物誌』八-一〇三、プルタルコス『動物の賢さについて』九六八F以下にも見える。しかし、二〇一七年一月寒波襲来の折り、ドイツ西南部フリディンゲン・アン・デア・ドナウ村で、氷結した川を渡ろうとした狐が転落し、そのまま氷詰めになったのが発見された(www.schwaebische.de の同月十二日配信記事)、というようなこともある。

二五　忠犬

詩人がイピスの娘[1]を崇め、このヒロインを称える人たちで劇場が一杯になるのは、彼女が貞淑さで他の女性を凌駕し、背の君を命よりも尊んだからであった。しかし、並外れた情愛の深さでは動物もおさおさ劣らない。

例えば、エリゴネ[2]の犬は女主人の後を追って死んだし、シラニオン[3]の犬も主人に殉じようとして、力ずくでも宥めすかしても墓から離れようとはしなかった。ペルシア帝国最後の王ダレイオスがアレクサンドロスとの戦闘のさなか、ベッソスに撃たれて倒れた時、全員が遺体を置き去りにする中で、王の飼犬だけが忠実にその場に留まり、もはや飼主でもない人を、まだ生きているかのように見捨てなかった[4]。

グリュッロスの子クセノポン（『アナバシス』一-八-二七以下）が若々しい筆致で語っているのも、明らかに小キュロスの友たちが示したそのような行動である。即ち、小キュロスの陪食衆だけが〈憐憫の情から〉傍らに留まって死を共にし、更に、名誉の王笏持ちたる宦官、その名をアルタパテスという者が、キュロスなき後の生など空しいとして、自ら死体の上にうち重なって果てたのである[5]。リュシマコス王の犬も、命を存えることもできたのに、死を共にすることを選んだのであった[6]。

註　（1）夫の火葬堆に身を投じたエウアドネ。本書一-一四への註参照。（2）イカリオスなる男がディオニュソスより葡萄酒の製法を授かり、村人にそれを飲ませたが、酔って毒を飲まされたと疑った村人に殺された。娘のエリゴネは悲しんで縊死した（アポロドロス『ギリシア神話』三-一四-七、ヒュギヌス『神話集』一三〇）。忠犬がエリゴネの遺体を野獣から守り、行人が彼女を葬った後、犬も墓の上で果てた（ノンノス（五世紀）『ディオニュソス譚』四七-二二九以下）。（3）ローマの将軍というが詳細不明。（4）ベッソスはダレイオス三世（前三八〇頃—三三〇年）の近親でバクトリアの大守。王位を奪うためダレイオスを拘束、重傷を負わせて逃げた。ダレイオスの最期はプルタルコス『英雄伝』中「アレクサンドロス」四三他、多くの史料で語られる。ダレイオスの犬のことはクルティウス・ルフス『アレクサンドロス大王伝』五-一三-二一に見える。（5）クセノポンについては本書二-一一への註参照。小キュロス（前四〇一年死）は兄のペルシア王アルタクセルクセス二世に対して謀反を起こし、ギリシア人傭兵一万を率いてバビロンに攻め上るが、初戦で討死する。クセノポン『アナバシス』は傭兵たちの逃避行の迫真のドキュメンタリー。底本〈憐憫の情から、οἴκτῳ〉を『アナバシス』の記事に拠り「八人、ὀκτώ」と改める案がある。（6）リュシマコスはアレクサンドロス大王の武将で後継者の一人、トラキア王。その遺体が火葬に付される時、愛犬が跳びこんだという（プリニウス『博物誌』八-一四三）。犬の殉死は本書七-三六でも語られるが、訳者は森鷗外『阿部一族』中の一挿話を思い出す。細川忠利が亡じた時、犬牽《いぬひき》の津崎五助は軽輩ながら殉死を許される。腹を切る前に犬に握飯を見せ、「もし野ら犬になっても、生きていたいと思うたら、この握飯を食ってくれい、死にたいと思うなら、食うなよ」と言うと、犬は五助の顔ばかり見て食おうとしない。五助は犬を抱き寄せ一刀に刺してのち腹を切った。

二六　猿蜘蛛

猿蜘蛛は、これを「山棲み」と呼ぶ人もあれば、また別に〈下走り〉と呼ぶ人もあるそうだが、木の中で生まれて毛深い。これを「蚤」と呼ぶ人も少しいる。腹部が、言うなれば麻糸で二分されたかのように僅かに切れこんでいる。咬み傷は極めて危険で、咬まれると続いて震えが起こり、心臓のあたりに激痛を発し、尿が詰まるばかりか、他の通り路まで塞がってしまう。川蟹を食するのがその治療であるらしい(1)。

註（1）猿蜘蛛の原語は pithēkos（猿）を女性形にしただけの pithēkē. アリストテレス『動物誌』六二二b三〇に、跳びはねる故に蚤と呼ばれる毒蜘蛛が見えるが、それとは別であろうし、同定不可能。Hercher は〈下走り (hupodromos)〉を「木走り (hulodromos)」と改める。「他の通り路」は便通のことであろうか。

二七　猫のこと

猫の雄は極めて好色であるが、雌は子供好きで、雄との交尾を避けるのは、雄が火のように熱い精液を放ち、雌の性器を焼くからである(1)。雄はしかしそのことを知っているので、夫婦の間に生まれた仔猫を抹殺する。雌はまた別の仔を欲しがるあまり、情交をせがむ雄に身を委ねるのである。猫はまた、全て悪臭のするものを憎み嫌悪すると言われている。先ず穴を掘ってから排泄し、土を被せて排泄物を見えなくするのはそ

のせいである。(2)

註 (1) アリストテレス『動物誌』五四〇a一一以下では逆に、雌猫が好色で雄を交尾に誘うとある。(2) プリニウス『博物誌』一〇-二〇二の説明では、猫が排泄物を土で隠すのは、獲物の小鳥に匂いで悟られぬためだという。猫のこの習性から「ねこばば」の言い回しが生じるのは日本の話。

二八　蛸の好色

蛸ほど淫らな魚はいないと言われるが、それは、精も根も尽き果てて無力になり、泳ぐこともままならず、餌を漁《あさ》ることもできなくなるまで交尾をして、そのため他の生き物の餌となってしまうほどである。現に小さな魚や宿借《ヤドカリ》と呼ばれるものや蟹などが寄って来て蛸を食い尽くすという。これが蛸が一年以上生きられない原因だとのこと。雌蛸がすぐにやつれ果てるのも頻繁に子を生みすぎるからである。(1)

註 (1) アリストテレス『動物誌』六二二a一四以下は、蛸は圧し潰すと融解して消えるので年を越さない、と奇説を記す。オッピアノス『漁夫訓』一-五三六以下は本章と似た内容。プリニウス『博物誌』九-八九は、蛸は融解(憔悴)して死ぬので二年を越えて生きず、雌は出産のためにより短命だという。

二九　鷲と少年

ピュラルコス[1]（断片六一ａ）の誌すところである。鳥を愛してやまぬ少年が鷲の雛を贈られたが、くさぐさの餌《え》で養い、行き届いた世話をして欠けるところがなかった。少年が子供じみた玩具としてこれを飼うのではなく、鷲のために心を尽くすことは、思い人かいとけなき弟に対するようであった。時と共に、互いの愛情は激しく燃える火となる。ある時、少年が労《いたず》き臥すことがあった。鷲は飼主の側を離れず看病し、少年が眠る間は息を潜め、覚めれば側に立ち、主の食べぬ限り餌につかぬのであった。そして少年が命果てると、鷲も共に墓所に到り、荼毘に付されるや、その火に身を投じた。

註（1）前三世紀後半の歴史家。『歴史』二八巻は断片しか残らぬが、動物奇譚や恋愛譚、驚異譚を多く含んでいたらしい。この話はツェツェス（十二世紀）『千行の歴史《キリアデス》』四-二八八以下に再出する。プリニウス『博物誌』一〇-一八にはセストス（ヘッレスポントス（現ダーダネルス）海峡に臨む町）の乙女と鷲のこととして似た話が記される。

三〇　驢馬魚再び

驢馬魚（メルルーサ）は体内の構造では他の魚とそれほど異なるわけではないが、孤独を好み、別の魚と共生することが耐えられない。魚類中これだけが腹に心臓を持ち、石臼の形に似た石を脳の中に持っている。他の魚は寒気最も甚だしい時期に穴ごもりする習いなのに、この魚だけはシリウスの昇る頃に巣穴に潜む[1]。

註 (1) 驢馬魚は本書五-二〇に既出、そこへの註参照。ほぼ同じ記事がアテナイオス『食卓の賢人たち』三一五Eに見え、その典拠はアリストテレス(『動物誌』五九九b三三以下、断片二二五)だという。シリウスの昇る頃については本書三-三〇参照。

三一 銀杏蟹《イチヨウガニ》の音楽漁

銀杏蟹を漁《すなど》る人はこんな方法をもってする。それは音楽を餌にする工夫で、ポーティンギオン[1]と呼ばれる楽器で捕まえるのである。銀杏蟹が巣穴に潜りこんでいるところを、漁師が演奏を始める。相手はそれを聞いて、何か呪文に誘われるように室から出て来て、楽しさに釣られて海から上がりさえする。こちらは笛を吹きながら後ずさりする。相手ものこのこついて来て、地上で捕まえられるのである。

註 (1) ロートスの木(榎の類)で作る横笛の一種という(アテナイオス『食卓の賢人たち』一八二E)。この話はプルタルコス『動物の賢さについて』九六一Eにも見える。

三二　トリッサの音楽漁

マレイア湖[1]のほとりに住む人たちは、いとも悲しげな弔いの節を奏で、それに和して貝殻をガラガラと鳴らしつつトリッサ[2]を漁《すなど》る。魚は音楽に合わせて踊るように跳びはね、張り広げられた網に飛びこんでいく。エジプト人も踊りつつ戯れつつ、ご馳走をふんだんに手に入れるのである。

註　（1）ナイル・デルタの西端、アレクサンドリアに接する塩湖。（2）鰊の類、あるいは鰯の一種かとされる。髪の毛（thrix）のような細骨がある魚。

三三　エジプト人の呪術

エジプト人は土地に伝わる一種の呪術で、鳥を空から祈《ね》ぎ降ろす、という話だ。蛇を巣穴から引っぱり出す場合も、呪文のようなものを唱えてから、難なく行う。

三四　海狸《ビーバー》の去勢

海狸は水陸両棲の動物で、昼は川に潜って暮らし、夜は陸上をうろついて、見つけたものを餌にする。さてこの海狸であるが、猟師がなぜ熱心に、必死になって自分を追うのかを知っているので、身をかがめ、わが睾丸を噛み切って、猟師の前に投げ出すのは、盗賊の手に落ちた賢い男が、わが身を助かるために身ぐるみ一切を差し出し、それを身の代にして事なきを得るようなものである。
以前にも羅切《らせつ》して助かったことのある海狸が再び追われた場合にはどうするか。その海狸は立ち上がって、猟師が躍起になって求める物がもはやないことを示して、猟師にそれ以上の無駄骨折りを省いてあげる。猟師は海狸の肉にはあまり関心がないからである。まだ睾丸を保っている海狸の場合でも、できるだけ遠くまで走り逃げてから、狙われているそのものを、体内に引っこめてしまうことがよくある。隠し持っているものを持っていないふりをして、まことに巧妙悪辣に追手を欺くのである。(1)

註　(1) 子宮病の薬にするため川獺や海狸の睾丸を求める北方遊牧民の話は、ヘロドトス(『歴史』四-一〇九)に出るのが古い。海狸の自己去勢の迷信は『イソップ寓話集』(Perry 版、一一八「海狸」)、プリニウス(『博物誌』八-一〇九)、ユウェナリス(『諷刺詩』一二-三三以下)、アプレイウス(『黄金の驢馬』一-九)等を経て中世の常識となるが、プリニウス(『博物誌』三二-二六)はその否定説を紹介している。海狸の知恵を実践した人もいる。シュリア王の寵臣コンバボスは、妃から恋慕され、拒んで讒言され、命を危うくすることを予想して、自ら去勢した(ルキアノス『シュリアの女神について』一九以下)。ヒッポクラテスによると、海狸の鼠蹊部の嚢から採れる海狸香《カストール》(カストリオン)は子宮病に処方され(『婦人の自然性について』三二他)、死胎を流し出すには海狸の睾丸を飲ませるとも言う(『婦人病㈠』七一)。

三五　ブープレースティス

ブープレースティスという生き物は、もし牛がこれを嚥みこむと膨れあがり、間もなく張り裂けて死に至る。(1)

註　(1) bouprēstis は「牛を膨らませるもの」の意で、Buprestidae（タマムシ科）に名を留めるが、Meloe 属（土斑猫《ツチハンミョウ》の仲間）かとされる。草の間に潜むこの虫を、牛が知らずに食べること、治療法も含めてニカンドロス『毒物誌』三三五以下に詳しい。

三六　芋虫退治

芋虫は野菜を食い荒らし、たちまちダメにしてしまう。しかしその芋虫も、月経中の女性が野菜畑の中を歩けば、死んでしまう。(1)

註　(1) このことはコルメッラ『農業論』一〇-三五七以下、プリニウス『博物誌』二八-七八に記される。

三七　虻の仲間

牛の最大の敵は虻と馬蠅であろう。虻は最大級の蠅と同じ大きさで、丈夫で大きな針を持ち、ブンブンという耳ざわりな羽音をたてる。馬蠅は犬蠅に似ており、羽音は虻より大きいが、針は虻より小さい(1)。

註　(1) 本書四-五二にほぼ同じ。

三八　コブラについて

コブラに咬まれて不運な死を免れた人は、記録の上では一人もいない。エジプトの諸王が鉢巻《ディアデーマ》の上に見事な造りのコブラを戴くのもそれ故で、この生き物の姿によって、支配の不可侵性を象徴しているのだと聞いている(1)。長さが五ペーキュスにも及ぶコブラもいて、たいていは黒か灰色だが、赤褐色のも見られる。コブラに咬まれた人は四時間を超えて生きられず、窒息、痙攣、吐き気に襲われると言われる。マングースはコブラの卵を滅ぼすという話だが、それはまるで、子供たちのために将来の敵を取り除いておくかのようである。リビアのコブラはひと息で人の明を奪う、という説もある(2)。

註　(1) エチオピアの王の帽子にコブラがとぐろを巻いているのも、王を攻撃する者には死があることを示している（シケリアのディオドロス『世界史』三-三-六)。(2) リビアのコブラについては本書三-三三で既出。

三九　インセスト・タブー、野生の驢馬

いつものことだが、とりわけこの場合は自然を賛嘆すべきではなかろうか。雄の〈野生の驢馬の〉[1]父親は殆どの〈仔鹿〉[2]を殺してしまうが、それは、仔が増えすぎて、おまけに母親に乗りかからないようにするためである。理性なき動物の間でも、それは穢れで呪わしい所業と見なされるのであろう。

ペルシア人よ、キュロスとパリュサティスにとっては、それが麗しく正しいことに思えたのですぞ。キュロスは母親を邪《よこしま》に愛し、母からも同様の愛を受けたのだ[3]。そのように〈動物は自然に導かれてふるまうのに〉[4]、人間はあらゆるものに欲望を懐き、控えるということがないのだ。

註　(1)〈野生の驢馬の〉は写本で欠けているが、アリストテレス（『異聞集』八三一a二二以下、シュリアの話）、プリニウス（『博物誌』八-一〇八、アフリカの話）、オッピアノス（『猟師訓』三-一八三以下）等の記事から、こう推測される。父驢馬が仔を去勢するとある。(2)底本は〈νεβρούς, 仔鹿〉だが、「仔驢馬」とあるべきところ。(3)小キュロス（前四二四頃—四〇一年）はダレイオス二世とパリュサティス（前四七八頃—三九八年頃）の子。パリュサティスは長男（後のアルタクセルクセス二世）より次男のキュロスを偏愛したというが（クセノポン『アナバシス』一-一-四）、「邪な愛」までは記されていない。(4)テクストが毀れているが、自然を讃美する内容であろう。

四〇　ヘラクレスを敬う鼠

黒海にヘラクレスに因んだ名の島があり、篤い尊崇を受けて来た。延いては、そこにいる限りの鼠もこの神を敬い、ヘラクレスに捧げられるものは全て、神の嘉納なさるままにしておくべきだと信じて、決して手をつけない。この神の葡萄樹が繁茂しても、専らこの神への捧げものとして特別視され、神主たちは葡萄の房を犠牲式のために取りのけておく。そこで、葡萄の実が熟れる頃になると、鼠たちが島を離れるのは、島に留まって、触れてはならぬものに心ならずも触れぬようにするためである。やがて時が過ぎると、鼠たちは自分の住処に戻って来る。これこそ黒海の鼠の美徳であるが、翻って、ヒッポン(1)、ディアゴラス(2)、ヘロストラトス(3)、その他神々に敵対する連中は、あの手この手で神々の名と業を奪いとることを選んだくらいだから、葡萄の房やその他の捧げものにどうして遠慮したであろうか。

註（1）前五世紀、自然哲学者。喜劇詩人から無神論者と揶揄される。（2）前五世紀末、抒情詩人。エレウシスの秘儀宗教を嘲弄して死刑判決を受ける。アイリアノス『ギリシア奇談集』二―二三でも無神論者として非難される。（3）前三五六年にエペソスのアルテミス神殿に放火、自分の名を不朽にするためであったと。

四一　エジプトの鼠

エジプトでよくあることである。エジプトで降る雨は粒が細かいが、それが降るとたちまち鼠が発生する。そやつらは畠をうろつき回り、成育中の麦の穂を根元で切ったり齧ったりして害するばかりか、穂束の山まで食い荒らして、エジプト人には大迷惑。そこで人々は、待ち伏せの罠を仕掛けるし、垣根を高くしたり、溝を掘りその中で火を焚いて、閉め出しを図ったりもする。しかし鼠どもは、てんから罠には近づかず、無意味な仕掛けにしてしまう。垣根は漆喰でつるつるにしてあるのに、そこに跳び乗って、固より跳躍力では右に出る者なき手合いとて、溝など跳び越える始末。そこでエジプト人が、工夫企みも甲斐なしと諦め、それを止めて神々に縋り嘆願することにすると、鼠たちは神々の怒りを怖れるのであろう、長方形の隊列(1)を組んで山に撤退する。その際、最年少組が先頭となり、一番大きい者たちが後衛を守って、脱落する者があると大きいのが戻って、遅れるなと叱責する。もし最年少組が疲れ果てて停止すると、後続の全体も立ち止まるのは軍隊の場合と同じで、先頭がまた動き出すと、残余も続いて進むのである。

ポントス地方の住民も、そこの鼠も同じことをすると語る。家が倒壊しそうになると、家中の鼠が韋駄天走りに引っ越しする、と信じられているのである。

これも鼠の特性であるが、鼬がキーキー鳴いたり蝮のシューシューいう音を聞くと、一つの鼠穴からあちこちへと仔鼠を分散移住させるのである(2)。

註　(1)移動時、守備を重視した隊形という(トゥキュディデス『歴史』七-七八等参照)。(2)雹の後に鼠が現れることは本書二-五六、鼠の予知能力は本書一一-一九、プリニウス『博物誌』八-一〇三等にも見える。アイリアノス『ギリシア奇談集』一-一一ではごく簡単に言及される。

四二　山羊飼クラティスの話

シュバリス人の町の繁栄と時期を同じくして起こった事件であるが、それを伝えるイタリアの話が私にまで達しているので、語るのも悪くあるまい。

年恰好はまだ少年、山羊飼を勤めるクラティスという者が、群れの中でもひときわ美しい山羊に衝動的な恋を覚えて戯《たわ》けにおよび、その交わりを快として、欲望の至れば彼女に通い、彼女を恋人としていた。そのうえ恋する山羊飼は、この思い姫に手に入る限りの贈物を届けたが、それはキュティソス(1)やスキーノス(2)の一番美しい枝であったり、ミーラクス(3)やスキーノスを噛ませることもしばしばであったのは、口づけしたくなった時に芳《かぐわ》しい口にしておいてもらうためだった。更には、まるで花嫁の寝所のように、優にやさしく柔らかい床をしつらえたりもした。

しかしながら、群れのリーダーたる雄山羊がこれをぼんやりと見ていたわけはなく、嫉妬が彼を襲う。暫くは滾《たぎ》る思いを隠しつつ、少年が座って眠りこむのを待ち受けていたが、遂に山羊は顔を胸元に埋《うず》めた。そして渾身の力で少年の頭目がけて突進し、額を粉砕した。事件は土地の人たちに知れわたり、人々は少年のために遠目にも著き墓を建て、そこの川を少年に因んでクラティス(4)と名づけた。山羊との交わりからは子供が生まれたが、四肢は山羊、顔は人間であった。そして、神となり、森と谷間の神として崇拝されたと伝えられる(5)。動物が嫉妬さえすることを、この山羊が教えているのである。

註（1）木本性の馬肥《ウマゴヤシ》。最古の飼料植物。（2）英名 mastic tree. ウルシ科、樹脂を「マスチック」と称して口中剤とする。（3）猿捕茨《サルトリイバラ》の類。近縁の牛尾菜《シオデ》は美味。（4）南イタリア、シュバリスの町を流れる川で、この水が物の色を変えることは本書一二・三二。（5）ウァレリウス・プロブス『ウェルギリウス「農耕詩」註釈』（一・二〇）では、クラティスが山羊に突き落とされた川がその名になり、雌山羊から生まれたのが森の神シルウァヌスだとある。

四三　蟻の巣

エジプトのシューリンクス(1)を歴史家たちは誉め称え、クレタのラビュリントス(2)となると、詩人たちも一緒になって誉め称えるが、蟻が地を掘って造る、曲がりくねりながら繋がる四通八達の通路のことはまだご存じない。

蟻たちが知恵を尽くして地下に造るこの家こそは羊の腸《はらわた》の如く、蟻たちに仇《あだ》なす獣にとっては入りこむのが困難な、いや全く不可能なものとなっている。掘り出す土も入口の上に積み上げ、城壁か堰のようにするので、空から落ちて来る雨も、そう易々と蟻たちを水びたしにして、全滅は固より、壊滅的な被害を及ぼすこともない。互いの部屋を隔てる中仕切りのようなものを極めて巧みに造り、ご大家のように三つの空間を確保する。一つは雄と、そして雄に属する雌のみが生活する男部屋というべきもの。次は、身重の蟻がお産をする、謂わば女部屋。そして三つ目は、集めた種を貯蔵する倉として別にしておくものである。しかも蟻の場合、人も羨む家政術について検討するイスコマコスやソクラテスがそうするように教えるわけでもない[3]。

蟻たちは食糧調達に出かける時には最大の蟻に従い、最大の蟻が将軍のように先導する。畠に着くと、まだ若い者は茎の下に立ち、リーダー格が登って行き、稔った穂の「尻尾を支えるもの（小軸）」と呼ばれるところを噛み切って、下に屯《たむろ》する者らに投げ落とす。こちらは周りに集まって、粒を切り外し、小麦を覆って保護する殻を剝く。脱穀も簸《ひ》る専門家も要らないし、籾殻と実を選り分け分離する「吹きつける風[4]」も必要としない。それでいて蟻たちは、種蒔き耕す人間たちの栄養を手にするのである。

蟻の知恵といえば、加えてこんなことまで聞いている。死んだ蟻を親族が小麦の殻の中に埋葬するというのだ。人間が父親とか愛しいものを残らず棺に納めるのと同じではないか。

註（1）テーバイ辺のナイル西岸、王家の谷の地下王墓のトンネル通路をシューリンクス（牧人の笛）と呼んだ。（2）クレタ王ミノスが名匠ダイダロスに造らせたクノッソスの宮殿。いわゆる迷宮。（3）アテナイの名士イスコマコスはいかにして十五歳の若妻に家政の要諦を教えたかをソクラテスに語る（クセノポン『家政論』七

―九以下)。 (4) ホメロス『イリアス』五―五〇一より。

四四　馬の深情け

馬は心をこめて世話してもらえば、好意と親愛の情で恩人に報いるものである。ブケパラスとアレクサンドロスの関係などはあまねく知れわたった話であるので、私としてはそれを語るのは意に染まない。[1] 戦場でアンティオコスを斃したガラティア人、その名はケントアラテスといったが、その男を殺して主人の仇を討った馬のことも省こう。[2]

ところがソクレスとなると、知っている人は多くないと思われる。これはアテナイの生まれ、評判に違わぬ美青年であった。この男がこれまた美しい雄馬を買い求めたが、それは極めて情が深い上、群を抜いて目ざとい馬であった。それで馬は切ないほどに主人に恋をして、主人が近づけば鼻を鳴らし、軽く叩いてやると嘶き、背に跨がると唯々諾々と従い、面前に立つと潤んだ目で見つめるのだった。これだけでも既に恋であるが、同時に愉快なことにも思えた。ところが、この馬があまりにも図々しくなって、青年に何か仕出かそうとするに及び、二人についての常軌を逸した噂も広がり始めたので、ソクレスは悪名に耐えられず、淫らな恋人を憎むようにして馬を売ってしまった。馬はしかし美青年をなくしたことに耐えられず、自らに暴力的な飢えを課して命を絶った。

註　（1）アレクサンドロス大王は少年の頃、誰も乗りこなせない荒馬を手なずけ、終生の愛馬とした（プルタルコス『英雄伝』中「アレクサンドロス」六）。牛（bous）の頭（kephalē）の焼き印を押されていたから、あるいは、額に白い星があって雄牛のように見えたからブケパラスと呼ばれた（アッリアノス『アレクサンドロス大王東征記』五-一九-五）。ゲッリウス『アッティカの夜』五-二にもこの馬への讃がある。（2）アンティオコス一世（救世主《ソーテール》）、前三二四頃—二六一年、セレウコス朝シュリアの王。王を斃したガラティア人（ケルト人、ガリア人）が勝ち誇って王の馬に乗ったが、馬はその男もろとも崖から跳び降りた（プリニウス『博物誌』八-一五八）。

四五　憎みあう鳥たち

胸黒鷓鴣《ムナグロシャコ》は雄鶏に強い敵意を燃やすが、雄鶏もまた胸黒鷓鴣に。キルコス（隼？）と嘴細烏、大烏と海鷹（1）も大敵同士であるし、大烏とキルコスが小雉鳩を敵視するように、小雉鳩はその両方を敵にまわす。鸛《コウノトリ》が蝙蝠を憎み、蝙蝠も敵を憎み返すと聞くし、ペリカンは鶚に親愛しないという。その憎悪は双方向の由。

註　（1）海辺の断崖に営巣し、巣を狙う大烏を攻撃する Eleanor's falcon かとされる。

四六　鳥を殺すもの

コンフリーという草が鷲を殺し、ハイエナの胆汁がイービスを、大蒜《ニンニク》の種が椋鳥を、アスファルトは石千鳥《イシチドリ》を、蛭蓆《ヒルムシロ》と呼ばれる水草は〈針鼠〉(1)を殺す。〈針鼠〉は川鵜の胆汁が耐えられない。キルコス、鴎、小雉鳩、黒歌鳥、それに禿鷲の族は磨り潰した柘榴の実を啄むと死ぬ。杜松《ネズ》の葉は葦切《ヨシキリ》を、西洋人参木の花は黒頭鳥(2)を、黄花清白《キバナスズシロ》の種は大鳥を滅ぼす。玉押金亀子《タマオシコガネ》は香油で、戴勝《ヤツガシラ》はガゼルの硬脂《こうし》で死ぬ。嘴細鳥が狼の食い残した肉を口にすると死ぬ。冠雲雀《カンムリヒバリ》は芥子菜の種で、鶴は葡萄樹の涙（樹液）を吸いこむとお陀仏となる。

註（1）ここは鳥の話であるので、〈針鼠〉を「鳶」と改める校訂案がある。（2）「頭の黒い鳥」は同定困難ながら、日雀《ヒガラ》が有力。

四七　兎の知恵

兎について、ここでこんなことを語っておきたくなった。兎はあちこちで入ったり出たりして、足跡を混乱させておいてからでないと、いつもの寝床に入って行かない。それは自分をつけ狙う狩人たちの悪巧みを無にするためで、生まれながらの知恵で実に狡猾に人間を欺く動物である(1)。

註 (1) 兎は常に足跡で追跡されるところから、休む場所に窮してうろつき回りながらも策略的な歩き方をする習いという(クセノポン『狩猟について』八-三)。また、わざとあちこちに足跡を残し、最後に大ジャンプをして足跡を遠くするともいう(プルタルコス『動物の賢さについて』九七一D)。本書一三-一一も参照。

四八 馬の母性愛

雌馬も実に善き母親で、自分の仔馬への思いには切なるものがある。後のダレイオス(1)はそれを知っていたので、産を終えたばかりの雌馬を戦場に連れ行き、仔は家に残させた。母と隔てられた仔馬が別の馬の乳で育てられるのは人間の場合と同じである。さて、イッソスの戦いの折り、戦況は暗転してペルシア軍を圧し始め、敗れたダレイオスは一刻も早く逃れて助かりたいと思い、雌馬に跳び乗った(2)。この馬は家に残した仔への思いから、会いたい一心で脚の限りに駆け、ひたひたと押し寄せる危険のまっただ中から主君を運び去った、と謳われている。

註 (1) ダレイオス三世のこと。イッソスの戦い(前三三三年)でアレクサンドロス大王に敗れた。(2) このことはプルタルコス『英雄伝』中「アレクサンドロス」三三に見える。

四九　老いたる騾馬

アリストテレス（『動物誌』五七七b三〇以下）が伝える話であるが、アテナイに年老いた騾馬がいて、主人からは労役を免除されていたのに、その勤勉と、年相応の仕事を進んですることを止めなかった。実際、アテナイ人がパルテノン神殿を造営していた時のこと、(1) 重いものを曳いたり担いだりはしなかったものの、命令もされぬのに進んでやって来て、石を運んで往復する若い騾馬たちの側を歩むのは、まるで戦車の副馬《そえうま》のようで、言うなれば、警護役でもあり作業の激励係でもあった。老齢のため自ら働くことは免除されているのに、経験と年季の入った指図で若い衆をけしかけ奮いたたせる先輩職人のように、並んで歩むのだった。市民たちはこれを知って、市の触れ役にこんな布告を発するよう命じた。もしこの騾馬が碾割り大麦を求めて来ても、あるいは大麦を欲しがって来ても、追い払うことなく、心ゆくまで食べさせてやらねばならず、また年老いた運動選手にプリュタネイオンで食事を供する如く、そこでこの騾馬を養う費用を市が負担すべきである、と。(2)

註　(1) パルテノン神殿はペリクレスの政策の一環として、彫刻家・建築家ペイディアスの監督下に造営された（前四四七―四三二年）。プルタルコス『英雄伝』中「ペリクレス」一三に詳しい。(2) プリュタネイオンはアクロポリス東麓（旧説で北麓）にあったと考えられる市庁舎・迎賓館。外国使節や凱旋将軍など著績あった市民がここで食事を供せられるのは名誉であり、運動競技会優勝者もその権利を有した。尚、アリストテレスおよびプリニウス（『博物誌』八-一七五）によると、この騾馬は八〇歳であった。本章の内容はプルタルコス『動物の賢さについて』九七〇A以下に似る。

五〇　クレアンテスと蟻

アッソスのクレアンテス(1)は、動物には論理的思考はないと強硬に主張し力説していたが、こんな話があって、不本意ながら動物に譲歩し屈服しなければならなくなったと言われている。ある時クレアンテスは、暇を持て余して坐っていたところ、足許にたくさんの蟻がいるではないか。見ていると、死んだ蟻を運ぶ蟻たちが別の道から現れ、自分たちの仲間でもない別の群れの巣に近づき、死体を担いだまま巣穴の入口で止まる。すると下から別の蟻たちが上がって来て、訪問者と何やら話しあうかに見えた後、また下りて行き、そんなことが何度も繰り返された。最後に下の連中が一匹の蛆虫を身の代のように持って来ると、こちらはそれを受け取り、運んで来た死体を引き渡した。下の連中はまるで息子か兄弟を引き取るかのように、喜んでそれを受け取った(2)。

さて、これに対してヘシオドス(3)ならどう言うであろうか。ゼウスは様々な本性を区別して、

魚や獣、それに空飛ぶ鳥どもには、
正義など与り知らぬ輩とて、食い合うままにさせる一方、

人類には、正義を与えた。（『仕事と日』二七七以下）

と歌った人であるけれども。

しかし、プリアモスはこれに反対するであろう。自らもゼウスの血を引く人間であり、同じくゼウスの子孫である英雄から、わが子ヘクトルを贖《あがな》うのに驚くべき財宝を山ほど必要としたのだから。(4)

註　(1)アッソス（小アジア西北部の町）出身、ストア学派の哲学者。禁欲的な貧困生活を選び、肉体労働を厭わなかった。(2)この話はプルタルコス『動物の賢さについて』九六七Eに出る。(3)前八世紀末、叙事詩人。『神統記』では宇宙開闢からゼウスの正義による世界支配の確立までを歌い、『仕事と日』では、ゼウスの命じる正義に則って働き生きるべきことを教える。(4)トロイア王プリアモスは長男ヘクトルをアキレウス（ゼウスの子孫である英雄）に殺され、遺体を陵辱されるが、莫大な身の代をもって遺体を贖う（ホメロス『イリアス』二四-四六九以下）。プリアモスの六代先祖はゼウス。アキレウスの高祖父がゼウス。尚、アキレウスが支配する部族はミュルミドネス（蟻人間）と呼ばれるので、蟻の話の縁で持ち出されるのであろう。

五一　渇きを起こす蛇

ディプサスという蛇は名が体を表している。(1)大きさは蝮より小さいが、殺す力は一層激烈で、こいつに咬まれたら燃えるような渇きに見舞われ、灼けつく如く水を欲し、止めどなくがぶ飲みして、たちまち張り裂ける。ソストラトス（断片五）によると、ディプサスは白くて尻尾に二本の黒い線がある。この蛇をプレーステール（腫れ起こし）と呼ぶ者もいればカウソーン（灼熱）と呼ぶ人もいると聞く。リビアに棲息するが、アラビアにはもっと多い。この動物には他にも山ほど呼び名が奉られており、メラヌーロス（尾黒蛇）とかアンモバテース（砂漠歩き）とも呼ばれるという話だ。ケントリス（刺客）という名をお聞きになっても、私が同じものを言っていると了解されたい。

この生き物にまつわる寓話も披露しておかねば。聞いた覚えのある話ゆえ、知らないと思われてはいけないので黙っていないことにしよう。

プロメテウスが火を盗んだ時、ゼウスは激怒して、その盗みを通報した者たちに老いを防ぐ薬を与えたということだ。貰った連中は薬を驢馬の背に積んだと聞いているが、驢馬は荷物を担いで進んで行ったところ、夏のこととて喉が渇くので、水を飲みたい一心で泉のほとりへ行った。ところが、泉を守る蛇が邪魔をして追っ払おうとするので、驢馬は苦しまぎれに、運んでいた薬を「友情の盃」の代価に与えてしまった。こうして取引が成って、驢馬は水にありつき、蛇は老いの皮を脱ぎ捨てたのだが、蛇は驢馬の渇きも一緒に貰ってしまったというのである。[2]

何ですって？　私がこの話を作ったか、ですって？　そうは言えません。だって私より前に悲劇詩人ソポクレス[3]（断片三六二）、エピカルモスのライバルのデイノロコス[4]（断片八）、レギオンのイビュコス[5]（断片六一）、喜劇詩人のアリスティアス[6]（断片八）とアポロパネス[7]（断片九）がこの話を歌っているからです。[8]

註　(1)咬まれた人に猛烈な渇き(dipsa)を起こさせることからの名。ルカヌス『内乱(パルサリア)』九-七三七以下はこれを砂漠の毒蛇として詳述するが、ここでは水辺の蛇。いずれにせよ鎖蛇の類と考えられる。(2)この寓話はベン・エドウィン・ペリーが『イソップ寓話集』(四五八「驢馬とカラカラ蛇」)に採用している。不死の薬草を失うモチーフは『ギルガメシュ叙事詩』に溯る。(3)ソポクレスの失われたサテュロス劇(一種の滑稽劇)『コーポイ(間抜け)』はこの話が主題であったとの説がある。(4)エピカルモスは前六/五世紀、ドリス(スパルタを含む地方)喜劇の代表者。デイノロコスはエピカルモスの息子ともライバルとも伝えられる喜劇詩人だが、詳細不明。(5)前六世紀、レギオン(南イタリア)出身の抒情詩人。物語詩や恋愛詩で名高いが、残存断片は少ない。(6)前五世紀前半。喜劇でなく悲劇とサテュロス劇の詩人。名高いプラティナスの息子。(7)前五世紀、アテナイの喜劇詩人。(8)ディプサスの猛毒、ディプサスと驢馬の贈与の寓話はニカンドロス『有毒生物誌』三三四以下にも歌われるが、この蛇の異名とこの蛇に言及する詩人たちの名前はアイリアノスにしか見えない。

五二　正直を教える象

もし私が象の賢いやり口を省いたら、知らないから話さないのだと言う人があるだろう。これは聞く値打ちのある話なので、聞いてみましょうか。

象の世話を任された男が、いつも大麦の割当て量をくすねて、下に石を混ぜこむことで、餌の殆どを食べられなくする一方、象と飼育係の主人の監視の眼には、量目の嵩だけは確保していた。暫くはばれずに済んだ。そこで象は、この悪党が粥を煮るのを見てとると、足許の砂を鼻でたっぷりと掬い上げ、鍋に投げ入れて、されたことを仕返しにして、巧みに復讐したのである(1)。

註 (1) プルタルコス『動物の賢さについて』九六八Dでは、飼育係が主人の前では全量を給仕したところ、象が半分を取りのけて日頃の悪事を暴露した話と、粥鍋に砂を投げこむ話と、別話になっている。

五三　エジプトの犬

他の犬が獣を捕らえたり追跡したりするのに巧みであるのに対して、エジプトの犬は逃げるのがことのほか上手である。ナイルに棲息する獣を怖れる犬も、渇けば飲まねばならぬわけだが、落ちついて心ゆくまで飲むことを恐怖が許さない。それ故犬たちは、水の下から這い上がって来る奴に引っ攫われてはならぬので、身を乗り出して飲むことはしない。代わりに岸に沿って走りながら、一飲みを掠め取るというか、もっと言えば、盗み取りながら、舌でピチャピチャ啜るのである(1)。

註 (1) アイリアノスは『ギリシア奇談集』一-四にもこの話を記す。走りながら水飲む犬にナイルの鰐が、「安心してゆっくり飲みたまえ」と言うと、犬は相手の魂胆を見透かして嘲笑う。嘘の助言は聞かれないという寓話がある（パエドルス『イソップ風寓話集』一-二五）。

五四　針鼠の役者ぶり

海のエキーノス（海胆《ウニ》）でなく陸のエキーノス（針鼠）について、これがどれほど悪辣な奴かを私は既にたびたび語っているが（本書三-一〇、四-一八）、まだ話していない狡猾ぶりを今お話ししよう。こいつは捕まりそうになると、身を丸めて手出しのしようもなくし、おまけに息を押し殺して微動だにせず、死んだふりをするのである。

五五　笠貝の吸着力

たとえミロン(1)の指をもって摑みかかっても、笠貝を岩から捥《も》ぎ離すことはできまい。ミロンといえば、力をこめてしっかりと柘榴を握りしめれば、ライバルの誰一人として彼の右手からその柘榴を奪うことができないほどの怪力であったたが。笠貝がへばりついている岩からそれを捥ぎ離そうなどとする人は、その苦労を〈笑われ、面白がられる(2)〉ばかりだ。現に、いくら頑張っても達成できないのだ。鉄で刮《こそ》げてようやく岩から切り離される。

註　(1) 前六世紀後半、クロトン（イタリア南岸の町）出身のレスラー。四大競技祭での優勝はおよそ三〇回、数々の怪力伝説が伝えられ、柘榴（または林檎）を握りしめると誰にも捥ぎ離せなかったが（プリニウス『博物誌』七-八三、パウサニアス『ギリシア案内記』六-一四-六他)、彼の恋人にはそれが易々とできた(アイリアノス『ギリシア奇談集』一一-四)。(2)底本では能動形だが、Hercher に従って受動形にする。

五六　象狩り

リビア人は隣国に戦争を仕かけて優位に立とうとするばかりでなく、象にも戦いを仕かけるが、象はその出征の目的が象牙に外ならないことを知っている。そこで、象は片方の牙を損傷した者たちが先陣に立ち[1]、残りの者たちはそれを楯にして、先陣が最初の攻撃を持ちこたえれば、後衛は無傷で互角の牙の力で防衛に当たるという風にして、恐らくはリビア人を知恵で凌ぎ、つまらない戦果のために命の危険を冒して来ていることを彼らに教えようとしているのである。

ところで、象は一方の牙は武器として用い、常に尖らせておくが、もう一方は鍬がわりとして、それで根を掘り起こし、それを梃子にして木を倒すのである[2]。

註　(1)プリニウス『博物誌』八-八によると、狩人に囲まれた象は、牙が最も小さい象を先頭に立て、戦っても良い象牙が得られないと思わせるという。(2)牙の使い分けのことはプリニウス前掲箇所、プルタルコス『動物の賢さについて』九六六Cにも見える。

五七　蜘蛛の巣

毒蜘蛛は女神アテナ・エルガネやアテナ・ペニティス(1)なみに機織りが巧みで手が器用であるばかりでなく、生まれついての測量の名人でもある。現に毒蜘蛛は中心を確保すると、その周りに円と円周を極めて正確に描くが、エウクレイデス(2)など必要としない。ど真ん中に坐って獲物を待ち伏せできるからである。見る者は、卓越した織り姫、繕いの名人と言うであろう。見事な糸の見事な織物の一部をもし破ったならば、毒蜘蛛はそこを繕って、元の如く完全無欠の状態にするのである(3)。

註　(1) エルガネ (ergon (仕事) より、工芸の神)、ペニティス (pēnion (糸巻) より、糸巻の神)、共にアテナの異称。(2) 前四/三世紀、アレクサンドリアの数学者、ユークリッド幾何学の大成者。(3) テクストでは phalanges (毒蜘蛛) となっているが、蜘蛛の話としてよいだろう。蜘蛛の巣についてはアリストテレス『動物誌』六二三a二以下に記述がある。

五八　霊鳥ポイニクス

ポイニクスはいとも賢明なる自然の教え子であるから、算術など使わずに五百年という年数を計算することができるので、指その他の数を割り出す道具を必要としない。何のためにそんなことができ、またできる必要があるのかは、世間周知の話である。(1) とはいえ、五百年という期間がいつ満了するかを知っている人はエジプト人の中にも殆どいないし、いてもごく僅かで、神官に限られる。その人たちもこの問題で意見が一致することは容易でなく、その霊鳥が到来するのは今でなくもっと後であろうとか、もう既に来ているはずだとか、埒もない言い争いに興じるばかり。彼らが空しく言い争っているのを余所に、ポイニクスは神的な兆しによってその時を推測して、現れるのである。これを受けて神官たちは犠牲式を行い、暇つぶしにおしゃべりする間に太陽が沈んでしまうことを認めなければならないのだが、(2) 彼らは鳥が知っているほどのことさえ知らないのである。

しかし、神々に誓って言うが、エジプトはどこにあるかとか、ポイニクスが行く定めのヘリウポリス(3)はどこだとか、父親をどのような柩《ひつぎ》に入れてどこに埋葬することになっているのかとか、そのようなことを知っておくのは賢明なことではなかろうか。そんなことは驚くべきこととも思えないと言うならば、市場《アゴラー》での活動や兵事や人間同士の悪巧みの応酬を、賢明なことと言うのであろうか。シシュポス(4)やケルコプス(5)やテルキネス(6)と悪辣さを競う人間たちよ、私にはそうは思えない。今言うような悪に無縁の人に向かってではなく、悪を極めた人たちに向かって私は言っているのである。

註 (1) ポイニクスは極めて長寿である上、死体から新しい鳥が生まれることから不死鳥とも訳される。ヘロドトス『歴史』二-七三によると、五百年に一度死ぬが、そこから生まれた子が親をアラビアからヘリウポリスまで運んで埋葬するという。オウィディウス『変身物語』一五-三九一以下、プリニウス『博物誌』一〇-二以下、アキレウス・タティオス『レウキッペとクレイトポン』三-二四以下その他、多彩な記述がある。（2）分かりにくい表現だが、カッリマコス『エピグラム』二（Pfeiffer）「二人でおしゃべりする間に、何度太陽を沈ませたか」を踏まえる。（3）太陽《ヘリオス》の都《ポリス》の意。ナイル河右岸、現カイロの東北。太陽神崇拝の中心地。（4）最も狡猾な人間。死神をも欺いて長生きするが、死後冥界で、急坂で岩を押し上げ、転がり落ちるのをまた押し上げる、永劫の罰を科された。（5）複数形はケルコペス。街道の追い剝ぎ兄弟。ヘラクレスに退治され、ゼウスにより猿に変えられた。（6）ロドス島の妖精・魔術師（複数形）。冶金術をよくし、邪視で動植物を害した。

五九　犬の推理力

推論と問答法を駆使し、優劣をつけて選択することを動物も知っているとすれば、自然こそは万象についての比類なき教師である、と言って差し支えなかろう。例えば、問答法の心得があり狩猟にもいささか凝っている人が、私にこんな話を語ってくれた。

猟犬がいて、兎の足跡を追っていた、とその男は語る。兎の姿はまだ見えず、追尾する犬は溝に行きあたって、右か左か、どちらへ追うのがよいかはたと困った。犬はひとしきり考えていた様子だったが、やがて真正面に跳び越えた。そこで、問答法にも狩猟にも心得があると誇る男は、こんな風に考えて自分の話を証明しようとした。犬は立ち止まり、考えこんで、「兎はこっちかそっちへ曲がったか、あるいはあっちへ行ったかだ。ところが、こっちでもそっちでもない。だからあっちだ」と自問自答した、と。しかし、これではまともな説明だと私には思えない。溝の付近に足跡が見られない以上、兎がそれを跳び越えた、という可能性しか残らないのである。従って、犬が兎を追って跳んだのは正しい。〈雄または雌の〉[1]この犬は追跡に長け、鼻も良かったのだから。[2]

註（1）この部分を削除する案に従う。（2）プルタルコス『動物の賢さについて』九六九A以下に、犬が三段論法で推論するという説と、嗅覚を働かせているだけとする説が紹介されている。

六〇　駱駝の慎み

ヘロドトス（『歴史』一-二一六）の伝えるところによると、マッサゲタイ人は自分の体の前に箙《えびら》を懸けてから、男は女と公然と交わる。皆が見ていようとも、全く意に介さないのである。[1]それに対して、駱駝の交わりは決して公然と行われることがなく、謂わば証人の見ているところではなされない。それを慎みと呼ぶか神秘的な本能の賜物と呼ぶかは、デモクリトスその他の人たち、取りとめもなくて比較考量を拒むような事柄についても、その原因を語る力があると考える人たちに、検討を委ねよう。牧夫でさえ駱駝たちに交尾への衝動が萌すのを感じたならその場を離れるのは、花嫁花婿が寝室に入る時には余人は座を外すのと同じである。

註 (1) マッサゲタイ人はカスピ海の東方に住んだスキュティア系遊牧民。ヘロドトスによると、彼らは一夫一婦制ながら妻を共同で使用し、男は欲望を感じると、女の住む馬車の前に箙を懸けて、怖れることなく交わる、とある。「体の前に」というのはアイリアノスの間違い。

六一 象の敬老精神

私の考えでは、リュクルゴス(1)ほど人間愛に満ちた法律を制定した人はいない。即ち、人はみな、もし仕合わせが許すなら老齢に至りたいと思うものだが、その老齢に敬意を表して、若者は年配者に座席や道を譲るべし、と定めたのだから。しかし、エウノモスの高貴なこの息子といえども、自然の掟とはとうてい張り合ったり競い合ったりはできない。それが証拠には、リュクルゴスやソロンやザレウコス(2)やカロンダス(3)の衣鉢を継ぐ立法家たちよ、あなた方がそもそも制定したこともないような掟に、象の種族は従っているのです。法律はなくとも象はこんなことをします。若い象は年長者の前では餌から身を引きます。老齢に屈した象の世話をします。危険から守ってあげます。年寄りが堀にはまったら、束ねた柴を腕に幾抱えも放りこみ、老いに重たくなった身もそれを梯子にして登れるようにして、引き上げてやります。父親を打擲する象がどこにいるでしょうか。息子を勘当した親象などどこにいるでしょう。しかしながら、人間である皆様、本当のことを言わせていただくなら、作り話や信じがたい話をでっち上げるのがご専門の皆様は、私が作り話を語っているとお思いでしょうね。

註（1）半ば伝説的なスパルタの立法家。前九世紀頃に置かれるが、実在さえ不確か。質実剛健・軍隊式共同生活の国風を創始して後のスパルタの大の礎を築いたとされる。エウノモスは父親の名だが、「善き掟」の意で作られた名前のようだ。（2）前七世紀、ロクリス（南イタリアのギリシア人植民地）の立法家。姦通者が捕まれば両目を抉るという法律を定めたが、息子がその罪に問われた時、息子の一眼を抉り、もう一眼の代わりに自分の一眼をくり抜いた（アイリアノス『ギリシア奇談集』一三-二四）。（3）前六世紀、シケリア島カタネ町の立法家。ザレウコスの弟子。

六二　ゲロンの忠犬

犬が主人を愛することは既に語ったところ（本書一-七、本巻二五章）からも証明されるが、そこにこの話も加えるべきであろう。

シュラクサイのゲロン(1)は深い眠りの中でゼウスの雷に撃たれたように思った。夢を見たのであったが、眠ったまま鋭く甲高い叫び声を上げた。すると彼の飼犬が寝食を共にする友の声を聞きつけ、ゲロンの身に陰謀の危険でも迫ったかと思い、猛烈な勢いでベッドに跳び乗り、飼主にうち跨ると、襲いかかる敵を防ぐかのように激しく吠えたてた。これでゲロンも目が覚め、恐怖と吠え声によって、さしも深い眠りをも追い払った。

註（1）前五四〇頃―四七八年、シケリア島シュラクサイの僭主で、そこをギリシア有数の富強の都市にした。

この話はアイリアノス『ギリシア奇談集』一‐一三に再説され、プリニウス『博物誌』八‐一四四によると犬の名はピュッロス（火焔の色）といった。

六二　旧恩を忘れぬ大蛇

アルカディア生まれの幼い子供が、同じ場所に生まれた幼い大蛇と一緒に育った。共に成長するほどに、子供は少年となり、義兄弟は既に巨大な体躯になっていた。互いに愛し合っていたのだが、少年の身内の者らが獣の大きさに怖れをなしたのも無理はない。この動物は見る見るうちに巨大になり、見るからに恐ろしい姿になっていたからである。そこで身内の者らは、大蛇が少年と同じ寝床で眠っている間に持ち上げ、できるだけ遠くまで運んで行った。少年は起きて来たが、大蛇は遠くに留まったままであった。大蛇は森とそこに自生する薬草に触れてみると、大蛇にふさわしい食べ物が嬉しく、また町中の狭い部屋での暮らしより人気のない場所の方が好ましく、そこで暮らすようになった。

時は過ぎ、少年は若者となり、大蛇もすっかり成獣になっていた。ある時、件の動物と相思相愛の仲であったアルカディアの若者は、人気のない場所を行くうち山賊に遭遇し、剣で斬りつけられて、当然のことながら叫び声を上げたのは、苦痛もあり、また助けを呼ぶためでもあった。ところで、大蛇ほど視力が鋭く、聴覚も冴えた動物はない。そこでこの大蛇が、若者と一緒に育ったものである故、叫び声を聞きつけ、怒り狂える者の如くシューシューと鋭い声を発して威嚇すれば、山賊どもは震えに取りつかれ、悪党どもは皆四方八方へと蹴散らされたばかりか、追いつかれた者は悲惨な死を遂げることになった。大蛇はかつての友の傷口を舐め浄めてやり、野獣の棲む場所を過ぎて送り届けてから、身内の者らに遺棄された場所へと帰って行った。棄てられたことを怒ってもいなかったし、薄情な人間と違って、危機にあるかつての親友を見捨てもしなかったのである。(1)

註 (1)アイリアノス『ギリシア奇談集』一三-四六にもこの話が簡単に記されているが、アルカディア地方(ペロポンネソス半島中央部)ではなくアカイア地方のパトライ(ペロポンネソス半島北岸)のこととなっている。プリニウス『博物誌』八-六一ではアルカディアの話で、少年の名はトアスとある。コノン(前一世紀末)『神話語り』断片二二ではクレタ島の話となっている。

六四 狐と針鼠

狐は悪辣な動物であるから、詩人たちは好んでこれを狡い奴と呼ぶ。悪辣と言えば針鼠もそうで、狐がやって来るのを見ると、体を丸めて蹲ってしまうため、狐は口を開けて噛みつくこともできない。そこで針鼠の口の中におしっこをする。針鼠は丸まっているため息ができないところへ、今言う液体の流れのために窒息してしまい、こんな風にして悪い狐が悪い針鼠を出し抜いて捕まえるのである。また別の捕まえ方は上で(本巻二四章)語っておいた。

六五　狼の分け前

コノピオンというのはマイオティス湖畔の土地の名前であるが[1]、その辺りの狼は釣り人や海で働く人々のすぐ近くまで来るので、見た人は家の番犬と異ならないと言うであろう。この狼は水揚げされた獲物の分け前に与るならば漁師たちと平和で友好的であるが、さもなければ、彼らの網をずたずたに破ってダメにしてしまう。分け前を貰えなかった代わりに、漁師たちに損害を与えるのである[2]。

註（1）マイオティスは現アゾフ海。コノピオンは蚊よけ網、蚊帳《かや》つきベッド等の意（kōnōps は蚊）。但し、アッリアノス（一／二世紀）『黒海周航記』一五-二によると、コノピオンはハリュス川の東方（黒海南岸）の潟となっている。（2）この話はアリストテレス『動物誌』六二〇b五以下に触れられている。

第七巻

一　数を数える牛

スーサの牛は算術の心得もあるという話だ。これが徒《いたずら》な誇張でない証拠にはこんな話がある。スーサにはペルシア大王の苑囿《えんゆう》専属の雌牛が多数いて、水回りのよくない場所のために一頭が水百杯を汲むことになっている。この苦役は牛たちに押しつけられたものなのか永年し慣れたものなのか、ともあれ牛たちはそれを孜々《しし》として果たし、怠けるものは一頭も見られない。しかし、もし件の百を超えて一杯でも多く汲ませようと粘っても、従わないし強制にも応じない。殴っても甘言で賺《すか》しても無駄である、とクテシアス（断片三四a）が伝えている。(1)

註　(1) プルタルコス『動物の賢さについて』九七四Eもクテシアスを引いてこの話を伝える。

二　象の終《つい》の棲家

アトラス[1]といえば歴史家や詩人たちが謳ってやまぬ山であるが、その麓に素晴らしい牧場と深邃なる森があって、その陰森たる趣は緑の屋根に覆われた蔭深い杜を思わせる。そこへは既に年長け老いにひしがれた象たちがやって来ると言われているが、それは自然が彼らを謂わば第二の故郷へと連れて来るのであり、彼らに最後の休息を与え、待ちに待った港の繫《かか》り場を指し示すようなもので、象たちはそこで余生を全うするのである。澄みきったうまい水が滾々と湧き出る泉があり、象たちは神聖なものと見なされ、危害を加えられることなく、現地人からも狩りは行わないという約定を取りつけてあるので、その地の森の神々や渓谷の主たちの庇護下にあると専らの評判である。

この象についてはこんな話も行われている。土豪の一人が牙ないしは角[2]の美しさ、大いさに魅せられ、それを選り抜きの家宝にするため幾頭かを殺したいと思った。何しろこの動物たちの武器は、長い星霜を経て巨大なものになっていたのである。男はこの欲望にとりつかれると、この神聖な群れを槍で仕留めるべく精鋭三百を送り出した。彼らは武装して足の限りに行程を詰め、いよいよその場に近づいたところ、突如疫病が彼らを襲って叩きのめし、一人を除いて全滅した。その者は立ち返り、実に傷ましい惨事を主に報告した。このように、象たちが神々の寵児でもあることが知られるのである。

註　（1）神話ではティタン神族の一人で、世界の西の果てで天空を支えている巨人。地理上は今のアトラス山脈とされる。（2）本書四-三二に、象牙は歯か角かという話題があった。

三　パイオニアのモノープス

パイオニアにはモノープスと呼ばれる動物がいて、大きさは毛深い雄牛に近い。〈パイオニア人がモノープスと呼ぶ〉こいつは追われると、興奮して火のような、鼻をつく匂いの糞を発射し、それが当たった狩人は死ぬ、と聞いている。

註（1）マケドニアの北の地域。現ストリモン川の西側。（2）アリストテレス『動物誌』六三〇a一九以下ではbonasos（別名monapos）、『異聞集』八三〇a五以下ではbolinthos（別名monaipos）として詳述される。絶滅したヨーロッパ野牛（バイソン）とされる。（3）重複と見てHercherは削除する。

四　雄牛の馴服

一度《ひとたび》飼い馴らされ、野獣から温和な獣へと変貌を遂げてしまえば、従順さが雄牛の特性となる。実際、運搬台に載せられてもじっとしたままだし、仰向けにして、あるいは顎を地面に着けて動かないようにさせるのも、前脚を畳んでしゃがませ、首筋に男の子や女の子を乗せさせるのも思いのままだ。雄牛が女性を背中に乗せて――正にエウロペだ[1]――後脚で高々と立ち上がり、全身をいとも軽々と何かに寄せかけるのも見られよう。私自身、雄牛の上で人が踊ったり動きを止めたり、身じろぎもせず立つのを見たことがある[2]。

註　(1) フェニキアの王女。白い雄牛に化したゼウスの背に乗ってクレタ島に運ばれ、ミノス、ラダマンテュスらを生んだ。彼女が通過した地域が後にヨーロッパと呼ばれる。(2) プルタルコス『動物の理性』九九二A以下に、劇場で様々なポーズをする馬や牛のことあり。

五　リビアのカトーブレポン

リビアの大地は多種多様な野獣を産するが、カトーブレポン[1]（下睨み）と呼ばれるものをも生み出すようだ。これは一見雄牛に似ているが、面構えがずっと猛々しく見えるのは、眉が高くて毛深く、その下にある目が牛のそれほど大きくないものの、寸詰まりで血走っているからである。真っ直ぐ前を見据えずに地面を見るところから、カトーブレポンと呼ばれもするわけである。頭の上に始まる鬣は馬の毛に似るが、額の真ん中を割って垂れ下がり顔を覆っているため、鉢合わせした人には一層恐ろしげに見える。食するのは致死性の根である。

これが雄牛のように眉の下から睨む時には、たちまち毛が逆立ち、鬣をおっ立てる。そして鬣がぴんと立ち口の周りの唇がむき出しになった時には、喉の奥から刺激性の悪臭を放つので、頭上の空気は汚染され、近づいてこれを吸った生き物の被害は甚だしく、声を失った上、死に至る痙攣に陥る。人間も遭遇すれば同じことだ。この獣は自分の力を理解しているし、動物たちも相手を知っているので、できる限り遠くまで逃げ去るのである。

註　（1）κάτω（カトー、下へ）とβλέπω（ブレポー、見る）からの命名。アテナイオス『食卓の賢人たち』二二一Bはミュンドスのアレクサンドロス（断片六）を引いてこの動物のことを記し、プリニウス『博物誌』八-七七もcatoblepasとして記述するが、場所は西エチオピアとする。吐く息で人を殺す他、眼光で殺すともいう。ヌー（牛羚羊《ウシカモシカ》）のことかと考えられている。

六　象狩り

象狩りの達人たちがいつも私たちに話してくれることだが、この獣は追われると矢のように走り、抗いがたい力、押さえがたい勢いで突っ走ると誰にも止められず、麦の穂か何かのように木々を薙ぎ倒しながら、巨木の間をまるで麦畠を行くように走り抜けるという。木々が象の背丈を越えて頭上に葉を茂らせる所もあれば、象の方が木々より高い所もある。いずれにせよ彼らは力の限り走って、蜘蛛手《くもで》の道で追手を分断してしまうのも理で、その地域を熟知しているからである。そして十分に引き離し、追尾する馬（騎馬隊）から遠くなると、危険を脱して自由になったとばかり安心して、立ち止まり休息して、喜々として恐怖の念をうち捨てるのである。

この時になって食事のことも思い出すのだが、食べるのは木々に絡みついて密生するスキーノス、木立に這いかかる葉だくさんの野生の木蔦、棗椰子の柔らかい若葉、その他の植物の瑞々しい若枝や新芽だと聞いている。もし追跡者たちが再度接近してきたら、象たちも再び逃走に転じ、遠く離れてから休むのである。夕べが迫ると追跡者たちは野営し、森に火をつけて、象たちの退路を遮断するような形にして足止めする。象の火を怖れることはライオン以上なのである。

七　雨か日和か鳥に聴け

アリストテレス（断片二七〇‐二一）の説で読んだのだが、鶴が海から陸へと飛んで行けば、物知りは嵐の確かな兆しだと知る。但し、静かに飛ぶ場合は晴天と大気の落ち着きを約束しており、声を立てない時はその沈黙で、経験豊かな人たちに凪凪を思い出させる。しかし〈下降飛行し〉(1)叫び声を上げ、動揺して乱れた動きをする時には、やはり激しい嵐の惧れがある。

黄昏時に青鷺が鳴いても同じことを示すらしい、とアリストテレスが自らの観察に基づいて言っている。青鷺が真っ直ぐ海を目ざして飛ぶのは、雨が天からどっと降ることの暗示である。

荒れ模様の時に梟が鳴くのは穏やかで晴れた一日になる前兆だが、逆に穏やかな時に小声で鳴くと、嵐を予想しなければならない。

大烏が早口で鳴きまくり、翼をバタバタと打ち鳴らすと、嵐になることを逸早く気づいている。大烏、嘴細烏、黒丸烏が午後も遅くになってから鳴くのは、嵐の到来を教えてくれる。黒丸烏が鷹の真似をして――というのはかの人の表現だが[2]――そうして高くまた低く飛ぶのは、寒冷と雨を表す。夕食時に嘴細烏が小声で静かに鳴くのは、翌日の晴天を招いているのである。

夥しい数の、色は白い鳥たちが現れるのは、大きな嵐になることを教える。鴨や川鵜が羽ばたくのは強風を表す。海から陸へと勢いよく飛び行く鳥たちは嵐の証拠である。エリタコス[3]が小屋や家へとやって来るのは、明らかに嵐の到来を逃れようとしているのである。雄鶏や飼鳥が羽ばたき誇らしげに声を上げるのは、嵐を表す。鳥が水浴びをすると突風の惧れがあり、風の襲来を予想させる。嵐のさなかに鳥たちが互いに別の群れの中に飛びこんだり、別の群れの中を駆け抜けたりするのは、晴天の予兆である。

鳥たちが湖の周りや川の堤に集まるのは、嵐になること知る時である。海の鳥と湖の鳥が陸地へ行くのは、大嵐になりそうなのを知っているからであるのに対して、陸の鳥が水辺へと急ぐのは、晴天を告げているのである。もちろんこれは、声を立てずに急ぐ場合である[4]。

註 (1) テクストが毀れていると考えられる。(2) テオプラストスの断片(『気象の予兆について』一六)に大烏と黒丸烏が「鷹の真似をする(鷹のように鳴く)」という表現が見える。(3) テオプラストス(『気象の予兆について』三九では erithеus の語形)、アラトス(『星辰譜』一〇二五)等でも予兆の鳥として現れ、ヨーロッパ駒鳥かとされる。(4) 本章の典拠としてアリストテレスが引かれるが、正しくはテオプラストスであろうとされる。

八　動物の気象予報

エジプト人が語るのを聞いたが、オリックスはシリウスの昇りを真っ先に知り、それを嚔《くしゃみ》で証言するという。(1)リビア人も稚気溢れる人たちで、かの国では山羊が同じことを予知する、と力説する。山羊は更に雨の近いのを予示するとのことで、それは囲いから出ると一目散に餌場へ走り行き、満腹すると家路を急いで、〈そちらを見やりながらじっとして〉(2)、一刻も早く集めてもらおうと羊飼を待つからである。

僭主ヒエロン(3)の時代のこと、ヒッパルコス(4)は毛皮を着て劇場に坐っていたが、空は晴れ渡っているのに嵐になるのを予知していたことで人々を驚かせた。ヒエロンは彼を賛嘆し、ヒッパルコスのような市民を持つことをビテュニアのニカイアの人々と共に喜んだ。アナクサゴラス(5)もオリュンピアでのこと、毛皮を着てオリュンピア競技祭を見物していたが、突如大雨になったので、ギリシア中の人々が彼を称え、彼の知性は人間の本性を越えて神の域だと褒めそやしたものである。

牛は、ゼウスが雨を降らしそうだと右側の尻を下にして蹲《うずくま》り、晴天だと逆に左を下にするが、これに驚く人はあるかないか程度だ。しかし、人をびっくりさせるに十分なことも聞き及んでいる。もし牛が鳴いて地面を嗅げば、必ず雨になる。牛が常以上にたらふく食べるのは、嵐を表す。羊が蹄で地面を掘るのは嵐の兆候のようだし、〈朝早くに雌に乗りかかるのは、早朝の〉(6)嵐を約束する。山羊が固まって寝るのも同じことを表す。豚が耕地に現れるのは雨が上がることを教える。仔羊と仔山羊が互いに飛びかかったり跳ね回ったりするのは、晴れやかな一日を約束する。

鼬がキーキー鳴いたり鼠が同じことをするのは、激しい嵐になりそうだと推測しているのである。狼が荒野を避けて真っ直ぐ人の住むあたりにやって来るのは、嵐の襲来に怯えていることを行動で証しているのである。ライオンが果実の多い場所に出没するのは日照りを表す。荷役獣が常ならず跳ね回り叫ぶのは雨嵐が来ることを表す。加えて荷役獣が蹄で塵芥を投げ上げるのも同じことを表す。たくさんの兎が同じ場所で目撃されるのは晴天を表す。

人間はこういった全てのことで後れをとり、それが現に起こってから知るのである。

註 (1) オリックスは白オリックス、ベイサオリックス、アラビアオリックス等があるが、特定できない。この記事はプリニウス『博物誌』二-一〇七にも見える。(2) Hercher の読みに従うが、尚不確か。(3) 写本の Νέρων(ラテン語の Nero)を Ἱέρων に改める刊本が優勢だが、この時代に僭主ヒエロンは見当たらない。(4) 前二世紀後半、ビテュニア(黒海の西南岸の地域)の大都ニカイア出身、古代最大の天文学者。(5) 前五世紀、イオニア出身の自然哲学者。アテナイで活動しペリクレスやエウリピデスの師となったが、太陽は赤熱した石であるとの説が不敬罪に問われた。この他、家の倒壊、日蝕、隕石の落下などの予言を行った(ピロストラトス『テュアナのアポロニオス伝』一-二)。(6) Hercher の読みに従う。

九　エジプトの鷹

鷹についてはこんなことも聞いている。エジプトでアポロン[1]に仕える者たちが言うには、「鷹飼」と呼ばれる人たちがいて、神の鷹を養い世話をする。この鳥は種全体がこの神の聖鳥であるが、特にかの地の幾ばくかの鷹は神聖で、特別の餌料で養われ、神への奉納物といささかも異ならぬように見える。その世話を託された人たちが素人に説明するには、この鳥は各自その巣で、〈聖なる杜で育てられているので[2]〉子を生む。〈彼らは他の鳥の世話もするが、とりわけここの鷹には手厚い[3]〉。鷹飼たちは鳥を捕まえて脳味噌を取り出し、生まれたての鷹に投げ与えるが、あえかな雛には柔らかい餌をというわけだ。しかし成鳥には肉と腱を供し、この餌が猛禽類を強くする効果がある。雛と成鳥の中間にある鷹には心臓があてがわれ[4]、その食い残しを見ることができる。ここに述べた餌の違いは、鷹が各年齢にふさわしく有益なものをよく知っていること、そしてそれを厳密に守り、年齢に外れた餌には触れようとしない事実に符合する。季節により鶉がこの国にやって来るし、その他の鳥の群れも出没するので、神聖な鷹はそこからもご馳走を得るのである。

註（1）エジプトの神オシリスとイシスの子ホロス（ラテン語形ホルス。本書一〇-一四参照）がアポロンと同一視される。（2）この部分は本来、「奉納物といささかも異ならぬ」の後にあったと考えられる。（3）テクストは毀れており、推測訳である。（4）本書二-四二には鷹は決して心臓を食べない、とあった。

一〇　犬の忠義

この話も犬の飼主に対する比類なき情愛を裏書きしていよう。ローマで内戦があった時のこと、ローマ人ガルバ[1]が殺害されたが、敵側の大勢が手柄を立てようと競ったにもかかわらず、立ちはだかる犬を殺すまでは、誰一人ガルバの首を切ることができなかった。これはガルバの飼犬で、主への忠義な情愛を持ち続け、遺体を守って戦ったことは、正に兵舎を共にした良き戦友、今わの際まで変わらぬ心友さながらであった。まことに、勇敢な人間ならぬ犬が豪毅な志を持って何という働きをしたことか[2]。知るに値する話だ。

エペイロスの王ピュッロスは旅先で一つの死体に出くわしたが、側には犬がいて、殺害に加えて遺体に危害を及ぼす者がないよう主人を守っていた。この犬は物も食わずに辛抱づよく孜々として見張りを行うことあたかも三日目であった。ピュッロスはそのことを知ると、死者を哀れんで埋葬を命じる一方、犬についても手厚い世話を受けさせるよう指図し、犬が側にいる時には、彼に友情と情愛を抱かせるに十分なだけのものを手ずから与えて、次第に手なずけた。

これだけのことであった。しかし〈ほどなく〉[3]重装歩兵の閲兵式があり、この王が見て回ったが、その傍らにはかの犬がいた。犬はずっと静かに、とてもおとなしくしていたが、閲兵の間に主人の殺害者たちを認めるや、その場でじっとしているよう自制することができず、彼らに跳びかかると、爪で引き裂きながら吠えたて、しきりにピュッロスの方を振り向いて、自分が人殺しを捕まえたことの証人になってもらおうと懸命に努めるのだった。そこで王にも側近の者たちにも疑念が生じ、犬がこの者らに吠えかかるわけを考えた。彼らは捕らえられ拷問にかけられて、凶行の一部始終を白状したのである(4)。

朋友を守るゼウス、友愛を守るゼウスの掟を踏みにじり、生前にも死後にも友人を裏切る全ての連中には、これは単なるお話としか見えない。私はしかし、自然の麗しさを醜く考えることしかできない人たちは信じない。何しろこの自然は、理性のない動物に情愛や慈愛の幾分かを分け与えているとすれば、理性ある生き物には必ずやそれ以上を分け与えているのだから。それなのに連中は自然の賜物を用いない。人間は卑しい利得のために企みをこらし裏切りをなして自分の友に仇をなすが、この上それらを逐一語り加える必要があろうか。犬もまた人間より信義に篤く情愛深いと証明されたとしたら、私の痛みはいかばかりであろうか。

註 (1) ネロに次いでローマ皇帝となったセルウィウス・スルピキウス・ガルバ。七ヵ月在位した後に兵士らに殺害された(六八年)。この話はプルタルコス『動物の賢さについて』九六九Cにも見える。(2)「豪毅な男(オデュッセウス)は何という働きをしたことか」(ホメロス『オデュッセイア』四-二四二)を踏まえる。(3) 底本は「かなりの後に」だがHercherの読みに従う。(4) この話もプルタルコス前掲箇所に見える他、プリニウス『博物誌』八-一四二にもエペイロスの犬として言及される。

一一　蛸と鷲の戦い

蛸についてのこんな話も私の耳に入って来た。海から突き出た、とはいえそれほど高くない岩があった。ある時、蛸がそれに這い登り、巻腕を広げて、気持ちよさそうに体を温めていたのは冬の寒空の気配があったからだが、未だ体を岩の色に変えてはいなかった。蛸にはそうする性質があって、それで自分に対する攻撃を防ぎもし、魚を待ち伏せもするのである。

さて、鷲がこれを目ざとく見つけたものの、自分のためにはならぬ獲物ではあったが、勢いよく翼の限りに蛸に飛びかかったのは、自分と子供らのための格好の食事になりそうだと見積もったのである。ところが、かの魚（蛸）の巻腕が鷲に絡みつきしっかりと摑んで、憎い敵を引きずり下ろした。諺にいう「大口を開けた狼[1]」とでも言えようか、鷲は食事のために死体となって海の上に漂うことになった。

鳥たちのこのような災難は無数にあるが、人間の場合はもっと多い。例えば、ヘロドトス（『歴史』一-二一四）が伝えるマッサゲタイ人の国におけるカンビュセスの子キュロス二世[2]、黄金を手に入れようとしてオロイテスの許へと急いだポリュクラテス[3]、他にも、

他人に悪をなすつもりで、自分の肝（命）に悪をなす者[4]

がいる。理性なき動物はそのようなことを知らぬのに対して、人間は知っていながら用心しないのである。キュロスよ、ポリュクラテスよ、舌や説諭や教師や鞭打ちが何の役に立とうか。他の連中のことは言わぬ。

聞く耳持たぬ愚か者どもに有益この上ない忠告をしても甲斐なき故に。

註 (1) ディオゲニアノス『百諺集』六-二〇に「狼が口を開ける。当てが外れた人について言う諺」とある。『イソップ寓話集』(Perry版) 一五八「狼と老婆」は、老婆が泣き喚く子供に「泣き止まないと狼にやるよ」と言って脅す。それを漏れ聞いた狼が大口を開けてじっと待つ話。テッサロニケのアンティパトロス(紀元前後)の「鷲と蛸」なる短詩もこの話を歌う(『ギリシア詞華集』九-一〇)。(2) アケメネス朝ペルシアを興したキュロス大王はマッサゲタイ人の国へ攻め入って敗死、敵の女王トミュリスがその首を切って、血を満たした革袋に投げこんだ。(3) サモス島の僭主で一時地中海に勢威をふるったが、サルデイスの総督オロイテスなるペルシア人に軍資金を提供すると欺かれ、出かけて惨殺された(ヘロドトス『歴史』三-一二二以下)。(4) カッリマコス『縁起譚』一の断片二に見える詩行。アイリアノス『ギリシア奇談集』八-九にも引かれる。類句に「他人に悪事を働く者は、自分自身に悪事を働く」(ヘシオドス『仕事と日』二六五)。

一二 働き者

パイオニアの女たちは世に知られた離れ業をするからといって、大きな顔をしたり鼻を高くしたりせぬことだ(1)。こういうことだ。彼女らは水を満たした水瓶を頭で運び、歩みにつれて水瓶がずれも傾きもせぬよう首筋をしゃんと立てる。胸には赤ん坊を吊り下げて乳を飲ませ、腕には手綱を括りつけて夫の馬を水飲み場に導き、両手で麻糸を紡ぐ。ダレイオスはこれを見て驚嘆したが、これはパイオニアの若者たちが妹をこのように装備させて、裁きを行うダレイオスの前を通り過ぎさせ、これほど集中して手仕事をこなすことにダレイオスが惚れこみ、パイオニア人を征服する気にならせようとした時のことであった[2]。

しかし、自然は〈パイオニア女以上にどれほど[3]〉豪《えら》いものであろうか。ここに猟犬がいる。狩るものは兎で、この犬は妊娠していたが、目標を達成するや、主人の獲物から離れ、引きこもって九匹の仔犬を生み落とすと、それを育てにかかったというのである[4]。もしエジプトの女たちも、お産が済むとすぐに起き上がって家の仕事に専念することで自慢するのなら、この犬の働きを聞いて自惚れを捨て去り、顔を隠して恥じるであろう[5]。

註　(1) 底本は命令法三人称複数に否定詞 μή が付いているが、Hercher はじめ諸訳は μή を削除する。すると「パイオニアの女たちは大きな顔をするがよい」という意味になるが、犬の方が働き者だという本章の主旨からして、否定命令ととりたい。(2) パイオニア人の二兄弟が部族の独裁者になりたいと思い、ペルシア王ダレイオスの気を引いて軍事介入してもらうためにこのような策略を考えた（ヘロドトス『歴史』五-一二以下）。(3) Hercher の読みに従う。(4) テッサロニケのアンティパトロスの短詩に、クレタ島の雌犬が鹿を狩ると同時に産をする話が見える（『ギリシア詞華集』九-二六八）。(5) アリストテレス『異聞集』八三七b二〇以下に、リグリアの女たちは働きながら子を生み、産後すぐに農作業や家事労働に戻るとある。底本のエジプトはリグリアの誤りかとされる。

一三　頼れる番犬

勤勉な騾馬のこと、年相応の仕事を進んでする故、アテナイ人が公費でその騾馬を養ったことはアリストテレスが語っていたし、我々も上で（本書六-四九）きちんと伝えたが、同じくアテナイで起こった犬の一件を語るのも場違いではない。

真夜中になるのを待っていた神殿荒らしが、人々が深い眠りに落ちるのを見すましてアスクレピオス神殿に忍びこみ、奉納物をあまた盗み取ったが、誰にも気づかれなかった、と思っていた。ところが、中には有能な見張りの犬がいて、寝ずの番にかけては宮守以上で、これが賊を追って吠えながら跡をつけ、弛《たゆ》むことなく、力の限りに犯行の証人を呼び続けた。この男と共犯者たちは初めは犬に石を投げたが、最後にはパンや焼き菓子を投げ与えたのは、それが犬を宥める餌になると思って、気を利かせて携行していたのである。ところが、男が寝起きする家に入る時にも出て行く時にも吠えるので、犬がどこから来たのかが調べられ、一方、奉納物を奉献する場所と財産目録とが失せ物のあることを示した。そこでアテナイの人々はこの男がそれだと見当をつけ、拷問にかけて一切を明るみに出した。男は法律に則って罰せられ、犬は信頼のおける番人として、寺男の誰にも負けない恪勤精励ぶり故に、公費で養われ世話されるという栄誉を受けたのである(1)。

註　(1) プルタルコス『動物の賢さについて』九六九E以下もこの話を記し、犬の名をカッパロスとする。

一四　山羊の眼医者

山羊といえば目にかかった霧、アスクレピアダイ[1]の息子たちが白内障[2]と呼ぶものを癒す技に長けており、人間はその治療法を山羊から学んだとも言われている。こういう具合である。山羊は自分の目が濁ったなと思うと木苺のところへ行き、棘に目をあてがい刺す。棘が突き刺さり液が流れ出るが、瞳は無傷のままで、再び見えるようになる。人間の知恵も手技も何ら必要としないのである[3]。

註（1）ホメロスの叙事詩を朗唱する専門集団をホメリダイ（ホメロスの子孫）と呼んだように、アスクレピアダイ（医神アスクレピオスの子孫）は医師を指した。「の息子たち」は冗語のように見えるが、一種の慣用表現。（2）原語 ὑπόχυσις（ヒュポキュシス）は「濁りが注がれた状態」というほどの意味。白内障を表す現代語 καταρ(ρ)άκτης（カタ（ッ）ラクテース）は「落ちかかる」という意味を含む。（3）アレクサンドリアのユリウス・レオニダス（一世紀）の短詩に、山羊が野生の梨の棘で目を突き、見えるようになったという話が見える（『ギリシア詞華集』九-一二三）。

一五　象の仁愛　付、ローマの貴婦人

象が川を渡る時、まだ若い象は泳いで渡るが、身の丈を超す流れの場合、成獣は鼻を水面上にもたげ、生

まれたての仔象については、母親が牙ないしは角に乗せて運ぶ(1)。危機や難局に際しては若者が先頭を務め、水を飲む時餌を摂る時には、遠慮して年長者に譲り、老人を敬うのにリュクルゴスの法律など必要としない。年老いて弱った象、病気にかかった象を群れの仲間が置き去りにすることは決してなく、誠実に側に留まるし、他の場合でもそうだが、とりわけ追跡されている時には、必死になって弱者を元気づけようとする。弱者を守って戦い、逃げることができるのに留まって傷を負うこともある。生みの母が赤ん坊を見捨てることは決してなく、たとえ狩人が迫っていても誠実に仔の側に留まって、子供よりむしろ我が命を捨てようとするほどである。

私は少年の頃、ラエニッラという年増女性を知っていた。皆人の指さす人物で、彼女についてはこんな話が語られていた。年配の人たちがよく私に語ってくれたのだが、この女性は召使に激しい恋をいだき、男には同衾を与え、自分の子供たちには汚名を着せた。この子供たちというのは、父系から見ても遠祖から見ても元老院階級に属する名門の生まれであった。それ故、母親が恥ずかしくてならぬ彼らはその醜行に心を痛め、穏やかに諫めもし、その行為の恥ずべきことを内々に言って聞かせもするのだった。しかし情欲にふくれあがっていた女は、息子たちより色恋を先に立て、息子たちが召使に対して良からぬことを企んでいると言い立てて、当時の役人に訴え出た。役人は讒言ならば易々と聞く耳を持っていたし、卑しい心根の病癖として疑い深く臆病な奴であったので、それを信じた。息子たちは罪なくして殺され、女は告発の褒賞として何憚ることなく奴隷と同衾することを得た。

ああ、祖国の神々よ、産褥のアルテミスよ、ヘラの娘なるエイレイテュイアたちよ(2)、最近の正に同時代の

悲劇に言及した我々としては、なぜその上にコルキスのメディアやアッティカのプロクネを語る必要があろうか。(3)

註 (1) 象牙が歯か角かという話題は本書四-三二に既出。象の渡河について、プルタルコス(『動物の賢さについて』九六八E)によると、一番若くて小さな象が先ず川に入り、大人たちに水の深さを示すという。プリニウス(『博物誌』八-一一)は、大きな象が川底を踏み荒らして水深を深くしないよう、小さいのを先に歩かせると言う。ピロストラトス(『テュアナのアポロニオス伝』二-一五)はこの二つの理由を併記する。(2) アルテミスは野獣の守り神で、獣や人の多産を司る。エイレイテュイアはヘラ(ゼウスの妃で結婚の守り神)の娘で、お産の守り神。時に複数とされる。(3) メディアはコルキス(黒海の東の王国)の王女。英雄イアソンに恋して祖国を捨てコリントスに渡るが、のち捨てられて、復讐のため二人の間に生まれた子供たちを殺す。プロクネも夫の蛮行ゆえに我が子を殺めることになった女性。詳しくは本書二-三への註参照。

一六 鷲と亀とアイスキュロス

鷲は陸の亀を捕まえると、上空から岩に打ちつけ、甲羅を割ってから肉を取り出して食べる。聞くところによると、かの悲劇詩人、エレウシス生まれのアイスキュロスが生を終えたのもこれがためであった。いつものように想を練り執筆していたのでもあろう、アイスキュロスは岩の上に腰をおろしていた。その頭は髪ひと筋もなき禿頭。鷲がこの頭を岩と思い、摑んでいた亀をこれ目がけて投げ落としたところ、弾丸は命中

し、この詩人の命を奪った。(1)

註 (1) この話はアレクサンドリアの文献学者(前三世紀)に溯ると考えられる「アイスキュロス伝」、諷刺詩人ソタデス(前三世紀前半)の詩(ストバイオス『詞華集』四-九八-八に引用)、ウァレリウス・マクシムス(一世紀前半)『著名言行録』九-一二-外国部二、プリニウス『博物誌』一〇-七にも見える。拙稿「漱石とギリシア奇譚」(『極楽のあまり風』ピナケス出版、二〇一四、所収)、五之治昌比呂「『吾輩は猫である』の二つの逸話の材源について」(「西洋古典論集」二四、二〇一六)、参照。本書三-二〇には鴎が上空から蝸牛を落とす話があった。

一七 ケーリュロスと翡翠《カワセミ》

ケーリュロスと翡翠は餌をとるのも生活するのも一緒だ。ケーリュロスが年老いて弱ると、翡翠は中翼羽《なかよくう》と呼ばれるところに乗せて運び回ってやる。(1) ところが女たちときたら、夫が年老いてくると馬鹿にして、若い男に色目を使う。夫は夫で、盛りを過ぎた糟糠の妻をほったらかして若い女に血道をあげる。声を付与された存在が理性なき生き物以上に理不尽な生き方をして恥じないのである。

註 (1) ケーリュロスについては本書五-四八への註参照。アルクマンの詩に、「ケーリュロスになりたや、波の花かすめて飛び行くケーリュロスに」(断片二六(Page))。前七世紀後半)とある。一方、カリュストスのアンティゴノス『驚異集』二三（Keller版）やプルタルコス『動物の賢さについて』九八三A以下では、翡翠の雌が年老いた翡翠の雄を翼に載せて運び養う、とある。「中翼羽」と訳したものの原語はmesopterugia（真ん中の・翼の縮小形）だが、正しい訳語を知らない。

一八　コプトスの大烏

コプトスと呼ばれる町の辺りの住民の話によると、そこでは大烏は二羽しか目撃されないという。ところが、エメラルド鉱山があるので山間部の警備にあたるローマ人も自信を持って言うには、そこにもこの鳥が同じ数だけ棲んでいるという。その地域には尊崇あつ いアポロン神殿があって、大烏はこの神の聖鳥であると言われている[1]。

註　(1) コプトスはナイル河東岸の大都。テーベのやや北、現Qift. 紅海に通じる貿易拠点として栄えた。プリニウス『博物誌』三七-六五は、コプトスに近い丘でエメラルドが採掘されると記す。

一九（一九、二〇、二一、二二）　動物の悪徳

ここで動物の特性を話しておくのも悪くない。羊と驢馬は怠け者のようだ。臆病なのは仔鹿、プロクス、

ゾルクス(1)、ピュガルゴス(2)、兎。兎のことを詩人たちがプトークス（恐がり）と呼ぶのは、明らかに πτώσσειν（プトーッセイン、身を竦める）から来ている。臆病なのは他にもいて、翼あるものでは例えば雀、水に棲むものでは鯔《ボラ》がそうだ。

好色なのは狒狒に雄山羊。雄山羊は女と交わるとさえ言われ、ピンダロス（断片二〇一）が驚いているのもこのことらしい(3)。犬が女に挑みかかる話もいろいろ伝えられており、ローマではある女が姦通の廉で夫により訴えられたが、裁かれた間男は犬であったという。狒狒が乙女に恋をした、いやそれどころか、メナンドロスの宵宮の劇(4)に出てくる青二才顔負けの無軌道さで娘を強姦した、と聞いたこともある。鷓鴣《シャコ》も極めて性欲が強く浮気性である。現にこの鳥は、音も立てずにこっそりと雌のところに通うと言われている(5)。

餌の分かち合いを決して受け入れないのは犬だ。一本の骨をめぐってしばしば引き裂きあいまで演じるのは、まるでヘレネをめぐるメネラオスとパリスの鞘当てのようだ(6)。獲物を真ん中に置いて一緒に食べるのはメンピスの犬だけだ、と聞いたことがある。情け容赦も正義のかけらもないのは猪である。現にこいつらは互いの死体を啖《くら》い合う。たいていの魚も同じことをする。最も罰あたりなのは河馬で、父親をさえ口に入れる(7)。恥知らずでなかなか抑えがきかないのは蠅と犬である。

最も荒々しいのは狼。エジプト人に言わせると共食いさえするし、攻撃の仕方はこんな風だという。全員で輪になってから、やおら走り出す。走り回って目眩《めまい》がし、目が暗んでぶっ倒れる者があると、残りが襲いかかり、引き裂いて食ってしまう。狩りの獲物がなかった時にはいつもこれをする。飢えないことに比べれば他の全ては屑同然と考えるのは、さながら金銭を前にした卑しい人間のようである。

最も悪辣な動物は猿であるが、人真似をしようとする時には一層ひどくなる。例えば、乳母が盥で赤子を湯浴みさせるのを遠くから見ていた猿がいる。乳母は先ず襁褓《むつき》をはずし、湯浴みの後でまたくるむ。乳母が赤子を休ませる場所を注目していた猿は、人気がなくなるのを見ると、一部始終を覗き見していた開いた小窓から跳びこみ、ベッドから赤子を抱き上げ、見ていたとおりに裸にして、盥を据えると、炭火の上で沸いていた熱湯を可哀想な赤ん坊にぶちまけ、無惨にも死なせてしまったのである。

悪辣ということではハイエナやコロコッタースと呼ばれるものもそうだ。実際、ハイエナは夜になると家畜小屋へ出かけ、人間の嘔吐の真似をする。犬たちがそれを聞いて、人間かと思って駆けつけると、ハイエナが捕まえて食うのである。[8] この耳で聞いたコロコッタースの悪党ぶりも今語っておくのがよかろう。それは藪の中に隠れていて、木樵《きこり》たちが互いに名前を呼び合ったりしゃべり合ったりするのを聞いている。そしてその声を真似て——この話は作り話めいているにしても——人間の声を発し、先刻聞いた名前を呼ぶ。呼ばれた男がそちらへ行くと、コロコッタースは後退して再び呼ぶ。男は声につられて更に進む。そして男を仕事仲間たちから引き離して独りにしてしまうと、捕まえて殺し、声を餌に誘き寄せたものを餌にするのである。[9]

註　(1) prox も zorx も dorkas（ガゼル）の別名とされる（本巻四三章）。(2)「尻が白い」の意でガゼルの類。(3) ピンダロス、断片二〇一は、「エジプトのメンデス、海に面する断崖に臨み／ナイルの角（支流）の果てる所——そこでは雌山羊にまたがる／雄山羊どもが女たちと交合する」（内田次信訳）。メンデスはナイル河デルタ地帯の東北部にある町。ヘロドトス『歴史』二-四六も、そこで雄山羊が衆人環視の中で女と交わったと記す。山羊の姿の牧神パンが崇拝され、女人と交わるのは聖婚儀礼であった。（4）メナンドロスはギリシア新喜劇の大家。かなりの部分が残る『辻裁判』や『サモスの女』で、宵宮の闇に紛れて若者が少女をレイプする。（5）鶺鴒の愛欲については本書二-五、三-一六参照。（6）トロイア王子パリスはスパルタ王メネラオスに歓待されながらその妃ヘレネを誘拐、トロイア戦争の原因を作った。（7）プルタルコス『動物の賢さについて』九六二E、『イシスとオシリス』三六四Aによると、河馬は母親と交わるために父を殺すという。（8）このことはアリストテレス『動物誌』五九四b三に見え、プリニウス『博物誌』八-一〇六も引用する。（9）コロコッタース（またはクロコッタース）は狼と犬の間の子、またはハイエナの別名という。クテシアス（断片七六）によると、エチオピアではkunolukos（犬狼）と呼ばれ、プリニウス『博物誌』八-一〇七ではエチオピアの雌ライオンとハイエナの間の子とされ、人畜の声を真似るという。シケリアのディオドロス『世界史』三-三五-一〇はこれが人語を真似るなど信じられないと言う。

二〇（二三）　ライオンの復讐

かつて仇なした者に復讐することをライオンは知っており、たとえその場で仕返しをしなくても、
後々まで胸に遺恨を抱いて、
いつか晴らそうとする。（ホメロス『イリアス』一-八二）

ローマで人質となった人（ユバ二世）の父であるマウリタニア王ユバ(1)がその証拠となる。

ある時、ユバは離反した諸部族を攻めるため砂漠を行軍していたが、伴走する兵の中に美貌で狩り好きの貴公子がいて、道端に現れたライオンに槍を投げつけ、狙い過たず傷つけたものの殺すには至らなかった。急ぎの行軍でもあり、獣も引き退いたので、傷つけた若者も残りの軍勢と共に先を急いだ。

丸一年が過ぎ、ユバは出征の目的を果たして、同じ道をとって引き返し、ちょうどライオンが傷つけられた地点にやって来た。夥しい兵がいたのに、獣はかの若者に向かって行くと、余人には見向きもせず、一年前の加害者に摑みかかり、この間ずっと育んできた怒りを一気にぶちまけて、見つけ出した若者を引き裂いた。助けに入る者が一人としてなかったのは、ライオンの肝魂を揺さぶる激しい瞋恚に怖れをなしたのと、先を急ぐ旅でもあったからである。

註（1）マウリタニアでなくヌミディアの王ユバ一世。在位、前六〇―四六年。ローマの内乱ではポンペイユス派に与するが、カエサルに敗れて自殺。その子ユバ二世は四歳で捕虜としてローマに連行されるが、高い教養を修めてギリシア語で多くの歴史書を書き、ローマよりマウリタニア王に封じられた。在位、前二五―後二三年。この記事はユバ二世の断片五五に残る。

二一（二四）　蟹さまざま

蟹にはさまざまな種類、いろいろな種族がいると聞いている。岩に棲むものがいるかと思うと、泥や海藻や砂に生まれるものもいる。姿形や呼び名も多彩である。

ドロミアース（走り蟹）[1]なる名づけは言いえて妙であるが、この蟹はあちこちへうろつき回る。生来、同じ場所に動かずじっとしているのが嫌いで、生まれて来た海岸あたりを歩き回り、時に遠くまで出かけるのは旅行好きの人間と異ならない。うろつき回る口実は岩場とか泥地帯へ足繁く通いたいということだが、これほど歩き回る理由は、もっと食べ物が欲しいということだ。

トラキアのボスポロス海峡[2]で、激しい潮の流れが黒海から流れ下りて来ると、蟹は流れに逆らって遮二無二歩いて行こうとするが、当然ながら流れは岬々に激しくぶつかって砕ける。蟹がもし流れに突っかかって行こうとすれば、完全に押し戻され破滅させられるであろう。彼らはそれを先刻承知しているので、岬の近くに来ると、湾のようになった所で各自が留まって後続を待つ。そして一箇所に集合すると陸に這い上がり、崖によじ登って、海の流れの最も激しい部分は歩いて横切る。こうして岬が終わりそこを過ぎると、再び海に降りるのである。

漁師はこの蟹の命を取らないが、それは蟹が自発的に陸に這い上がって来るからであり、自分たちも蟹同様無事でいたいからである。つまり、人間が海の波よりも残酷だと思われることに堪えられないのである。

註 （1）アリストテレス『動物誌』五二五b七以下に、フェニキア辺の海岸に走るのが速くて捕まえにくいhippoi（馬。異読はhippeis（騎士））という蟹がいるとあり、プリニウス『博物誌』九-九七もこれを引く。ドロミアースがこれに相当するなら、砂蟹の仲間であろう。（2）キンメリアのボスポロス海峡（ケルチ海峡）と区別して、トラキアのといえば黒海とマルマラ海を結ぶ現ボスポラス海峡。黒海の蟹のことはプリニウス『博物誌』九-九八にも見える。

二二（二五） 間男を顕す犬

とても賢い上、貞淑なことこの上ない生き物の嫉妬心については上で（本書三-四二、五-二八）語ったことを知っているし、私の記憶が間違っていなければ、その生き物とは青鶏《セイケイ》であったが、加えてシケリアの仔犬も間男の敵、その手の輩の天敵であるという話だ。

夫が旅先から帰って来たことを淫婦が知った時、間男は家の中で隠れて、身を隠すのに十分と思ったのは、召使の中に買収されたのがいて、女主人とぐるになって悪事を隠したし――正にエウリピデス（『オレステス』一一一二）の言う「鏡や香料の世話をする輩」だ――門番も閨の盗人を安心させたからである。ところが大きな当て外れ、そうは問屋が卸さなかった。間男のいる場所で、仔犬が吠えながら扉に足を打ちつけて、主人を驚かせると共に、そのしぐさで何か悪事が潜んでいることを推測させたのである。当然不安に駆られた主人は扉を押し開き、間男を押さえた。男は短剣を持っていた。夜を待って、家の主人を殺して件の女と結婚するつもりだったのである。

二三（二六）　唾の威力を知る山羊

これも山羊の賢いところだ。山羊は人間の唾が他の生き物に死をもたらすことをよく知っているので、用心することは、ちょうど我々が口にするだけで害になるものを避けようとするのと同じだ。ところが、人間は知らずにうっかり毒を飲みこんだ人が多々あるのに対して、山羊が件の唾に気づかないなんてことはありえない。同じこの唾は沙蚕《ゴカイ》を殺すことも覿面である。

屠所に曳かれて行く山羊はそれをよく知っている。それが証拠に、もう餌に触れようとはしない。山羊は羊の群れの後尾につくことを潔しとせず、自分が先頭にならなければならないことを歩き方で示す。現に山羊は羊の群れの前を走るが、その山羊の前を雄山羊が行く。雄は顎髭からくる自信と、一種不思議な本能から、雌より上だと思っているのである。

二四（二七）　風を知る羊

羊は最も従順な動物で、生まれながらに従うことを教えられている。現に牧人や犬の言うことをよく聞くばかりか、山羊にも追随する。互いに慈しみ合うこと強く、狼に襲われることが少ないのは、山羊と違って、めいめい勝手にさまよい歩いたり、仲間から離れたりしないからである。アラビア人が語るには、彼らの国の羊は飼料よりむしろ音楽によって肥え太るという。塩気のあるものを好んで食べるのは、それが飲み物の風味となるからである[1]。

羊はまたこんなことも知っている。出産のためには雌羊に乗りかかる雄羊よりも北風と南風が役に立っている、と。北風が雄を生ませるのに対して、南風は雌を生ませる性質があることを知っているのだ[2]。そこで交尾をする雌羊は、雄の仔が欲しいか雌が欲しいかによって、違う風の方を向くのだ。

薪の山に横たえられた友を焼くためにアキレウスは風に祈らなければならなかったし、イリスは彼のために風たちを呼び出して、来てくれたならお礼の生贄を捧げると約束しましたね、素晴らしいホメロスよ[3]。それにまた、ネオクレスの子もろもろの風に生贄を捧げるようアテナイ人に教えたものだ[4]。ところが雌羊は苦もなく奇跡頼みもなしに、呼ばれもせずに来てくれる風たちを自分のお産に奉仕させるのだ。羊飼たちも風を見極めるのに巧みで、南風が吹くと雄羊を雌羊の上に跨がらせて、雌の仔の方がたくさん生まれるようにするのである。

註 (1) アリストテレス『動物誌』五九六a一七以下によると、水と塩分が羊の健康と乳の出を促進するという。プルタルコス『自然学的諸問題』九一二Dにも「牧人が家畜に塩を与えるのは何故か」という問題設定がある。(2) 北風の吹く時に交尾すると雄が、南風の時には雌が生まれるという(アリストテレス『動物誌』五七四a一以下、他)。コルメッラ『農業論』七-三-一二も、雄をたくさん生ませたいときは北風に向けて交尾させるという。(3)『イリアス』二三―一九二以下。アキレウスは心友パトロクロスの遺体を焼く時、火勢を強くするため北風と南風に祈る。それを受けてイリス(虹の女神。神々の使者)が風たちを呼びに行く。(4)ヘロドトス『歴史』七―一八九。ペルシア王クセルクセスによる第二回ギリシア侵寇の折り、アテナイ人は神託に従って、義兄弟のボレアス(北風)に援助を祈る。ボレアスはアテナイ人の神話上の祖エレクテウスの娘オレイテュイアを攫って妻にしたから、彼らの義兄弟だというのである。ネオクレスの子テミストクレスはサラミスの海戦(前四八〇年)でギリシア軍を勝利に導いた智将。

二五(二八) イカリオスの犬

初めて葡萄酒を飲んで眠りに落ちた者たちの縁者は、それが死ではなく酒ゆえの昏睡であることを知らずに、イカリオスを殺してしまったが、その時アッティカの住民が病に襲われたのは、思うに、ディオニュソスが自分の植物を最も古く最初に栽培した人物の仇をとるためにしたことであった。(1) ピュトの神(2)は、アテナイ人が健康を取り戻したいと思うなら、イカリオスとその娘、それに、飼い主を愛するあまり、その死後も生きることを望まなかったことで名高い犬に、生贄を捧げよと神託を下した。

ご主人の不幸は、忠実な召使にとっても
禍いですので、心が痛みます。(『メデイア』五四以下)

というエウリピデスの科白はふざけている。だって、主人の奴隷である犬がそれをしているのに、主人の後を追って死んだ人間がどこにいるだろうか。(3)

註 (1) ディオニュソス神から葡萄の栽培と葡萄酒作りを教えられたイカリオスは、隣人にそれを飲ませたが、毒を飲ませたと疑われて殺された。この話については本書六-二五への註で詳述した。(2) ピュトはデルポイの古名。その神とは神託を述べるアポロン。(3) 本書六-二五には忠犬と並んで、主の後を追った人間の話もあった。

二六(二九) 忠犬

犬の飼主に対する情愛は独特で、この話もその証拠となる。コロポンの男が仕入れのためにテオスまで出かけた。(1) 商品の小売りや交換で収入を得ている商人で、金《かね》と召使奴隷と犬を伴い、金は奴隷に持たせていた。旅をするほどに、召使は生理的要求に迫られて道を外れ、犬もついて行った。この若者は銭袋を下に置いたのだが、取り上げるのを忘れてその場を立ち去った。だが、犬は金の上に蹲り、その場にじっと留まった。主人と召使はテオスに着いたものの、買い物をする資金がなく、なすところなく引き返した。同じ道を、召使が財布を置き忘れた所で再び逸れると、自分の犬が財布の上に蹲っているのが見つかったが、飢えのため息も絶え絶えであった。犬は主人と連れの奴隷を見ると銭袋から身をずらし、同時に見張りの任務とわが命を解いた。
私が語ったようなことがテオスの男[2]にも起こったのであれば、神の如きホメロスよ、犬のアルゴスの話もあなたの作り事でも詩的誇張でもなかったのですね[3]。

註 (1) コロポンは小アジア西岸の大都。ホメロスの生地を称する。テオスはその西北の都市。(2) コロポンの男とすべきである。(3) オデュッセウスの帰国を二〇年待って死んだアルゴスについては、本書四‐四一への註参照。

二七 (三〇) 飛ぶ蟹

蟹の一種なのに名前はペテーリアース(飛ぶ蟹)というのがいる[1]。見たところ他の蟹よりも白く、泥の中に生まれる。ものに怯えた時に飛ぶのだが、それは小さな羽を持っているからで、それが彼らを少し宙に浮かせ、軽くするのである。歩く時には全く羽を必要としないが、驚いた時など、それが強力なとは言わぬまでもある程度の助けとなる。高く飛び上がらない時とか上空飛行できない時に捕まえられるからである。この蟹を食べる人もいる。激痛がある時にこれを食べると、腰[2]の痛みに効くと言われている。

註 (1) Thompson は同定できないとした上で *Talitrus*(ハマトビムシ等)を示唆する。(2) 腰と訳した iskhion は股関節の意で sciatica(座骨神経痛)の語源であるが、そう特定する自信もない。

二八（三二一、三二二）　宿借《ヤドカリ》、そして巻貝

宿借は生まれてくる時は裸だが、自分に合った殻を選んで最適の住処とする。紫貝や巻貝の空っぽなのに出会うと、その殻に潜りこむ。それに守られている間はその寝ぐらに満足しているが、体が大きくなると他の家に引っ越しする。そのような空の貝殻にはたくさん出会えるのである。(1)

巻貝は王さえも戴き、その支配に服すること極めて従順である。この王は大いさで他を圧し、美しさで抽んでる。(2) 深く潜るのがよい時には真っ先にそれを行い、浮上する時にも先頭を切る。移動すれば残余のものがつき従う。

この王を捕まえた人は、幸運が転がりこむことを知っている。それどころか、これが捕まるのを目撃した人も、自分にも善きことがあると思って、喜ばしい気分になって立ち去る。ビュザンティオンではこの王を捕まえた者には賞品まで提供される。捕まえた者に漁師仲間が各自一アッティカ・ドラクメーを与え、それが賞品となるのである。(3)

註　（1）宿借の記述はアリストテレス『動物誌』五二九b二〇以下、五四八a一四以下、オッピアノス『漁夫訓』一-三二〇以下等に見える。（2）strombos は渦巻状のものを指す語で、海産巻貝のどれと特定するのは難しいので一般名称と解した。その王というのも特定できないが、Thompson は法螺貝を示唆する。（3）ドラク

メーについては本書五-二一への註参照。

二九（三三）　海胆《ウニ》の知恵

波は海胆を住処の外に転がし、激しい勢いで海から放り出して陸地にぶち当てる。それを怖れる海胆は、波が騒ぎ立ち、風が激しさを増しそうになるのを感知すると、無理なく運べる限りの小石を棘で摑みあげて重しとするので、簡単には転がされないし、怖れているような目にも遭わないのである。(1)

註　(1) このことはプリニウス『博物誌』九-一〇〇、プルタルコス『動物の賢さについて』九七九B、オッピアノス『漁夫訓』二-二二五以下にも見える。

三〇（三四）　紫貝採り

紫貝は極めて貪食で、長く伸びる舌を持ち、これを可能ならば何にでも差しこみ、これで食べるものを引っぱり出すが、また捕まるのもこれがためである。漁の仕方はこんな風に行う。

小さくて目の詰んだ筌《うえ》を編んでおく。紫貝の餌となる巻貝を中に入れ、筌の真ん中に差しこんでおく。これを賞品として紫貝は舌を伸ばし届こうとするわけだ。手に入れたいものをふいにしないためには、どうしても舌を一杯に突き出すことになる。こうして舌を差し入れて吸い出すが、やがて舌は食いすぎのために膨れあがって、引っぱり戻すことができない。こうして捕らえられたままとなる。紫貝漁師はそれに気づいて、貪食に捕らえられた紫貝を二番手として獲るのである。(1)

註 (1) この話はオッピアノス『漁夫訓』五-五九八以下にも歌われる。紫貝の詳しい記述はアリストテレス『動物誌』五四六b一八以下にある。紫貝の蓋の下から伸びる舌は人間の指より大きく、それで貝の殻に穴を穿って食べるという。「紫貝よりも貪食」なる諺の由来は、何でも食べるから、何でも染めるから、の両説あるという(アテナイオス『食卓の賢人たち』八九A以下)。

三一(三五) 沙蚕《ゴカイ》

沙蚕(スコロペンドラ)は海の獣であるが、陸のスコロペンドラにそっくりである。人間の肉がこれに触れると、噛まれたような痛みを感じ、たちまち痒くなって、蕁麻《イラクサ》とよばれる草から受けるような症状になる。(1)
磯巾着《イソギンチャク》も痒みを惹き起こすが、それほどひどくはない。磯巾着は秋分の日を過ぎると食用に適する。(2)

註 (1) このことはオッピアノス『漁夫訓』二-四二四以下に歌われる。形の類似から海の skolopendra(沙蚕)、陸の skolopendra(蜈蚣《ムカデ》)の呼称となる。但し、沙蚕は刺さないから、海のスコロペンドラは同定不可能とすべきかもしれない。(2) 磯巾着は夏は水っぽく、身の引き締まる冬に食用になるという(アリストテレス『動物誌』五三一b一二)。尚、磯巾着はakalēphēというが、蕁麻を表すknidēの語でもこれを表せる。

三二一(三六) 象の敗走

戦争における兵士のように象が猟師たちに後ろを見せて敗走に入る時には、てんでんばらばらになるのでなく、一丸となって逃げ、仲間に密着して互いに押し合うほどである。輪の外側には謂わば最も戦闘的な若者、真ん中には年寄りと母親、母親の下には仔象がいて、各自が自分の子を庇っているので、小さい象はめったに見えない。もし象がひと塊になっているのを見たら、ライオンでさえ一目散に逃げるか、それぞれの場で仔鹿のように竦《すく》みあがることになる。普段は肝魂を揺さぶる恐ろしいライオンがこの時の象を怖れるのである。象も子供や病気のものを守るのでない限り、追跡者に立ち向かうことはないが、そうなった時には無敵である。

三二二(三七) ポロス王の象

インドの王ポロスがアレクサンドロスとの戦いで多くの傷を負うた時、象はその鼻でそっと優しく槍を引き抜き、自らも重傷を負っていたにもかかわらず、主人が夥しい出血のため弱り果て気絶すると見るまで屈しなかった。その後で体を折り、ポロスが落下してそれ以上体を痛めつけぬようずっと蹲っていた(1)。

註 (1) この話はプルタルコス『英雄伝』中「アレクサンドロス」六〇、『動物の賢さについて』九七〇C以下にも記される。ポロスはインド西北部パンジャブ地方の王で、この戦いは前三二六年のこと。大王は敗れたポロスの領土を安堵して礼遇した。

三四 (三八) 従軍する犬

ヒュルカニア人やマグネシア人の出征には犬たちが従い、立派な味方ともなり援軍ともなった。(1) あるアテナイ人はマラトンの戦に犬を従兵として連れ行き、両者とも絵画柱廊(2)の絵に描かれている。犬も名誉を奪われず、キュネゲイロスやエピゼロスやカッリマコス(3)の部下たちと一緒に鑑賞されることで、危険を冒した報酬を受けているわけである。これらの人物および犬はミコンが描いたものであるが、そうではなく、タソスのポリュグノトス(4)の手になると言う人もいる。

註 (1) ヒュルカニアはカスピ海東南岸の地域。マグネシアは同名地が複数あるが、テッサリアの東の地域であろう。ペルシア王クセルクセスのギリシア遠征軍にも無数のインド犬が従った(ヘロドトス『歴史』七-一八七)。(2) アテナイのアゴラーの東北部分にあった柱廊建築。絵画で飾られたのでこう呼ばれた。パウサニアス『ギリシア案内記』一-一五-一以下に紹介がある。(3) マラトンの戦(前四九〇年)におけるアテナイの武将たち。キュネゲイロスは悲劇詩人アイスキュロスの兄弟。敵船の艫《とも》飾りを摑み、腕を切り落とされて果てた。エピゼロスは奮戦中、巨人の幻を見て失明。カッリマコスは夥しい槍に貫かれて立竦《たちすく》みに死んだ(ヘロドトス『歴史』六-一一四および一一七。プルタルコス『ギリシア・ローマ対比史話』三〇五B以下等）。（4）前五〇〇頃―四四〇年頃。タソス島（エーゲ海北端）出身、古典期ギリシア最大の画家。プリニウス『博物誌』三五-五八がその功績を記す。

三五（三九）　雌鹿の角

雌の鹿は角を生やさない、などと言う人は、その反対のことを証言する人たちへの敬意を欠いている。[1] ソポクレスがこう言っているではないか。

切り立った岩から、角ある雌鹿が
草を求めて降りて来た。（断片八九）

更に、

鼻面と〈……〉枝分かれした角をもたげて、
悠々と歩む。（断片八九）

これはソピッロスの子（ソポクレス）が『アレオスの子供たち[2]』で言うところだが、エウリピデスも『イピゲネイア[3]』で言う。

角ある雌鹿をアカイア軍の手の中に
置いてやりましょう。彼らはそれを生贄に屠って、
そなたの娘を殺したと言い立てるでしょう。（断片一（Diggle））

同じくエウリピデスは『テメノスの息子たち』[4]では、ヘラクレスの難業の一つであった鹿には角があることを、こんな風に歌っている。

黄金の角ある鹿を求めて彼はやって来た。
大いなる難業の中でも恐ろしいことを引き受けたものだ。
山中の隠れ場を、人跡未踏の草原を、
羊の群れいる杜を探し回って。（断片七四〇）

テーバイの歌人（ピンダロス）は祝勝歌の中でこう歌う。

父神（ゼウス）より出たるエウリュステウスの強制が、
黄金の角もつ雌鹿を連れて来いと、彼をせき立てた。[5]（『オリュンピア祝勝歌』三-二八以下）

更にアナクレオンは雌鹿に寄せてこう言っている。

生まれたばかりの仔鹿の

未だ乳離れもせぬもののように。それは森の中で、
角ある母親に置き去りにされて怯えている。[6]（断片六二）

テクストの読みを曲げて、κεροέσσης（ケロエッセース、角ある）でなくἐροέσσης（エロエッセース、愛らしい）と書くべきだと主張する者たちに対しては、ビュザンティオンのアリストパネスが断固反論しているし、我が意を得たりの反論だと思う。

註　(1) アリストテレス『動物誌』五三八b一八は、雌鹿には角がないと言う。雌も角を持つ鹿は馴鹿《トナカイ》だけとされるから、本章の角ある雌鹿は馴鹿を指すのであろうか。(2) ソポクレス『アレオスの子供たち』は次のような神話を扱っていたと推測される。テゲアの王アレオスは、娘アウゲが生む子はアウゲの兄弟たちを殺すとの神託を受けたため、娘を神に仕える巫女にした。アウゲはしかしヘラクレスに犯されて身ごもる。父は人に命じてアウゲを海で溺死させようとするが、彼女は道中で出産し、赤子は雌鹿《エラポス》に育てられたところからテレポスと名づけられる。断片は雌鹿が赤子を見つける所であろうか。(3) 現存するエウリピデス『アウリスのイピゲネイア』にこの科白は見えず、Diggle等テクスト編者はこれを断片として扱う。トロイア遠征を控えたアカイア軍（ギリシア軍）はアウリス港に集結するが、アルテミスの聖なる鹿を射た罰で順風が得られない。女神の怒りを解くためには、総大将アガメムノンの長女イピゲネイアを生贄に捧げなければならない。女神はしかし気高いイピゲネイアを哀れんで、代わりに鹿を生贄にさせる。断片は、アルテミスがアガメムノン（あるいは妃のクリュタイムネストラ）に向かって言う科白と解される。(4)『テメノスの息子たち』の扱う神話は有名でないが、ヘラクレスの十二の難業はよく知られている。ゼウスはアルクメネにヘラクレスを生ませたが、

妃ヘラはそれを恨み、ヘラクレスを発狂させたりして終生迫害する。エウリュステウス（ゼウスの子孫でミュケナイ王）を通じてヘラクレスに十二の難業を果たすことを命じたが、アルテミスの聖なる雌鹿を生け捕りにすることは三番目の難題。（5）この話の背景は前註参照。（6）この断片はアテナイオス『食卓の賢人たち』三九六Dにも引かれる。

三六（四〇）　忠犬

これも犬の情愛が何ものにも超えられないことを示す話である。悲劇役者のポロス(1)が死んで荼毘に付される時、その飼犬が薪の山に跳びこんで同じ火に我が身を焼いた。メントルが火葬される時には、エレトリア犬たちが進んで同じ火に焼かれ、最期を共にした(2)。テオドロスは竪琴の名手であったが、親族が彼を棺に納めた時、メリテ島の小犬が遺体を納める棺に跳びこんで、一緒に埋葬された(3)。

聞き及ぶところでは、エチオピアには犬を王に戴く部族があり、民はその意向に従い、犬が鼻を鳴らす時にはその心穏やかなるを知り、吠える時は怒れるものと理解する(4)。この話の証人としてアリストクレオン(5)を引くヘルミッポス(6)（断片一〇四）が十分に信用できる証言者だと思う人は、信じたらよろしい。私はうっかりやり過ごさずに、よい時にこれを思い出した(7)。

註（1）前四世紀、悲劇役者。愛児の死後間もなくソポクレス『エレクトラ』を演じることになり、エレクトラ

が弟オレステスの骨壺を抱いて嘆く場面を、愛児の骨壺を抱いて演じた（ゲッリウス『アッティカの夜』六-五）。七〇歳、死の直前の四日間に八つの悲劇を演じた（プルタルコス『老人の政治参加』七八五B）。（2）メントルなる人物は複数いるが、特定できない。エレトリアはエウボイア島中部南岸の都市。（3）アイリアノス『ギリシア奇談集』一二-一七および一四-四〇に笛吹き、および悲劇詩人（役者）の同名人が見えるが、この人物との関連は不明。メリテ島はシケリア島の南、現マルタ島と、アドリア海のダルマティア沿岸、現クロアチアのムリェト島とがある。愛玩犬のマルチーズは普通マルタ島産とされるが（ストラボン『地誌』六-二-一一等）、ダルマティアのメリテ島が起源地とする説もある（カッリマコスを引くプリニウス『博物誌』三-一五二等）。（4）プリニウス『博物誌』六-一九二はナイル河上流の Ptoemphani 族のこととしてこの話を記す。プルタルコス『共通観念について』一〇六四Bは単にエチオピアの部族として言及。（5）エチオピアの地誌を報告した人物の一人（プリニウス『博物誌』六-一八三）。ストア派の哲学者クリュシッポス（前三世紀）の妹の息子と同一人物とする説もあるが、不確か。（6）前三世紀、伝記作者で、プルタルコスやディオゲネス・ラエルティオスの資料となった。（7）忠犬の殉死の話題は本書六-二五にもあった。

三七（四一）　動物の愛情

ペリパトス学派のラキュデス[1]は驚くべき鵞鳥を所有していた。実際、この鳥は飼主を愛すること熱烈で、彼が歩けば一緒に歩き、坐ればじっと休んで、片時も側を離れようとしなかった。この鵞鳥が死ぬと、ラキュデスはまるで息子か兄弟を葬る時のように贅を尽くして葬儀を行った。

エペイロスの王ピュッロスは象を持っていたが、この象の主を愛することは極めて深く、ピュッロスがアルゴスで戦死した時、御者は落下していたのに、主を敵の手から救い出し味方の所へと移動させるまでは、動きを止めておとなしくなろうとはしなかった。(2)

註 (1) 前三世紀、ペリパトス学派ではなく中期アカデメイア学派の学頭。鵞鳥が彼を愛した話はプリニウス『博物誌』一〇-五一、アテナイオス『食卓の賢人たち』六〇六Cに言及がある。(2) ピュッロスが象部隊で数々の勝利を挙げたのは事実だが、最期は、アルゴスの市街戦で馬上にあって、老女の投げ落とした瓦に当たって落馬した。この時、ニコンという名の象が乗り手の兵士の死体を探して狂奔する話があり(プルタルコス『英雄伝』中「ピュッロス」三二以下)、筆者は混同したか。

三八(四二) 騾馬を懲らしめるタレス

ミレトスのタレスは騾馬の悪さを見つけて、なんともうまいやり方で仕返しをした。騾馬は塩を荷物にして運んでいたが、ある時、川を渡ろうとしてたまたま足を滑らせ、ひっくり返った。水につかった塩は溶けてしまい、騾馬は身軽になって大喜び。苦行と安楽がどれだけ違うかを悟った騾馬は、それからというもの偶然を教師にして、先には心ならずも経験したことを、今度はわざとするようになった。馬方にはこの川を渡らせる以外に、他に道はなかったのである。

タレスはこの話を聞くと、騾馬の悪さを知恵で懲らしめなければならぬと考え、塩の代わりに海綿と羊毛を積むよう男に指示した。騾馬はしかしそんな企みは知るよしもなく、いつものように足を滑らせ、積み荷を水浸しにして、賢しらがとんだ災難に転じたことを思い知った。それからはおとなしく川を渡り、足どりをしっかり保って、塩をだめにしないよう気をつけたのである。(1)

註 (1) タレスは前七／六世紀、ミレトス（小アジア西岸の大都）出身、最初の哲学者。ギリシア七賢人の一人。この話はプルタルコス『動物の賢さについて』九七一B以下に語られる他、『イソップ寓話集』(Perry 版、一八〇「塩を運ぶ驢馬」)にも入っている。

三九（四三）　象と花売り娘

シュリアのアンティオケイアでのことと聞いている。(1) おとなしい象がいて、餌場に出かけるたびに花輪売りの娘を見るのが楽しみで、彼女の側に立ち止まると、その鼻で娘の顔をきれいにしてやるのだった。娘の方でも象を魅惑する餌として、商売ものの季節の花で編んだ花輪を懸けてやり、それを貰うのが象の、与えるのが娘の、毎日の仕事であった。

そうこうするうちに娘が身罷ると、象は慣れ親しんだものを失い、憧れの娘が見られなくなって、まるで愛する女を失った恋人のように狂暴になった。それまであんなにおとなしかったのに、極度の悲しみに呑みこまれて正気をなくしてしまった人間のように、激情に火がついたのである。

註（1）前三〇〇年に創建されたセレウコス朝シュリアの首都、現トルコのアンタキヤ。これに似たアレクサンドリアの象の話は本書一‐三七にあった。

四〇（四四）　太陽を拝む象

象は昇る太陽を礼拝する。光線に向けてその鼻を手のように差し上げて祈るところから、彼らもこの神に愛されているのだ。プトレマイオス・ピロパトル(1)（断片五三b）をそのよき証人とするがよい。アンティオコスに対する勝利はこの神のお蔭であったので(2)、プトレマイオスは勝利の犠牲式を行い太陽《ヘリオス》の神意を宥めようと、他にも盛大な生贄を捧げたばかりか、四頭の巨大な象を生贄に差し出しさえしたのは、この捧げ物で神霊を崇めようと考えたからであった。ところが心を乱す夜の夢あり、神は例のない異常な捧げ物のことで威嚇しているように見えた。プトレマイオスは恐怖に襲われ、青銅で四頭の象を造らせると、殺された象の代わりにこれを神に捧げ、その慈悲を祈ったのである(3)。

象は確かに神々を礼拝するが、人間は神々の存在に自信が持てず、もし存在するとしても我々のことを心にかけて下さるのかどうか、自信が持てないのである。

註（1）エジプト王プトレマイオス四世。在位、前二二一―二〇四年。ピロパトル（父を愛する）という添え名

はヘレニズム時代の各国の王によく見られるが、この王は父王を毒殺したとの説がある。(2)ラピアの戦（死海の西、ガザのやや南。前二一七年）でシュリアの王アンティオコス三世に勝つ。この戦いの模様はポリュビオス『歴史』五-七九以下に記される。(3)この話はプルタルコス『動物の賢さについて』九七二Cにも見える。

四一（四五）イービス、象、動物の綽名

エジプトの神官が身を浄める時は、どの水でもよい、そこらにある水でよいということはなく、イービスが飲んだと信じられる水しか使わない。イービスが汚れた水や薬に汚染された水を決して飲まないことをよく知っているからである。イービスは聖鳥なれば、予知能力のようなものも持っていると信じているわけである。(1)

傷ついていない象が傷ついた象から大小の槍を引き抜く時の用心深さは、さながら手術の達人、その技を学んだ人のようである。(2)

理性なき生き物さえ古人の熱狂の対象になったことは、このようなことから分かる。エペイロスの王ピュッロス(3)は「鷲」と呼ばれることを喜んだし、アンティオコス(4)の場合は「鷹」と呼ばれることであった。違う話を一緒くたに語ったと言われそうだが、知識人には知って損はないかと。

註　(1) このことはプルタルコス『動物の賢さについて』九七四C、『イシスとオシリス』三八一Cに見える。(2) プルタルコス『動物の賢さについて』九七四Dに見える話。(3) ピュッロスと鷲については本書二-四〇への註参照。(4) シュリア王アンティオコス二世の次男。兄のセレウコス二世と王位を争い、一時対立王を称する（前二四二―二二七年）。貪欲さから「鷹」と綽名された。

四二（四六）　ミトリダテスの警戒心

ポントスの王ミトリダテス[1]は就寝中の警護を武器や親衛隊に託す気にはなれぬので、雄牛や馬や鹿を飼い馴らして見張りとしていた。この獣たちが眠っている王を見守り、近づく者があるとその息づかいで逸早く気づく。そして咆哮で、嘶きで、呦呦《ゆうゆう》となく声で、主の眠りを覚ましたのである。

註　(1) ポントス王国（黒海南岸から小アジアの各国を支配）の王ミトリダテス六世。在位、前一二〇―六三年。解毒剤を服した上で毒を飲む習慣により、毒殺されぬ体を作った（プリニウス『博物誌』二五-六）。mithridatism（免毒性）等の語にその名を残す。

四三（四七）　動物の幼名

野生動物の新生児はいろいろ違った名前で呼ばれるが、たいていは二つの呼び名を持つ[1]。例えばライオン

（leōn）の子はスキュムノスとも leontideus とも呼ばれる、とビュザンティオンのアリストパネス（断片五）が証言している。豹（pardalis）の仔はスキュムノスとアルケーロスだが、アルケーロスは別種の豹だという説もある。ジャッカル（thōs）の仔はスキュムノスとのみ呼ばれるのが普通で、虎（tigris）の仔、蟻（murmēx）[2]の仔、豹（panthēr）の仔も同様である。山猫（lunx）の仔も同じように呼ばれるようで、現にラソス[3]（断片二）のディテュランボスと呼ばれる作品の中に、山猫の赤子がスキュムノスと言われている箇所がある。

猿（pithēkos）の仔はスキュムノスとも pithēkideus とも呼ばれ、羚羊《レイヨウ》（boubalis）の子はポーロスだと聞いている。オリックス（orux）の仔もポーロスだとしても驚くにはあたらない、と先のアリストパネス（断片五）は言っている。犬（kuōn）の仔も狼（lukos）の仔もスキュラクスと呼んでよい、と彼は言うが、狼の仔には lukideus という呼び名もあるし、成長した最大級の狼は monolukos（一匹狼）と呼ばれるのである。

兎（lagōs）の仔は lagideus であるが、成長した兎については、詩人たちは好んでプトークス（恐がり）と呼び、ラケダイモン人はタキナース（韋駄天）と呼ぶ。狐（alōpēx）の仔は alōpekideus と呼ばれるが、母狐はケルドー（狡い奴）、スカポーレー（穴掘り？）、スキンダポスともいう。猪（agrios hūs）の仔はモロブリオンというが、ヒッポナクス[4]（断片一一四b）が猪そのものをモロブリテースと言うのを聞くこともできる。猪の中にはモニアース（独り者）と呼ばれるものもある。

人々はガゼル（dorkas）のことをゾルクスとかプロクスとも呼び慣わしている。山荒（hustrix）やその類の野獣の仔はオブリアと呼ばれ、エウリピデスは『ペリアスの娘たち』（断片六一六）で、アイスキュロスは『アガメムノン』（一四三）および『漁網《あみ》曳き』（断片四七a-八〇九）の中で、この単語を使っている。[5]

まだお腹の中にあるものはエンブリュオン（育ちつつあるもの、胎児）と呼ばれる。鳥類や蛇類や鰐類の仔を、一部の人たちはエンブリュオンとかプサカロスと呼ぶが、例えばテッサリア人がそうだ。生まれたばかりの鳥のことは雛とかオルタリコスと言うが、鶏（alektruōn）の場合は alektorideus と言い、〈これをペリュシス（一年もの）と呼ぶこともあるのは、葡萄酒みたいだ[6]〉。khēnideus は khēn（鵞鳥）の仔、khēnalōpekideus は khēnalōpēx（エジプト雁）の仔、これと同じようにして語形を作るのである。但し、悲劇詩人のアカイオス[7]（断片四七）は、燕の雛をモスコスと呼んだ。

註（1）本章では主題となる動物の原語を掲げて、その派生語で幼名を表す場合が多いことを示した。（2）この蟻がマーモットなどと考えられることについては、本書三-四への註参照。（3）前六世紀後半、詩人・音楽家。ディテュランボス（ディオニュソス崇拝に関わる合唱叙情詩）の競演制度を始めた。（4）前六世紀後半、諷刺詩人。（5）アイリアノスは obria として引用するが、引用元では obrikala や obrikha の形である。（6）この部分は疑わしいとして Hercher は削除する。仮に「一年もの」と訳したところは「当歳の」としたい。（7）前五世紀、悲劇詩人。モスコスは普通は仔牛を指す。

四四（四八）　アンドロクレスとライオン

動物にも記憶力が備わること、それも、山師たちが発明したと自慢する記憶術や記憶法[1]の助けなしにそれを特性として持っていることは、この話も証言している。

アンドロクレスという名の男はローマの元老院議員の奴隷であったが、事の軽重は知らず、罪を犯して主人の許から逃亡した。リビアにやって来たが町には近づかず、ある言い回しを使うなら、星を目印にして町を知るばかりで、(2) 砂漠へと入って行った。真っ赤な陽射しにじりじりと灼かれ、とある岩窟に潜りこんで一息ついた時の嬉しさ。ところが、その岩穴はライオンの寝ぐらだった。ライオンは狩りから戻って来たが、大きな棘が刺さって苦しんでおり、若者に気づくと穏やかな眼差しを向けて科《しな》を作り始め、足を差し出すと、棘を抜いて欲しいと精一杯の表現で頼むのだった。若者は初めは死にたいと思うほどに肝を潰したが、獣のおとなしいのを見、足の怪我に気づくにおよんで、痛みの元を足から抜いて苦痛を取り除いてやった。ライオンはこの手当を多とし、治療代として彼を親しい客人として遇し、狩ってきた獲物を分け合うのだった。ライオンはその習いとして生で食い、若者は自分用に焼いて、めいめいがその自然に従いながら、食事を共に味わったのである。

こんな風にして三年間暮らしたアンドロクレスであったが、やがて蓬髪は伸び放題、激しい痒みに襲われて、ライオンの許を去って運に身を任せることにした。そしてうろついているところを捕まり、誰の所有かと尋問され、縄をかけてローマの主人の所へと送り返された。主が奴隷の罪状を調べ、彼は野獣の餌食に引き渡されることになった。一方、リビアのかのライオンも捕獲されて、闘技場に放たれたが、そこにいたのは、かつてこのライオンと棲処と暮らしを共にして、今は破滅を待つばかりの若者であった。人間は獣を識別しなかったが、こちらはたちまち人間を認めて、じゃれかかると、全身をかがめて足もとに身を寄せた。ようやくアンドロクレスも宿主に気づき、ライオンを抱擁することは長旅から戻った親友を迎えるかのようであった。ところが、魔術師ではないかと思われたため、彼に向けて豹も放たれたが、これがアンドロクレスに跳びかかるや、ライオンがかつての癒し人を守り、食卓を共にしたことを思い出しながら、豹を引き裂いた。

観衆が呆気にとられたのも無理はない。見世物の興行主はアンドロクレスを呼びつけ、一部始終を知らされた。噂は群衆の間に広まり、真相を知った人々は人もライオンも自由の身にしてやれと叫んだのであった[3]。記憶力も動物の特性の一つであること、実にかくの如くである。

これと響き合う同工異曲の〈ライオンの話がサモス島にもある。「大口開けたディオニュソス」の由来を知るのも無駄ではなかろう[4]〉。これについてはエラトステネス[5]、エウポリオン[6]、その他この話を語る人たちに聞けばよい。

註 (1) 記憶術については本書六-一〇への註参照。(2) その場に近づかぬことをいう表現。本書二-七に既出。(3) この話はゲッリウス『アッティカの夜』五-一四の紹介で有名になったが、ゲッリウスはアピオン(一世紀、文人。『エジプトの驚異』を著す)がローマで目撃した話だと言う。パエドルス『イソップ風寓話集』付録の散文パラフレーズ、五六三「ライオンと羊飼」、『ゲスタ・ロマノルム』中一〇四および二七八「アンドロクルス」等、説話集に採録される他、バーナード・ショー『アンドロクリーズとライオン』(一九一二年)の戯曲でも知られる。東洋にも象、虎、狼などの動物報恩譚が多い。(4) テクストが毀れており、編者たちの推測に基づく。話はプリニウス『博物誌』八-五七に見える。サモス島のエルピスなる男がアフリカに漂着、大口開けるライオンに遭遇し、木に逃げ登りつつ父なるリーベル神(ディオニュソス)に祈る。ライオンは歯の間

に骨が刺さり物が食えずに苦しんでいると知り、抜いてやる。ライオンの世話になり、帰国後「大口開ける
ディオニュソス」の神殿を奉納した、と。（5）前二八五頃―一九四年頃、地球の円周を測定したことなどで
知られる博学者のことと思われる。（6）前二七五頃―二一〇年頃、カッリマコスの伝統を継ぐ学匠詩人。

第八巻

一　虎の血を引くインド犬

インドの記録は我々にこんなことも教えてくれる。血統がよくて獣の足跡を見つけるのがうまく、走るのも滅法速い雌犬を狩人たちは野獣地帯へ連れて行き、木に結びつけてから立ち去るが、これは諺に言う、賽子《さいころ》を投げて運を天に任せるようなものであろう。雌犬を見つけた雄虎が、獲物にありつけず空腹に苛まれている時はそれを引き裂いてしまうが、発情している上に満腹でやって来た場合には、雌犬と交尾する。虎も腹一杯の時には色事に思いを致すのである。[1] そして、この交わりから生まれるのは犬ではなく虎だと言われている。その（二世）虎と雌犬とからは、まだ虎が生まれるが、この（三世）虎と雌犬の間の仔は母親の方に似て、胤《たね》も劣化して犬が生まれる。これについてはアリストテレス（『動物誌』六〇七a三以下）も反論せぬであろう。

さて、父親は虎だと豪語できるこの犬は、鹿を狩ったり猪を相手にしたりすることを蔑《さげす》み、ライオンに突っかかって行くことを喜びとして、それによって血筋の高さを証明しているのである。インド人がピリッポスの子アレクサンドロスにこの犬の強さを実証して見せたことがあったが、それはこんな風にして行った。

インド人が鹿を放ったところ、犬はじっとしていた。次に猪を放ったが、犬は小揺るぎもせぬ。続いては熊だが、熊など犬には痛くも痒くもない。ところがライオンが放たれると、

それを目にするや、身のうちにますます激しい怒りがおこり[2]、まことの敵手を見出したとばかり、拱手逡巡することなく、ライオンに跳びかかって行くと、剛力で食らいつき、押さえつけ喉を締めつけた[3]。

この見物《みもの》を大王に提供したインド人は犬の堅忍不抜を知り抜いているので、犬の尾を切れと命じた。尾が切断されたが、犬は意に介さぬ。そこでそのインド人は四つ脚の一本を切れと命じ、切り落とされた。が、犬は当初のように食らいついたままでいっかな放さないのは、まるで他人の脚が切られて人ごとのようである。もう一本の脚が切られたが、犬は噛むのを緩めようとせぬ。三本目、尚も食らいついている。続いて四本目、まだ噛む力がある。遂に人々が頭と体を切り離すと、犬の牙は元のままにしっかと噛みつき、噛んでいる犬の本体はもはやないのに、頭はライオンの上に浮かんでいた。この時アレクサンドロスは、犬が自己証明をして死んでいったこと、臆病者とは正反対の運命を堪えて、勇気の故に死を蒙ったことに驚倒しつつも胸を痛めた。かのインド人は彼の哀傷を見てとると、同等の犬を四頭贈り物にした。ピリッポスの子は喜んでそれを受け、ふさわしいお返しをすると、四頭を得たことで最初の犬に対する痛みを忘れたのであった[4]。

註 (1) アテナイオス『食卓の賢人たち』二七〇Cに引くエウリピデス、断片八九五、「キュプリス（愛欲の女

神アプロディテ）は満腹の時に宿る、ひもじい者にはいまさぬ」を響かせる。（2）ホメロス『イリアス』一九-一六より。ヘパイストスが拵えた新しい武具を見て、アキレウスの胸の裡に、親友パトロクロスを殺したヘクトルへの怒りがこみ上げてくる場面。（3）鹿・猪・熊・ライオンと犬のことはプルタルコス『動物の賢さについて』九七〇Fにも見える。（4）ストラボン『地誌』一五-一-三一に、ソペイテスなるインドの土豪がアレクサンドロスに贈った犬は、ライオンに咬みつき脚を切られても離れない、と記されるが、本章はそれをかなりグロテスクに誇張している。

二　誇り高き猟犬

狩りの巧みな犬は皆、自分の力で獣を捕まえることを喜びとし、もし主人が許してくれるなら獲物を賞品と心得るが、そうでない場合には、猟人がやって来て捕獲された獣の処置を決めるまでは、生かしたままで見張っている。死んだ兎や猪を見つけても決して手を出さないのは、他の者の苦労を我が手柄にしたり、人のものを横取りしたりするのを潔しとしないからである。このことから思うに、犬は生まれながらの名誉心のようなものを身内に備えているらしく、肉が欲しいのでなく勝利を愛しているわけだ（1）。猟犬が狩りの時にはどんな行動をするか、聞いておいて損はない。

長い革紐に繋がれた犬は狩人を先導して、声を抑え黙々と匂いの跡を探して行く。獲物が現れず獣にも出会わない間は、見るからにしょんぼりと前を行くが、それでも熱心に、且つ粘り強く狩人を導いて行く。そして、もし足跡に行き当たったり獣の匂いを嗅ぎつけたりすると、その場に立ち止まる。狩人が側までやって来ると、上首尾が嬉しくてならぬ犬は主人にじゃれつき、主人の両足を舐めて、元の追跡を再開するが、一歩一歩と進んで獣の寝ぐらまで来ると、それ以上は進まない。すると猟師は察知して、網番に小声で合図を送る。網番が網を張り回す。この時に至って犬が吠えるのは、今や大声を上げて猪を起き上がらせるつもりであり、猪が逃走に入り網にかかるようにするためである。獣が捕まると犬は勝利の叫びを上げるが、それはまるで勝ち鬨の如くで、歓喜して跳ね回る様は、敵を打ち破った重装兵のようである。これが猪や鹿を相手に犬がすることである。

註 (1) このことはプルタルコス『動物の賢さについて』九七一Aに簡単に言及されている。

三 海豚報恩譚

正直に恩返しをすることでは海豚もまた人間以上であり、海豚はクセノポンの称揚するペルシアの掟に抵触することもない[(1)]。お話ししたいのは次のようなことである。

ビュザンティオンで数頭の海豚が網に掛かって捕獲された時のこと、パロス島出身のコイラノスなる男が、漁師たちに身代金として金子を与えて逃がしてやるということがあったが、その恩返しを受けた。即ち伝えによると、ミレトスの人たちを運ぶ五十橈船で航海していた時、〈ナクソス島と[(2)]〉パロス島の間の瀬戸で船が転覆し、他の者たちは命を落としたのに、コイラノスは海豚たちに救われた。海豚は先に受けた厚恩に等しいものをお返ししたのである。海豚が彼を背中に乗せて泳ぎ渡した岬と岩洞《がんとう》を今も指し示すことができ、そこはコイラノスの洞窟と呼ばれている。

時経てこのコイラノスが身罷ると、人々は海のほとりで荼毘に付した。するとどこから気づいて来たものか、海豚たちが葬儀に列するかの如くに集まり来て、火が燃えさかる間そこに留まっていたのは、まるで信義に篤い友のようであった。やがて火も消えるに及び、彼らも泳ぎ去った(3)。

さても人間は、富める人、羽振りのよさそうな人の生きているうちは機嫌を取るのに、死んだり落ちぶれたりするとそっぽを向く。そうして厚恩に報いることをせぬのである。

註 (1) クセノポン『キュロスの教育』一-二-七に、忘恩は神々・両親・祖国・友人を蔑ろにすることであり、無恥はじめあらゆる悪徳の根である故、恩返しできるのにしない子供を厳しく罰する、とある。(2) Hercher に従って補う。(3) この話はプルタルコス『動物の賢さについて』九八五Aにも見える。アテナイオス『食卓の賢人たち』六〇六E以下では、ミレトス出身のコイラノスとある。アルキロコス(前七世紀)の詩、「五〇人のうちコイラノスを、馬にゆかりのポセイドン神は生存させたもうた」(断片一九二(West))もこの人物を指すと考えられる。

四　人なつこい魚

魚にも人馴れて持て扱いやすく、呼べば応えたり、餌をやるといそいそと受け取るようなのがいるもので、アレトゥサ(1)の泉の神聖な鰻などがそれだ。ローマ人クラッスス(2)の鱓《ウツボ》も語りぐさになっていて、耳飾りや宝石をあしらった首飾りで飾られた様はまるで妙齢の乙女のようだ。この鱓はクラッススが呼べば声を聞き分け、浮かび上がって来ると、何であれ差し出されたものをいそいそと受け取り、熱心に食べるのだった。聞くところによると、この鱓が命を終えた時、クラッススは哭泣《こっきゅう》して埋葬したという。更にドミティウス(3)が彼に対して、「鱓が死んで泣いたとは、愚か者め」と言った時には、彼は答えて、「私は動物のために泣いたが、貴公は三人の奥方を葬って泣かなかった」と言ったとか(4)。

これはエジプト人が話すのを聞いたのだが、聖なる鰐はよく馴れて、飼育係が触ったり撫でたりしても、されるがままでおとなしくしているし、〈手を〉(5)差しこんで歯を掃除してやったり肉片の挟まったのを取ってやったりしても、大口を開けたままだという。おまけに、特別に尊崇されている鰐は予言の力も持っている、とエジプト人は語り、こんな証拠まで持ち出す。何世かはエジプト人に尋ねてもらいたいのだが、プトレマイオス王がこの特別の鰐を呼んだところ反応がなく、餌を差し出しても受け取らなかったというのだ。鰐はプトレマイオスの最期の近いことを知って、それで彼から餌を貰うことを侮った、と神官たちが解釈したというわけだ(6)。

註 (1)アレトゥサといえばシケリア島シュラクサイ市の東岸に接するオルテュギア島にある泉が名高いが、これはカルキス(エウボイア島中央部西岸)に近い泉(アテナイオス『食卓の賢人たち』三三一E)。(2)ルキウス・リキニウス・クラッスス、前一四〇—九一年、キケロが師と仰いだ弁論家。(3)前九二年にクラッススと共に監察官を務めたが、クラッススとはことごとく意見を異にした。(4)鰻と鱓のことはプルタルコス『動物の賢さについて』九七六A他に見える。弁論家ホルテンシウスもペットの鱓の死に痛哭したという(プリニウス『博物誌』九‐一七二)。(5)Hercher に従って補う。(6)この鰐のことはプルタルコス『動物の賢さについて』九七六Bに見える。

五 いろいろな占い

鳥によって占いをする人々がいて、鳥の観察に従事し、その飛翔や空での居場所を子細に検討すると聞いている。(1)その技術で名を謳われているのはテイレシアス、ポリュダマス、ポリュエイドス、テオクリュメノスのような人々、他にも大勢いる。(2)一方、内臓の位置や性質から前兆を読む名人としてはシラノス、メギスティアス、エウクレイデスのような人々、それに加えて大部の名簿ができるほどいる。(3)これとは別に、碾割り大麦や篩《ふるい》やチーズのかけらで占う人もある、と人が言うのを聞いたこともある。(4)またこういう情報もあって、リュキア地方はミュラとペッロスの間にスーラという村があり、そこには魚を観察して占いを行う人たちがいるという。魚を呼ぶと出て来る場合、遠ざかる場合、それぞれ何を意味するのかとか、魚が反応しないのは何を表すのかとか、群れなして現れるのは何の兆候かとか、そういうことをよく知っているとのことだ。魚が跳びはねたり死んで浮かび上がったり、餌を受け取ったり貰おうとしなかったりする場合の占いの仕方を、これらの知者から聞けるであろう。(5)

註 (1) 鳥占いは空の一画を区切り、そこでの鳥の飛翔を観察した。切り取られた区画を地上に投影したものがギリシア語 temenos, ラテン語 templum (神域)で、temnein (切る)と同語源。(2) テイレシアスはソポクレス『オイディプス王』はじめテーバイ伝説圏で名高い予言者。ポリュダマスはホメロス『イリアス』で、トロイアを武勇で護るヘクトルを智恵で支えた武将。ポリュエイドスについては本書五-二への註参照。テオクリュメノスは名高い予言者メランプスの子孫。『オデュッセイア』で、オデュッセウスの帰国の近いこと、求婚者たちの滅びの遠からぬことを予言した。(3) シラノスはクセノポン『アナバシス』でギリシア軍に従う占者。メギスティアスはテルモピュライにペルシアの大軍を迎え撃ち全滅したスパルタの占者。シモニデスが彼を称えて墓碑銘を作った(ヘロドトス『歴史』七-二二八)。エウクレイデスは『アナバシス』でクセノポンに忠告を与えた占者。(4) 生贄占い、鳥占い、星占い、夢占いなどは真実を告げるが、人相占い、賽子占い、チーズ占い、篩占い、手相占いなどは根拠がないという(アルテミドロス『夢判断の書』二-六九)。(5) この魚占いについてはプルタルコス『動物の賢さについて』九七六Cが言及し、アテナイオス『食卓の賢人たち』三三三Dは具体的に記述する。本書一二-一七も参照。リュキアは小アジア西南部の沿岸地域。ミュラは現カレ(別名デムレ)。四世紀、ハギオス・ニコラオス(サンタクロース)がこの町の司教であった。

六　食う者と食われる者

驢馬は狼に、蜜蜂は蜂喰に、蟬は燕に、蛇は鹿に、いとも易々と負かされ捕らえられる。豹は匂いによってたいていの獣を捕まえるが、とりわけ猿をよく捕まえる[1]。

註　(1) プルタルコス『動物の賢さについて』九七六Dにほぼ同じ。

七（七、八）　一触即死の動物

メガステネス[1]（断片二四）の説で読んだのだが、インドの海には、生きている間は海の底ひで泳いでいるため目に触れないが、死ぬと浮かび上がってくる小さな魚が棲息するという。それに触った者は先ず気絶して仮死状態となり、やがて死んでしまう。

ケルシュドロス[2]を踏みつけた者は、たとえ咬まれなくても必ず死ぬ、とアポロドロス[3]が『有毒生物の書』で言っている。この生き物が触れただけで腐敗を惹き起こすからだとか。それどころか、死にかけた人に手当を施し、なんとか助けようとする人も、踏んだ人に接触するだけで、手に火ぶくれができるのである。

ある蛇を手で殺した男が、咬まれもせぬのに接触によって死んだと、アリストクセノス（断片一三二）がどこかで言っていた。その男が蛇を殺した時にたまたま身に着けていた服も、間もなく腐ってしまったのである。
アンピスバイナの皮を杖に巻きつけておくと、あらゆる蛇や、咬み傷でなく刺し傷で殺す全ての生き物を追い払う、とニカンドロス（『有毒生物誌』三七二以下）が言っている[4]。

註 (1) 前三五〇頃—二八二年頃。シュリアのセレウコス一世の大使としてマウリヤ朝インドに駐在、『インド誌』四巻を著した。(2) *χέρσος*（ケルソス、乾いた地）にも *ὕδωρ*（ヒュドール、水）にも棲める蛇。ニカンドロス『有毒生物誌』三五九以下に記述あり。ウェルギリウス『農耕詩』三-四二五以下はこれを「カラブリアの悪しき蛇」と呼んで歌う。(3) 前三世紀、アレクサンドリアで活動した薬物学・動物学者。(4) *ἀμφίς*（アンピス、両側に）と *βαίνειν*（バイネイン、歩く）からの命名。古辞書によると、前後に頭を持つ蛇、または尾が切り詰められて両側に進める蛇。ニカンドロス『有毒生物誌』三七二以下では、この蛇の皮は霜焼けに効くとあり、本章のようなことは言っていない。これを盲蛇に同定する意見もあるが、両頭蛇の報告例については本書九-二三の註参照。

八（九） 医者いらずの犬

食いすぎて術《ずつ》なくなった犬は石垣に生える薬草を知っていて、それを口に入れることにより、粘液や胆汁もろとも悪いものを全部吐き出し、同時に排泄物も夥しく通じて、医者の手助けなど全く必要とせずに健康を取り戻す。この草はまた黒胆汁を多量に排出してくれるが、それが溜まれば犬にとって厄介な狂犬病を惹き起こすのである。腹の虫が増えすぎると麦の芒《のぎ》を食べる、とはアリストテレス(『動物誌』六一二a三一)の説[(1)]。怪我をした場合は舌が薬になり、怪我の箇所を舐めて完治させるから、包帯や圧定布《あてぬの》、薬の調合などは全くお呼びでないのだ。

犬はまたこのことにもちゃんと気づいている。〈梣《トネリコ》〉[(2)]の実は豚を太らせるが、犬にとっては股関節の痛みを惹き起こす。それ故、豚が件の実をたらふく詰めこむのを見ても、自制して豚にはかまわず、うまそうに見える実からも離れるのである。ところが人間ときたら、意に反して食えと説きつけられると、しばしば実にだらしなく屈してしまうのである。

註 (1)本書五-四六参照。(2)原文 melía, 詳しくはマンナトネリコとされるが、一方、Scholfield はテクストの破損を想定する。

九(一〇) 象狩り

象に気づかれずに待ち伏せを仕かけるのは容易なことではない。例えば、象ハンターたちが秘かに掘ることにしている落とし穴の近くに来ると、何か本能的な思考によるのか神秘的な予知能力によるのか、象はそれ以上先には進もうとせず、踵を返すと、戦時さながら頑強に抵抗し、ハンターたちを薙ぎ倒そうと努め、相手より優位に立つと、敵中を押し分けて逃げつつ身の安全を確保しようとする。それ故、この時にあたっては激しい戦闘と双方の殺し合いが起きる。その戦闘の様子はといえばこんな風である。

人間側が狙い定めて頑丈な槍を放てば、象たちは目の前に来た男を摑み上げ、地面に叩きつけ踏みつけ、牙で傷を負わせて、痛々しくも無惨な死をお見舞いするのだ。憤怒に駆られた獣が耳を帆のように広げて襲いかかるさまは、翼を広げて逃げるか襲いかかる時の駝鳥のようである。象は鼻を内側に曲げて牙の下に畳みこみ、それを波を蹴立てて進み行く船の衝角のようにして、猛烈な勢いで攻めかかり、喨々たるラッパのように鋭い叫びを上げながら、大勢を薙ぎ倒す。捕まった男が象の膝で踏みつけられ粉砕されると、骨の砕ける音が遠くからでも聞こえる。目玉は押し出され、鼻は潰れ、額は裂けて、顔はその明瞭な形を失って、しばしば一番近しい親族にも見分けがつかなくなるのである。

一方、こんな風にして思いがけず助かる者もいる。ハンターは捕まるのだが、象が勢い余ってその男を飛び越してしまい、膝を地面に打ち当て、藪とか木の根の類いに牙をめりこませて身動きならず、なかなか引き抜き取り出せない。その間に猟師は脱出して逃げ去るのである。

かくして、この種の戦いでは象が勝つことが多いのだが、人間が象を怖がらせる様々な企みを設けて、象が負けることもまた多い。例えば、ラッパが吹き鳴らされる。楯に槍を打ち当てるなどしてドンドン、ガラガラと音をたてる。地上で火を燃やしたり、それを高々と宙に掲げたり、火のついた松明を槍のように投げつけたり、火の燃えさかる大きな割り木を象の面前で激しく振り回したりする。さしもの野獣もこれには怖れて色を失い、押し戻されて、それまで用心していた落とし穴に、たまらず落ちこむ時もあるのだ。

一〇（一一）　美形を好む動物

ヘゲモン[1]は『ダルダノス物語』なる詩の中でテッサリアのアレウアス[2]についていろいろ語っているが、そこに大蛇が彼に恋をしたという話がある。このアレウアスは金色の髪をしていたというが、ヘゲモンが虚誕を語っていることは明らかで、私に言わせれば赤毛でなくてはならない[3]。彼はイダの山におけるアンキセスと同様、オッサの山の牛飼で[4]、ハイモニアという泉のほとりで牛を飼っていたという。この泉もテッサリアを流れるものであろう。で、この巨大な蛇であるが、アレウアスに恋をして、彼に這い寄ると、髪に口づけし、舌で恋人の顔を舐めまわして綺麗にしてやり、あらゆるものを狩って来て贈り物にしたという。

雄羊が竪琴弾きのグラウケに惚れてプトレマイオス・ピラデルポス王の恋敵になったり[5]、イアソスでは海豚が〈若者に[6]〉恋をしたというのなら、とびきり鋭い視力を持ち、際だった美の優れた判定者である大蛇が美しい牧人に恋することを、何が妨げるであろうか。まことに、仲間や同族のみならず、最も縁薄きものでも美しいものなら恋をするのが動物の特性なのである。

註　（1）トロイア地方のアレクサンドリアの人。テーバイとスパルタの覇権争いを扱う『レウクトラ戦史』（散逸）を著す。『ダルダノス物語』は詳細不明であるが、ダルダノスはトロイア人の祖でダルダニアはトロイア地方の別名である。（2）テッサリア地方の王家アレウアダイ（アレウアス一族）の祖。ヘラクレスの末裔を称する。「赤毛の」という綽名を持つ。（3）ξανθός（クサントス）はホメロスなどでは「金髪の」と訳されるが、赤みを帯びた黄色、褐色と考えられる。（4）トロイアの王子アンキセスはイダ山で家畜の世話をする時、アプロディテに愛されてアイネイアスの父親となった。オッサ山はテッサリア地方の高山。オリュンポス山の東南にあたる。（5）グラウケはプトレマイオス二世（添え名ピラデルポス）の竪琴弾きで、鵞鳥と雄羊が彼女に恋をした（プリニウス『博物誌』一〇-五一）というところから、雄羊と王が恋敵とされる。（6）イアソスの海豚のことは本書六-一五に見え、そこから〈若者に〉の読みを推定する Hercher の校訂に従う。

一一（一二）　医神の蛇

pareiās（薬師蛇《クスシヘビ》）のことをアポロドロスは parouās と呼んでいるが、これは色は火焔の色（赤褐色）、視力は鋭く、口が広く、咬んでも危険はなく穏やかである。そこから、こういったことを初めて突き止めた人たちは、この蛇を最も人間のためになる神様の聖獣として、アスクレピオスの従者と名づけたのである。(1)

註（1）アスクレピオスはアポロンの子で医術の神。ギリシア各地で崇拝されたが、殊に名高いのはエピダウロス（ペロポンネソス半島東北部）のアスクレピオス神殿で、病人は夜籠もりして夢の告で治療法を授けられた。神殿にはこの蛇が多数飼われ、アスクレピオスの持つ蛇の巻きついた杖は今も医学関連の徽章となっている。

一二（一三）　這うものいろいろ

聞くところによると、エチオピアにはシブリタイと呼ばれる蠍がいるが、土地の人たちがそう呼び習わすのも当然だ(1)。こいつは蜥蜴やコブラやスポンデューレー(2)やゴキブリや、這うものは何でも食べるし、こいつの排泄物を踏んだら爛れるとも教えられている。

ケルキュラ島には水蛇と呼ばれるものがいて、追って来るものがあると、向き直って常ならぬ悪臭を吐きかけ、それで攻撃を阻止し撃退する。

テュプロープスはテュプリネーとか更にはコーピアースとも呼ばれ、一説によると鱓《ウツボ》に似た頭をしているが、目が極めて小さい。二番目のコーピアースという呼び名は、聴覚が鈍いところからつけられた(3)。その皮は強靭で、切断するのに大変な時間がかかる。

アコンティアース(4)は水陸両棲で、長時間を乾いた所で過ごし、あらゆる生き物を待ち伏せすると言われている。その悪知恵に満ちた手管はこんな具合である。どこかの街道にこっそりと身を潜め、よくやるのは木に這い登って体を丸め、とぐろの中に頭を隠し、通行人に気づかれぬよう音も立てずに見下ろしていることだ。そして、言葉なき動物であろうが人間であろうが、通り過ぎるものに跳びかかる。跳躍に長けた獣で、必要とあれば二〇ペーキュスだって跳ぶことができる。そして跳びかかると、あっという間にしがみついているのである。

註 (1) ストラボン『地誌』一六-四-八、一七-一-二でセンブリタイ族と呼ばれる部族名が蠍の名に誤られている。これは脱走エジプト兵がナイル上流のエチオピア領内に住み着いた民である（その経緯はヘロドトス『歴史』二-三〇に記される）。(2) 逃げる時にえもいえず臭い放屁をする（アリストパネス『平和』一〇七八）、鼠・蜥蜴と共に梟・木葉木菟《コノハズク》の餌に数えられる小動物（アリストテレス『動物誌』六一九b二二）、室内でもよく見かける（テオプラストス『植物誌』九-一四-三）、等の記述から、亀虫・筬虫《オサムシ》の類かと考えられるが、Thompson は同定不可能とする。(3) τυφλός（テュプロス、盲目の）、ὤψ（オープス、目）、κωφός（コーポス、感覚の鈍い）等の語による名称。テュプロープス（τύφλωψ）は足無蜥蜴《アシナシトカゲ》、蛇蜥蜴《ヘビトカゲ》、または盲蛇《メクラヘビ》かとされる。(4) この蛇については本書六-一八への註参照。ニカンドロス『有毒生物誌』四九一では無毒の蛇とされるが、ルカヌス『内乱（パルサリア）』九-七二〇および八二二以下に見えるヤクルスがこれと同じとする説があり、それならば人に跳びつき頭を貫通する恐ろしい蛇となる。

一三（一四） 牛を餌食にする狼

狼の群れが深い池にはまった牛に出会ったら、遠巻きに吠え立てたり威嚇したりしながら、牛が泳ぎ渡って陸に上がることを許さず、長いこと踠《もが》きのたうちまわったあげく、溺死に追いやる。それから、群れの中で一番成熟したのが水に跳びこみ、泳いで行って牛の尻尾を摑むと、池の外へ引っぱりにかかる。二番目の狼がその狼の尻尾を摑んで引っぱり、三番目が二番目を、それを更に四番目がという風にして、水の外にいる最後の狼に至るまで同様にする。このようにして牛を引き上げてから、食事にするのである[1]。仔牛の場合は迷い子になったのを待ち伏せ、それに跳びかかって、鼻面を摑んで引っぱる。仔牛も反対側に引っぱるが、狼たちは力で圧倒しようとするし、仔牛も屈しまいとして奮闘するので、激しい戦いとなる。狼は仔牛の抵抗があまりに激しいのを見ると、さっと放す。すると仔牛は後ろ方向への勢い余ってひっくり返る。そこを狼たちが襲いかかり、腹を引き裂いて啖《くら》うのである。

註　（1）尻尾を摑んで狼の鎖を作ることは本書三-六にもあった。

一四（一五）　象の橋、禿野

象たちが溝を越えることができない時には、群れの中の一番大きな象がその中に跳びこみ、余の者はその背中を踏み歩いて向こう岸に到り、その場から逃げるが、その前にかの象を助け上げる。救出の模様は次の如し。一頭が溝の上から脚を差し出せば、中の巨象は鼻を伸ばしてそれに絡ませる。他の象たちは柴や木ぎれをてきぱきと放りこむ。巨象はその上を踏み、差し出された脚を力一杯握りしめて、いとも易々と引き上げられるのである[1]。

インドにはパラクラ（禿野）と呼ばれる土地があるが、そう呼ばれる訳は、そこに生える草を口に入れた動物は毛や角を失うからである。それ故象は、進んでその土地に近づこうとはしないし、近づいてしまったならば引き返すのは、象も賢明な人間と同様、全て害になるものを避けるからである。

註（1）若い象が堀にはまった老象を同じ方法で助け出す話が本書六‐六一にあった。プルタルコス『動物の賢さについて』九七二Bはユバ王（七‐二〇への註参照）の報告として同じ話を記すが、同書九七七Dではでたらめな話だと批判する。象の橋ならぬ人の橋については拙論「セソストリスの人橋」（『物語の海へ』岩波書店、一九九一、所収）参照。

一五（一六）　海綿

海綿は蟹というよりむしろ蜘蛛に姿が似た小さな生き物に手引きされている[1]。つまり海綿は、海が作り出した命も血もなきものではなくて、歴とした生き物なのである。ただ、他の生き物と同じように岩にへばりつき、独自の動きもするのだが、謂わば自分が生き物であることを思い出させてくれるものを必要とするのである。というのも、すかすかの体質ゆえに動かずじっとしているからで、自分の穴に何かが当たった時にのみ、蜘蛛に似た生き物に突っついてもらい、跳びこんできたものを捕まえて餌にする。岩から切り取ろうとして人間が近づくと、共棲しているこの生き物に突いてもらい、海綿は身震いして体を縮めるから、海綿捕りの苦労と骨折りたるや大変なものになるのである。

註（1）アリストテレス『動物誌』五四八a二八以下は、海綿の体内には玉珧番《タイラギバン》（本書三‐二九への註参照）が

いると記す。そして、岩から切り取りにくくなるのは海綿に感覚がある証拠とする。本書の内容はプルタルコス『動物の賢さについて』九八〇B以下にほぼ同じ。

一六（一七）　またまた象の美徳

象の特性については既に何度も語ってきたが、このようなこともお伝えしたい。〈象は暴力を抑制し、貞潔観念を備えていると言うのが至当である〉[1]。それというのも、象が雌との交わりに向かうのは暴行するためでも情欲ゆえでもなく、種族の継承を望んで子供を作る者の如くであって、自分たちの子孫を絶やさず、子胤を残すためなのだ。現に象は生涯に一度、雌の方でもそれを許した時にのみ、愛欲のことに思いを致すのである。各々の象は連合いを孕ませてしまうと、その後は重ねてその連合いを知ることはない[2]。交尾も野放図に人目を憚らずするのでなく、引きこもって行う。木の茂みや密生した森、身を隠すに十分な深く窪んだ場所を衝立のようにするのである。

象が正義を守ることは上で述べたし（五-四九、六-五二）、その勇気のほども既に話された（六-一、七-二）。今また象の貞潔について語ったわけだが、象が邪悪を憎むことについても、学ぶ暇のある人は耳傾けて聞いて欲しい。

よく馴れた象の調教師がいて、老女ながら財産のある妻を持っていた。ところがこの男、別に愛人がいて、古女房の財産を愛人のものにしたいと思い、妻を絞め殺すと、浅はかな男のこととて象の餌場の近くに埋めて、そして愛人を妻に入れた。すると象は、新しく来た女を鼻で摑んで死体の近くへ運び行き、牙で掘り返して遺体を暴き出した。言葉で表せないことを行動で明らかにしたわけで、邪悪を憎む象は女に夫の性根を教えたのである。

註 (1) テクストは毀れており、単語を繋いで大意とした。(2) アリストテレスによると、雌象は十歳から十五歳で、雄は五、六歳で交尾を始める。雄は交尾後三年経つとまた交尾するが、一度妊娠させた雌と再び接することはない(『動物誌』五四六b六以下)。交尾は寂しいところで行われる(同書五四〇a二〇)。

一七(一八) 片口鰯

片口鰯(engraulis)のことを enkrāsikholos と呼ぶ人もあるが、更に三つ目の呼び名があるとも聞いており、それは「狼の口」という[(1)]。これはちっぽけな魚で、性質は多産、見た目は純白である。主に群れなして泳ぐ魚に食べられるので、恐怖を覚えた時にはひと塊になり、各自隣の者にくっついて、緊縮することによって簡単には攻撃されないようにする。彼らが一箇所に固まると、その凝集力たるや大変なもので、船舶が突き当たっても塊を切り裂けないほどである。櫂か竿をこじ入れようとしても、塊は割り裂かれるどころか、まるで織り合わされたもののようにくっつき合っている。ただ、手を差し入れて、うずたかく積んだ小麦か空豆を力まかせに掬い出すようにすると摑めるが、しばしば小魚がちぎれてしまい、半切れのみ摑んで半分は向こうに残るのである。つまり、大群の中の尻尾のみ確保して、頭は群れの中に残る。あるいは、他の魚と一緒に頭を家に持ち帰り、他の部分は海に残る、というようなことになる。彼らが切れ目なく密集して泳ぐ塊は「網」と呼ばれ、一網で釣り舟五〇艘を満たすこともよくある、とは海で働く男の言である。

註 (1) enkrāsikholos は一説に「頭(kras)の中に内臓(kholos は胆汁)」と解釈される。頭をちぎると腸までついてくる魚をいう。「狼の口」が大口を意味するのは、枕詞「大口の(真神、狼)」と同想。本章の内容はオッピアノス『漁夫訓』四-四六八以下と重なる。

一八(一九) 豚と海賊

豚は豚飼の声を聞き分け、たとえさまよい出ていても呼ばれると応じるもので、身近にその証拠がある。悪漢どもがエトルリアの浜に海賊船を漕ぎ寄せ、歩み行くほどに家畜小屋に行き会ったが、それは豚飼たちのもので、多数の豚を入れていた。連中はそれを分捕ると船に放りこみ、艫綱を解いて船出した。さて、海賊が陸にある間は豚飼たちは鳴りを潜めていたが、彼らが沖合に碇泊して「呼べば聞こえるほどの[1]」距離になると、豚飼たちはいつもの叫び声で豚を自分たちの方へ呼び戻そうとした。豚の群れはそれを聞くと、船の片側に殺到して転覆させてしまった。悪漢どもはたちまち滅び去り、豚は主人たちの所へ泳ぎ帰ったのである[2]。

註 (1) ホメロス『オデュッセイア』五-四〇〇の句を引用する。(2) ロンゴス『ダプニスとクロエ』一-二八以下に類似の場面がある。テュロス(フェニキアの都市)の海賊がダプニスと農産物と牛の群れを奪って去る。陸から牛飼の笛を吹くと、船の上の牛たちが片舷に殺到したため船が転覆、武装した海賊どもは溺死した。

一九(二〇) 鸛《コウノトリ》の仇討ち

鸛もまた妬心強きものと人は言う。現にテッサリアはクランノンの町でのこと、アルキノエなる美しき女房を、夫が家に残して旅に出ることあり。たちまちアルキノエは召使う男と通ず。家に巣造る鸛はこれを知ると我慢がならず、主人の仇を討った。男に飛びかかるや、その目を潰したのである。青鶏《セイケイ》の妬心、更には嫉妬深き犬のことは上で語ったが(本書三-四二、七-一二)、今回は病める結婚に対して同じように〈憤る〉(1)鸛の妬心のことを話した。

註 (1) テクストに脱落があると考えられ、Scholfield の示唆に従った。鳥の仇討ちについては拙論「イビュコスの鶴」(『物語の海へ』岩波書店、一九九一、所収)参照。

二〇（二一）　羊の毛色を変える水

羊は飲む水が変わると、その川の特性に従って体色を変化させる。このことが起こるのは、一年のうち交尾の季節である。羊は白から黒になり、またその色を戻すわけである。これが常に起こるのはアンタンドリア[1]を流れる川のほとり、それにトラキアの川辺であるが、川の名前は付近のトラキア人が言ってくれるであろう。トロイアのスカマンドロス川は、その水を飲む羊をクサントス（赤みを帯びた黄色、褐色）にするところから、本来のスカマンドロスという名に加えて、羊が獲得する色によりクサントス川とも呼ばれるのである[2]。

註　（1）小アジア西北沿岸部の古都。アンタンドロスともいう。（2）本章とほぼ同じ内容がアリストテレス『動物誌』五一九a九以下に見える。そこではトラキアのカルキディケ半島の川の名をプシュクロス（冷たい川）とする。スカマンドロス川はゼウスの子とされ、神々はこれをクサントス、人間はスカマンドロスと呼んだ（ホメロス『イリアス』二〇-七四）。

二一（二二）　鸛報恩譚

感謝の思いを忘れない、ということでも動物は優れている。

タラス[1]に住む女、他のことでも尊敬に値したが、とりわけ夫に対して貞淑で、名をヘラクレイスという者があった。この女、背の君が世にあるうちはいともまめまめしく仕えたが、身罷って後は、町なかで暮らすことを厭い、夫の死を看取った家を嫌って、悲しみのあまり墓地に居を移して、健気《けなげ》にも亡夫の墳墓の傍らに留まり、泉下の人への誠と操を示すのだった。

ある夏のこと、鸛のまだ幼い雛が初めて飛び立つ練習をする中に、ひときわ未熟で未だ翼を広げることも叶わぬ一羽が、落下して片方の脚をくじくということがあった。落ちて来るのを見たヘラクレイスは脚の怪我に気づき、雛が可哀そうでならぬので、細心の注意を払って拾い上げると、傷をくるんでやり、温湿布と膏薬で手当を施した上、餌を運び水を与え続けたが、ほどなく元気を回復し風切羽を生やすに及び、行きたいところへ飛んでお行き、と放してやった。雛は飛び去ったが、本能とも言うべき不思議な感覚で、命の恩を報ずべきことを理解していた。

やがて一年が巡り春が輝きそめる頃、たまたま女が日向ぼっこをしていると、この女に治療してもらったかの鸛が恩人を見つけ、翼の勢いを緩めて地表近くに舞い降り、すぐ側まで来ると、嘴を大きく開けてヘラクレイスの懐に石を吐き出し、舞い上がって屋根に止まった。初め彼女が驚きうろたえ、何が起こったのか推量もできず困惑したのは無理もない。ともあれその石を家の中にしまっておいたが、夜中にふと目覚めて見ると、それが皎々と光を放って、まるで松明を持ちこんだかのように家が輝いていた。石ころから生じ放たれる光はそれほど鮮烈で、大した貴石であった。彼女は鸛を抱きとり触ってみて傷跡に気づき、正に彼女の哀れみと治療を受けた鸛に外ならぬことを知ったのである[2]。

註　（1）イタリア半島土踏まず部の大都。奢侈淫逸で聞こえた。（2）Jacobs によると、この話は伝エウテクニオス『鳥猟の書』一−二七（年代不詳）に女性の名なしに語られるという。

二二（二四）　狩人という鳥

名前はアグレウス（狩人）、本性は飛ぶもの、種としては黒歌鳥の仲間、色は黒、声は音楽的。狩人と呼ばれるのも理で、美しい音楽に魅せられて飛んでくる他のか弱い鳥を歌で捕まえるからである。この鳥は生まれついての強みをよく知るが故に、天与の才能を用いて喜びともし滋養ともしているように見える。それというのも、自分の声を聞いて心を喜ばせ近づく鳥を狩って腹を満たすからである。もしこの鳥を捕まえて籠に閉じこめても、苦労して捕まえた甲斐はない。そこにあるのは歌わぬ鳥、自由を奪われた腹いせに、捕まえた男に沈黙で仕返しをするかのような鳥なのだから(1)。

註　（1）この鳥のことは他の文献には見えない。九官鳥、黒歌鳥、百舌鳥などに比定する説があるが、架空の鳥であろう。

二三　海蜊蛄《ウミザリガニ》

海蜊蛄を捕まえて、その場に目印を残した上でうんと遠くまで運んで行っても、捕まえた場所で同じ海蜊蛄を見つけることができる。つまり、海辺に沿って運んで行き、海蜊蛄が海へ入って行けるだけ水に近い所に置いてやるならば、ということである。(1)

註　(1)オッピアノス『漁夫訓』一-二五九以下に、海蜊蛄（伊藤訳ではロブスター）は岩場の棲処への愛着が強く、遠くへ運ばれても必ず戻る、とある。尚、Jacobs によると、アイリアノスは近代人と違って蜊蛄を川に棲むものとは考えなかったという。

二四（二五）　鰐と鰐千鳥

鰐千鳥が蛭を駆除して鰐に恩恵を施すことは上で（本書三-一一）語ったし、ヘロドトスも「エジプト誌」（『歴史』二-六八）で言及するところであるが、他の人にも知っていただくために、私が知っているのに語らなかったことを今ここでお話ししよう。

鰐千鳥は沼沢地に棲む鳥の一種で、川の土手を歩き回り、手当たり次第に漁《あさ》ったものを餌にするが、鰐も今述べたもので鰐千鳥を養ってやる。そのお返しに鰐千鳥は、鰐が眠る間、用心深く見張りをしてやる。鰐が寝そべって眠っていると、マングースが攻撃を仕かけ、喉頸にしがみついて窒息させることがよくあるからである。ところが鰐千鳥が叫び声を発し、鰐の鼻を打って、起こして敵に向かうよう嗾けるのである。貪欲で何でも食いの動物にこのように心を配ってやる鳥を褒めるべきかどうか、それは後に知ればよいことにして、ともあれこの動物たちの特性を語った次第である。(1)

註 (1) 鰐とマングースと鰐千鳥のことはプルタルコス『動物の賢さについて』九八〇D以下に見える。ここと やや異なり、鰐が大口開けて眠っているとマングースが跳びこみ、内臓を食い荒らすという記述もある(シケリアのディオドロス『世界史』一-八七-五、ストラボン『地誌』一七-一-三九、プリニウス『博物誌』八-九〇、オッピアノス『猟師訓』三-四一二以下)。

二五(二六) 赤鱏の殺傷力

空のトリューゴーン(小雉鳩)でなく海のトリューゴーン(赤鱏)の話であるが、これは泳ぎたい時には泳ぎ、また浮かび上がって飛びもする。上でも言及したように(本書一-五六、二-三六および五〇)、その棘は死をもたらす。とはいえ、理性なき動物や人間を刺して即座に死に至らしめるのは不思議でも何でもない。驚愕すべきはこのことで、それをお話ししよう。

枝も若葉も一杯繁らせた樹勢盛んな巨木にその棘をあてがい、突き刺すと、木はたちまち葉を落とし始める。そして葉が地上に散り敷くのに連れて、幹全体が干からび、激しい日照りの下、太陽に晒され乾ききったようになるのである。(1)

註　(1) このことはオッピアノス『漁夫訓』一-四九〇以下に見える。

二六（二七）　象のこと

象は頭から跳び出すようにして生まれて来るが、生まれた時の大きさは最大の豚ほどである。一頭の母親象の後を何頭もの仔象がついて歩く、と人は言う。生まれたばかりの赤ん坊に触ろうとする人があっても、母象が怒るどころかするがままにさせるのは、乱暴したり虐めたりするために手を出す人は一人もなくて、皆好意をもってあやそうとしていることをよく知っているからだ。だって、こんなに可愛いものを誰が傷つけようとするだろうか。

狩りたてられる象が落とし穴にはまってしまい、もはや逃れる術はないと知ると、自由であった時の気概は忘れ、食べ物を差し出せばいそいそと受け取るし、水を与えれば飲む。葡萄酒を鼻に注いでやると、友情の盃を拒みもせぬのである。

二七（二八）　聖なる魚

かの詩人が「聖なる魚」と呼ぶのはエッロプスという魚だ、と信じられている。(1) 一説によると、これは稀少な魚で、パンピュリアの海で獲れるとはいえ、そこでも寥々たるものである。もしこれが捕獲されたなら、漁師たちは幸運を祝って誇らしげに花冠をかぶり、釣り舟も花冠で飾って、獲物の見物に立ち会うよう手拍子笛の音で呼びかけながら、港入りをする。

但し、「聖なる魚」はこれではなくアンティアースだと信じる人たちもいる。その訳は、アンティアースが現れる海は必ずと言ってよいほど猛魚のいない海域で、魚と魚を狙う者の間に平和があって、魚は安んじて子を生めるからである。(2)

しかし当然のことながら、自然の神秘を追究するのは私の手に余る。ライオンが鶏を怖れ、バシリスクも然り、象が豚を怖れるとさえ言うではないか。そのようなことの原因を尋ねて多大の暇を潰す人は、時間を疎かにしているのであって、苦労の成果には至らぬであろう。

註（1）かの詩人とはホメロス。「突き出た岩に坐る男が、聖なる（力強い）魚を海から釣り上げるように」（『イリアス』一六-四〇六）を承ける。エッロプスは普通、魚にかかる枕詞で「物言わぬ魚」と訳される（ヘシオドス『楯』二一二）。アリストテレス『魂について』四二一a三「魚が声を持たないのは喉頭がないからである」。アテナイオス『食卓の賢人たち』三〇八B他。「魚のように無口」「魚よりも寡黙」という諺的表現は世

界中に見られる）。特定の魚としては同定不能であるが、蝶鮫かとする説がある。パンピュリアは小アジア南岸、西よりの地域。（2）本章はプルタルコス『動物の賢さについて』九八一D以下に拠るかと思われる。アンティアースも同定不可能であるが、これを聖魚とするのは、アリストテレス『動物誌』六二〇b三三以下、アテナイオス『食卓の賢人たち』二八二C以下など。

第九巻

一　ライオンの孝心

はや年長けて老いにうちひしがれたライオンは狩りをすること能わず、洞穴や藪深い塒《ねぐら》に休らうことに満足して、か弱い小動物さえ襲う元気がなくなるのは、自らの年齢を危ぶみ、体力のなきことを自覚するからである。ところがその子供たちが、今を盛りの若さと生来の力を恃んで狩りに打って出、後押しをしながら老親をも連れ出すのである。そして進むべき道の中ほどまで来ると親を残して、子供たちだけで狩りにとりかかり、自分たちと生みの親とに十分なだけを手に入れると、高貴な咆哮を朗々と響かせ、宴の主が客を招くように、若い子供たちが老いたる父親を食事へと呼び寄せる。こちらは歩一歩と、ゆっくり這うようにしてやって来ると、子供たちを抱きしめ、まるでよき獲物を褒めるかのように、舌でちょっと舐めてやってから、食事にとりかかり、息子たちとご馳走を共にするのである。(1)

父親を養うことは絶対の義務である、と法律で定めたソロンがこのようなことをライオンに命じたわけではない。それを教えたのは人の世の「掟など気にもかけぬ自然(2)」であり、自然こそ変わることなき掟なのである。

註 （1）若いライオンが狩りで老ライオンを労ることはプルタルコス『動物の賢さについて』九七二Cに見える。
（2）エウリピデスの失われた悲劇『アウゲ』より。本書四-五六にも見えた。

二　鷲の羽

鳥類の王なる鷲が生きてそこにいるだけで群鳥は怖れをなし、姿を見せるだけで縮みあがるが、そればかりではない。もしも鷲の羽に他の鳥の羽を混ぜるなら、鷲の羽は損なわれることなく全き姿を留めるのに、他の鳥の羽は鷲の羽との交わりに耐えられず、腐ってゆくのである（1）。

註 （1）この羽の話はプリニウス『博物誌』一〇-一五、プルタルコス『食卓歓談集』六八〇Eに見える。

三　お産あれこれ

鼠はそれでなくても多産な動物であるが、一回のお産でたくさんの子を生む。おまけに、ひょっとして塩でも口にしようものなら、常の場合より遙かに多く、夥しい子を生むのである。

鰐が子を生んだ時には、混じりけのない子か雑種の子かを次のようにして吟味する。孵化してすぐに何かを摑み獲ったなら、以後は一族に属するものとして両親からも愛され、確信をもって鰐の一員に数えられる。

ところが、子が愚図でのろまで、蝿とか蚋《ブユ》[1]とか大地の腸《はらわた》（蚯蚓《ミミズ》）とか蜥蜴《トカゲ》の子とかを摑まぬようなら、父親がそいつをインチキのまがい物、我が身内にあらずとして引き裂いてしまう[2]。鰐と同じく鷲もまた、太陽光線によって子の真贋を試すことで、感情ではなく判断に従って子供を愛しているように見受けられる[3]。

註（1）原語 serphos を仮に蚋と訳したが、特定不可能な小さな昆虫。（2）プルタルコス『動物の賢さについて』九八二Dでは子を引き裂くのは女親。（3）鷲の子試しは本書一二六に既出。

四　毒のしくみ

コブラの牙は「毒を運ぶ」と呼ばれるにふさわしいものであるが、この牙は極めて薄い膜のようなものによって、まるで着物を着ているように覆われている、と聞いている。コブラがその口で誰かに咬みついた時には、その膜が裏返って毒が発射され、その後、膜は再び寄り合って接合する、ということである。また、蠍の針には曲がりくねった筒のようなものが入っているが、微細すぎて全く見えない。毒液はそこにあり、そこで生み出されて、刺すと同時に針の中を通って流出する、と言われている。毒が流れ出る開口部も目には見えない。人間が唾を吐きかけると、針は威力を失い麻痺して、刺すことができなくなる、という話である[1]。

註 (1) プリニウス『博物誌』一一・一六三に毒蛇や蠍の毒についての記述があるが、本章の説明とは異なる。「曲がりくねった筒のようなもの」と訳したところは難解。

五 父親を継ぐ仔犬

雌犬はたくさんの仔犬を生むとはいえ、父親を明証するのは、母親から最初に出てくる、そのお産における最年長者だけである。実際、その仔犬が何から何まで父親にそっくりで生まれてくるのに対して、他の仔犬たちはまちまちである。自然はこの事実によって、「種を蒔くもの」の方が「受け取るもの」よりも重要であることを、真理として示しているように見える(1)。

註 (1) ギリシア人に根深い「腹は借物武士の種」の思想であるが、それを詳述するアリストテレス『動物発生論』七二六a以下の議論は分かりにくい。それをより端的に示すのは悲劇の科白。「母と呼ばれる人は子を生む人ではない。新しく蒔かれた胎児を育てるだけの人。乗りかかる雄が生むのだ」(アイスキュロス『慈みの女神たち』六五八以下)。「父が私を植え付け、母は他人から種を受け取る畠として生んだだけ」(エウリピデス『オレステス』五五二以下)。

六　月の盈虧《えいき》の影響

「背中に殻を持つもの」や殻皮類(1)の特性としてはこんなこともある。月が欠けて行くのに連れて、身が空《オ》くというか、軽くなりゆく傾向があるのだ。「背中に殻を持つもの」では紫貝や法螺貝や猩々貝やその同類が私の説を裏付ける。もう一方の殻皮類では、銀杏蟹《イチョウガニ》、伊勢海老、海蝲蛄《ウミザリガニ》、蟹一般、およびその仲間がそうである。(2)

荷役獣の場合でも、月の欠けゆく間に生まれたものは他のものより能力と強さで劣ると言われているので、その辺の事情に詳しい人は、月のうちのその期間に生まれたものは育てるべきではない、と忠告さえする。しっかり働かないから、というのである。

また教わったところでは、動物は新月の時にあたり、身に備わる声で何か言葉を発するか、あるいは〈……〉(3)倒れる。アリストテレス（断片二七〇‐二五）によると、ひとりライオンのみはそのどちらもしない、という。

註　（1）ostrakonōta「背中に殻を持つもの」の原語はostrakon（陶器、陶片）+ nōton（背中）、ostrakoderma「殻皮類」はostrakon + derma（皮）。但し、アリストテレス（『動物誌』五二三b二以下）の分類はこことは異なり、malakia（軟体類（頭足類）、甲烏賊など）、malakostraka（軟殻類、伊勢海老、蟹など）、ostrakoderma（殻皮類（貝類）、蝸牛、牡蠣など）とする。（2）牡蠣などに対する月の盈虧の影響については、ゲッリウス『アッティカの夜』二〇-八、オッピアノス『漁夫訓』五-五八九以下にも見える。（3）この段落の主旨が理解できない。アリストテレス断片集の編者 Gigon は欠語を想定する。

七　魚の聴覚、耳石、食客

アリストテレス（『動物誌』五三四a九）によると鱸《スズキ》、それにクロミスやサルペーや鯔《ボラ》は聴覚が優れてとても鋭いという（1）。また、鱸は自分の頭の中に小さな石があることをはっきりと知っている、とも教わった。冬になるとそれがとても冷たくなり、激しい痛みをもたらす。そこで、鱸は一年のこの季節になると体を温かくして（2）、それを石のせいで起きる冷えに対する特効薬とすることを考え出した。クロミスやパグロスやスキアイナも同じことをすると聞いている。これらも同じ石を持っているからである（3）。

魚の中にも食客はいるものだ。例えば、「（海豚の）虱《イルカ》」と呼ばれる魚は、海豚の獲物を横から齧り取るが、海豚もその食客がまんざらでもなく、進んで分け与えてやるので、そいつは豪華で贅を尽くしたご馳走に飽食したように、とても脂がのっている（4）。

メナンドロスに出てくるテロンは、人々を自在に操って自分の飼葉桶にしたと言って自慢しているし、ストルティアスも同類だ（5）。ピリッポス王の食客クレイソポスは、ピリッポスがメトネ包囲戦で片目を失った時、王の機嫌をとるため自分の片目を包帯で覆った（6）。

「虱」には海豚に対して同じ釜の飯を食う友愛がある、と私は思う。人間が他の諸悪に加えて阿諛追従を知っているのに対して、理性なき動物は知らないからである。

註 (1) クロミスはニベ科の魚。古辞書はこれを khromē（馬の嘶き）と関連づけて「驢馬魚」と呼ぶ。ブーブー音を出す魚として魴鮄《ホウボウ》と並記される（アリストテレス『動物誌』五三五b一六）。サルペーはタイ科の魚。糞で釣れるが美味という（アリストテレス『動物誌』五三四a一六、アテナイオス『食卓の賢人たち』三二一D）。(2) 魚が体を温める方法については本巻五七章参照。(3) このことはアリストテレス『動物誌』六〇一b三〇に説かれている。パグロスは紅い魚に似るといい（アテナイオス『食卓の賢人たち』三二七C）、真鯛とされる。スキアイナは鮸《ニベ》。skia（影）のような体色からの命名。日本では石首魚《イシモチ》の耳石が有名。(4) このことはアリストテレス『動物誌』五五七a三一に出る。この「虱」は小判鮫。(5) テロンはメナンドロスの失われた喜劇『シキュオンの男』に、ストルティアスは同じく『おべっか使い』に出てくる食客。飼葉桶はただでありつける食事の比喩。(6) 前三五四年、ピリッポスはメトネ（マケドニアの港町）を陥れたが、アステルなる弓の名手に、「アステル、ピリッポスに致死の矢を贈る」との言葉と共に片目を射貫かれた（プルタルコス『ギリシア・ローマ対比史話』三〇七B）。クレイソポスのピリッポスに対する追従の数々はアテナイオス『食卓の賢人たち』二四八D以下に詳しい。

八　象の母性愛

これまた象の子供に対する一途な愛情の話である。象狩人たちが落とし穴を掘り、それに嵌まった象は捕まったり殺されたりする。落とし穴の造り方とか、形はどんなで深さはどれくらいだとか、入口はどうなっているかというようなことは、別のところから学んでいただきたい。私としては、知られざる親の愛を世に示して証明しようと思う。

幼な児が落とし穴に嵌まるのを見てとった母親は、ぐずぐずと手を拱《こまね》いてはいない。激しく狂ったように、能うかぎりの勢いで駆けつけると、子供の上に頭から跳びこんで、二人して同じ最期を選ぶ。一方は母親の重みで押し潰されるし、他方は頭を打ちつけたからである。それ故、子への愛情が自然に備わっているかどうかを疑うのは笑うべき人々である。

九　海豹《アザラシ》の子育て

海豹は陸上で子を生むが、子供たちを徐々に水辺へ連れて行って、海とはどんなものかを味わわせてから、元のお産の場所へと連れ戻し、今度はまた海まで連れて降りると、すぐに水の外に導き出す。これを何度も繰り返すと、最後には子供たちを泳ぎの達人にできている(1)。子供たちは難なく海の暮らしに移行するが、教育が子供たちをしつけるばかりでなく、自然が否応なく母親の棲処と生き方を愛するようにさせているのである。

註　(1)プルタルコス『動物の賢さについて』九八二D以下にほぼ同じ記述、プリニウス『博物誌』九-四一、オッピアノス『漁夫訓』一-六八六以下も海豹の子育てを記す。

一〇　鷲の食事

鷲は貪欲な生き物で、攫ったものを餌にし、肉を食べる。兎、仔鹿、農家の鵞鳥、その他の動物を攫うのである。(1)但し、「ゼウスの鷲」と呼ばれるものだけは肉に触れず、草だけで十分である。サモスのピュタゴラスから教えを受けたわけではないのに、生類を慎むのである。(2)

註（1）この部分は本書二-三九の冒頭部分に似る。（2）ピュタゴラス教団（本書五-一一への註参照）の肉食の禁については、それを伝える文献も反論を加える文献もある（ディールス＝クランツ『ソクラテス以前哲学者断片集』「ピュタゴラス」章の九）。尚、一般に鷲はゼウスの聖鳥とされ、ゼウスのために美童ガニュメデスを天上に拉致するのも鷲であるが、特別に肉食を忌避する鷲の典拠は知らない。

一一　苦痛をもたらさぬ毒

毒蜘蛛に触ったら、それだけで激しく苦しむことなしに死ぬ、と言われている。(1)しかし、コブラの咬み傷の極めて穏やかなことはクレオパトラが突き止めた。アウグストゥスが進撃するさなか、〈捕らえられて〉(2)、うち続く宴会の間に、苦痛なき死を調べだそうとした時のことだ(3)。この時に発見したのは、剣による死は、負傷兵らが口を揃える如く痛みが大きいし、毒薬による死は、痙攣を惹き起こし心臓のこわばるのが避けがたい故に苦しいのに対して、コブラに咬まれての死は穏やかで、ホメロス特有の表現をするなら、「安らかな死」であるということだ(4)。人が触っただけで殺すものや、噯《おくび》で殺すものもあり、〈ケントリス〉(5)とか蟾蜍《ヒキガエル》がそうである。

註 (1) アルバニア（カスピ海西岸地域）の毒蜘蛛は、人を笑い死にさせたり悲しみ死にさせたりするという（ストラボン『地誌』一一-四-六）。(2) Hercher はここを削除する。(3) クレオパトラ、前六九—三〇年、プトレマイオス朝エジプト最後の女王。アウグストゥスはオクタウィアヌス（前六三—後一四年）がローマ初代皇帝となって（前二七年）以後の尊号。オクタウィアヌスのアレクサンドリア侵攻を前にして、クレオパトラとアントニウスは死を覚悟して連日豪勢な宴会に耽る。クレオパトラは苦痛なく死ねる毒薬を発見しようと、死刑囚を使った実験を重ねる（プルタルコス『英雄伝』中「アントニウス」七一）。(4)『オデュッセイア』一一-一三五。冥界を訪れたオデュッセウスは予言者テイレシアスより、「海からの（海を離れた）安らかな死を迎えるだろう」と教えられる。(5) テクストは κεντρίτης（ケントリテース、棘鮫）だが、Hercher に従って κεντρίς（ケントリス、鎖蛇の一種ディプサスの別名）と理解する。

一二　海の狐

あなたは私に向かって、狐は悪辣な動物だと言われるが、それは陸上で命を養う狐のことですから、海の狐（狐鮫）の悪巧みもお聞きになって、それがどんなことをするかを学んで下さい。海の狐はそもそも釣針に近づいたりしませんが、もし呑みこんでしまったなら、まるで着物を脱いで裏返すように、たちまち体の内側を外側に向け変えます。恐らくこんな風にして釣針を押し出してしまうのです(1)。

註（1）似た記事はプルタルコス『動物の賢さについて』九七七Bにも見える。しかし別の箇所（アリストテレス『動物誌』六二一a一二以下、オッピアノス『漁夫訓』三-一四四以下、アイリアノス『ギリシア奇談集』一-五）では、釣針にかかった狐鮫は急浮上して釣糸を噛み切って逃れる、とある。アリストテレス『動物誌』六二一a六以下では、体の内外を反転させて釣針を排出するのは沙蚕《ゴカイ》だから、本章には混乱があるのかもしれない。

一三　蛙軍《かわずいくさ》

愛を引き寄せる呪《まじな》いのようなものがあると人々は言うが、蛙が雌に向かってある鳴き声を発して情交の合図とするのは、恋する男が酒盛りの歌を歌うようなもので、その鳴き声はオロリューゴーン（蛙鳴《あめい》）と呼ばれるとのことである。雌をものにすると二人して夜を待つのは、水の中では合体できないし、日中陸《おか》の上で絡みあうのも不用心だからである。夜になると何の心配もなくなるので、陸に進出して互いに歓を尽くす。(1)蛙が常よりも朗々と、ひときわ声を張り上げる時は、雨の近いことを示している。(2)

註 (1) この章はプルタルコス『動物の賢さについて』九八二Eに拠るものであろう。(2) 蛙の雨の予知はアラトス『星辰譜』九四七以下、プリニウス『博物誌』一八-三六一、プルタルコス『自然学的諸問題』九一二Cなどにも見える。

一四 痺鱏《シビレエイ》

痺鱏に触ったりしたら、手がその名のとおりの目に遭いますよ、とお母さんが口にするのを子供の頃によく聞いたものだ。専門家から教わったところでは、この魚がかかった網に触っても全身が痺れるとのことだ。また、この魚を生きたまま容器に放りこみ海水を注ぎ入れると、もしお腹に子を持っていて産卵の時が近い場合には、容器の中にでも卵を生む。その水を人間の手か足にかけると、手か足は必ず痺れてしまうのである。(1)

註 (1) 本章の内容はプルタルコス『動物の賢さについて』九七八B以下に近いが、痺鱏の能力への言及は他にも多い(アリストテレス『動物誌』六二〇b一九、プリニウス『博物誌』九-一四三、オッピアノス『漁夫訓』

二‐五六以下、三‐一四九以下、本書一‐三五他)。

一五　毒の相乗効果

動物は刺す場合でも咬む場合でも、常に同じ力を発揮するわけではなく、何らかの原因によって力が増幅されることが多い。例えば、蛇を食した雀蜂の一刺しはより危険なものとなり[1]、蛇類の何かに近づいていた蠅は咬むのが鋭くなり痛みを与えるし、蛙を食った後のコブラの一咬みは、全く治療不可能なものとなる。正常な犬が人を噛んだ場合、傷を作り激痛を惹き起こすが、それが狂犬だと死に至らしめる。噛まれた人は、先ず初めは否応なしに水を怖れるようになり、小康を得たように見えた後に、再び激痛に襲われ、犬吠えして死ぬのである。狂犬が引き裂いた肌着を繕うお針子がいたが、彼女は肌着を引き伸ばすために口でちょっと噛んだところ、発狂して死んでしまった。

絶食中の人間に噛まれるのは危険で治療も難しい。

スキュティア人は矢に塗る矢毒に人間の血清を混ぜて毒を作ると言われている。これは血液の上澄みのようなもので、〈彼らはそれを抽出する術を知っているのだ〉[2]。テオプラストスがその十分な証拠となる[3]。

註　(1) ナクソス島の雀蜂は蝮の肉が好物で、それを食ってから人を刺すと蝮以上の痛みを与える（アリストテレス『異聞集』八四四b三二以下）。プリニウス『博物誌』一一‐二八一にはこれ以外の相乗効果も紹介されている。(2)テクストが毀れており、推測訳である。(3)現存のテオプラストス作品には見えないが、アリストテレス『異聞集』八四五a一以下にこのことが記される。

一六　蛇の脱皮

春立ちそめる頃ともなれば、蛇は老い(古い皮)を脱ぎ捨てるが、その時、茴香《ウイキョウ》を砥石のようにあてがい両の目の側を擦ることによって、目にかかる霞や視力の衰えなど、目の老いとでも言うべきものを拭《ぬぐ》い落として、目の患いから免れる。視力が鈍るのは、冬の間、暗い穴の中で冬眠していたためである。凍てつく寒さのために動物の視力が麻痺していたのを、茴香がゆっくりと暖めて浄化し、鋭い視力にしてやるのである。(1)

註　(1)このことはプルタルコス『動物の賢さについて』九七四Bにも見える。「蛇が老いを脱ぐ」という表現はアリストテレス『動物誌』五四九b二六に見える。

一七　翡翠《カワセミ》の巣

翡翠は自分が妊娠していることに気づくと、雛たちを収容するための巣を造るが、燕とは違って泥も屋根も家々も必要としない。燕ときたら、招かれざる客として入ってきて、お喋りで昧爽《まいそう》の気をぶち壊すばかりか、いとも心地よい熟睡を中断させるのだから。翡翠は更に、誰の邪魔にもならない場所で自分の体、それも嘴のみを使って巣造りに取りかかる。駄津《ダツ》の棘（骨）を集めて編み合わせ、神秘的な結合の技で整然たる作品を纏めあげてゆく。即ち、棘の半分は垂直に、半分はそれと直角に結び合わせるのだが、そんな翡翠は、縦糸に横糸を織りこんでゆく練達の織り姫とも言えよう。ほぼ丸い形に造るが、少しばかり横長に膨れて、ちょうど編み上げた筌《うえ》のようなものにするのである。

それを織り上げると海まで運んで行くが、海の面は波立ち、そっと寄せ来る波が翡翠の作品を検査する。打ちかかる水が防水性のない部分を〈教えてくれた時には〉[1]、そこを繕うわけである。しかし、しっかりと合わさり見事に織り合わされたところは、たとえ石で叩いても貫けない。鉄（刃物）で切り裂こうとしても、織りの巧み故にびくともしないことは、アマシスがリンドスのアテナ女神に奉納したことで名高い亜麻製の胴鎧にも劣らない[2]。この筌の入口は他の鳥には入れないし見つけられもしないが、翡翠だけは迎え入れる。海水はいささかもその入口から流れこめない、それほど防水性がある。こうして波の上で揺られながら翡翠は雛を育てる、と言われている[3]。

註　（1）欠文があるようで、プルタルコスの記述などから補う。（2）アマシスは前六世紀、平民出身のエジプト王。彼がリンドス（ロドス島東岸の町）のアテナ女神に亜麻製の同鎧を奉納したことはヘロドトス『歴史』二-一八二と三-四七に見える。（3）翡翠の巣造りについては、アリストテレス『動物誌』六一六a一九以下、プルタルコス『動物の賢さについて』九八三C、同『子供への情愛について』四九四A以下等にも詳しい。

一八　烏兜

ナイルのほとりに生える草あり。「狼殺し」と呼ばれるのも理で、その名は実体を欺かず、狼がその上を歩むと痙攣して死ぬ。それ故、エジプト人の中でも狼を崇める人たちは、この草がその地に持ちこまれるのを防ぐのである。(1)

註　(1)「狼殺し」、今も英名を wolfsbane という烏兜。本書四-五〇では「豹の窒息」と呼ばれるものが烏兜かと考えられた。ナイル中流域にリュコポリス（狼の町の意。町と州）がある。イシス（オシリスの姉妹で妻）が息子ホルスと共にセト（オシリスの兄弟、ギリシアのテュポンと同一視される）を相手に戦う時、冥界からオシリスが狼の姿で現れ援助した。別の説では、エチオピア人の侵攻に際し、群狼が現れて撃退してくれたことから、人々は狼を崇め、その地の名前とした（シケリアのディオドロス『世界史』一-八八-六以下）。メディアがテセウスを殺害しようとして用いたのは烏兜の毒で、ヘラクレスが地獄の番犬ケルベロスを地上に連れ出した時、犬が口から吹く泡よりこの草が生じたという（オウィディウス『変身物語』七-四〇四以下）。アリストテレスも烏兜を服して死んだとの説がある（ディオゲネス・ラエルティオス『ギリシア哲学者列伝』五-六）。

一九　家の動物と葡萄酒・水・オリーブ油

家の中にいる生き物のうち、もしも鳥が葡萄酒の中に嵌まって溺れ死んでも、葡萄酒も生き物も何ら損なわれることはない、と言われる。しかし、水に沈んだ場合には、水を臭くするし、空気中にも悪臭を漂わせる。守宮《ヤモリ》が葡萄酒の中に〈あるいは水の中に〉(1)滑り落ちて溺れ死んでも、何の害も及ぼさないけれども、オリーブ油の中に嵌まって死んだ場合には、やはりオリーブ油を臭くするし、それを口にした者は虱たかり(2)になるのである。

註　(1) Hercher に従って削除する。(2) 暴飲肥満などにより肉が腐り虱に変じる（虱に食われる）「虱症」をいうか。アルクマン（前七世紀後半、抒情詩人）、ペレキュデス（前六世紀、神話作家・哲学者）、カッリステネス（前四世紀、アレクサンドロス大王の従軍史家）、プブリウス・ムキウス・スカエウォラ（前二世紀、ローマの法学者）、ルキウス・コルネリウス・スッラ（前二／一世紀、ローマの将軍）などがこの奇病に罹って死んだという（プルタルコス『英雄伝』中「スッラ」三六）。

二〇　蛇よけの法

鹿の角を燃やせば蛇を追い散らすことははっきりしている。一方アリストテレス（『異聞集』八四一a二七以下）は、〈シントイ人とマイドイ人の〉(1) 地を流れるポントス川で採れる石を燃やすと蛇を追い払うと説いて、その石の性質をこんな風に説明している。その石に水を注ぎかけると燃え上がるが、燃えているのを更にかき立てようと団扇であおぐと消える、と。これが燃えるとアスファルト以上の悪臭を発する、と人々は言うが、ニカンドロスも同意見である。(2)

註 (1) Hercher に従って改める。これらはトゥキュディデス『歴史』二・九八にも見えるトラキアの部族名である。(2) ニカンドロス『有毒生物誌』三五以下は毒蛇を駆除する法として、鹿の角、ガガテース（褐炭）、雄羊歯《オシダ》、その他を燻すことを列挙する。ポントス川で採れる石はトラキア石（褐炭）と呼ばれている。

二一　ヘレネとパロス島の蛇

これからお話ししようとすることはエジプト人の語るところであるが、パロス島(1)にはその昔、多種多様な蛇が充満していた。エジプト上流域とエチオピアを放浪するメネラオスより託されて、エジプト王トニスはゼウスの息女ヘレネを預かっていたが、その間にヘレネに恋をして、力ずくで情交を迫ったところ、話の伝えるところでは、ゼウスの息女は怖れて一部始終をトニスの妻に打ち明けた。(2) ポリュダムナというその女は、一つには異国の女が美しさで自分を超えるのではないかと怖れて、一つには同情する心もあって、ヘレネを守るためにパロス島に移した。その際、島にいる蛇類をやっつける薬草を持たせてやったが、蛇はそれに気づいて地に潜った。ヘレネがその草を植え、やがて草が繁茂して蛇をやっつける種《たね》を生み出すに至り、パロス島にこの獣は現れなくなったという。その草はヘレニオン（ヘレネ草）[3]と呼ばれる、とは物知りたちの説である。

註 （1）ナイル河デルタの西端に建設された都市アレクサンドリア沖合の島。（2）トロイア王子パリスがスパルタ王メネラオスの妃ヘレネ（ゼウスの息女）を奪い去ったことがトロイア戦争の原因となった、という通説に対して、ヘレネは漂着したエジプトに留まり、パリスはヘレネの似姿を故郷に連れ帰った、とする異説があり（ステシコロス、断片一五（Page）、プラトン『パイドロス』二四三A、他）、エウリピデスはそれを前提に『エレクトラ』『ヘレネ』を作った。ヘロドトス（『歴史』二-一一三以下）はそれを合理化して詳述する。この異説の大本にはホメロスの歌がある（『オデュッセイア』四-二二九以下。ヘレネはエジプトにいたことがあり、そこの王トン（トニス）の妻ポリュダムナより、憂いを忘れる薬草を贈られた）。エジプト王がヘレネを犯そうとしたというのは、後世の物語展開であろう。（3）シソ科の金瘡小草《キランソウ》（地獄の釜の蓋）、またはキク科の大車《オオグルマ》に同定される。

二二 海星《ヒトデ》と牡蠣

星《アステール》（海星）は海の生き物で、これも軟らかい殻を有し[1]、牡蠣の敵で牡蠣を餌にする。牡蠣を襲うやり方は次の如し。牡蠣は冷気を求めて、またそうでなくても、出会うものを餌にしようとして、大口を開けることが多い。すると海星は牡蠣の真ん中に自分の腕を一本差しこんで、牡蠣が再び閉じようとするのを妨げつつ、肉を堪能するのである。海の星の特性は、これで語られたことにしよう。(2)

註 (1)「軟らかい殻を有し」、原語は malakostrakoi で、アリストテレス(『動物誌』五二三b五以下)の分類では軟殻類(甲殻類。伊勢海老、蟹など)を指すが、ここでは緩やかに用いられている。(2) アリストテレス『動物部分論』六八一b八、オッピアノス『漁夫訓』二-一八一以下に同様の記述がある。

二三 アンピスバイナ

ヘラクレスの難業の一つ、レルネのヒュドラのことなら詩人たちとか、散文作家へカタイオス(断片二四)をはじめとする古い物語の作家たちとかが歌えばよい。(1) 三つの頭を持つキマイラの性質のことならホメロス(『イリアス』六-一七九以下、一六-三二八)が歌えばよい。これはリュキアの王アミソダロスが諸人の破滅となるよう育てたもので、多様な姿を持つ天下無敵の怪物であった。(2)

これらが神話として片付けられているように見えるのに対して、アンピスバイナは上の方と尻尾の方とに頭が二つある蛇である。前進する時は、前方向への動きを加速させる必要から、一方の頭は尻尾にして後に残し、もう一方を頭にする。後ろ向きに進む必要がある時には、両方の頭を先ほどとは正反対にして使うのである。(3)

註　(1) レルネのヒュドラについては本書五-一六への註参照。ヘカタイオスはヘロドトスの先輩にあたる歴史家・地理学者。(2) キマイラは普通名詞では雌山羊の意。ライオン・山羊・蛇の合体怪獣で、英雄ベレロポンに退治された。リュキアは小アジア西南部、沿岸の地域。アミソダロスは『イリアス』に名が出るが、重要な働きはない。(3) アンピスバイナの語義については本書八-七への註参照。プリニウス『博物誌』八-八五は、この蛇は口一つから毒を出すだけでは不十分というかのように尾にも頭を持つ、と記す。文学ではアイスキュロス『アガメムノン』一二三三、ルカヌス『内乱（パルサリア）』九-七一九に出る。現実の例は、小山田与清『松屋筆記』六二-七〇に中国の数例、滝沢馬琴『兎園小説』第二集に実見報告と図がある。

二四　鮟鱇

蛙という魚の種類があって、「釣り師」とも呼ばれるのは、その行動からの名づけである。この魚は目の上に餌を取りつけているが、それは睫毛とでも言えそうな長い毛で、それぞれの先には小さな球が着いている。他の魚に対して、このような生存と食餌の手だてを自然から与えられ研ぎ澄まされていることを、この魚は自覚している。そこで、泥が深く軟泥だらけの場所に身を隠して、件の毛を伸ばしたまま息を潜めている。すると、とても小さな魚が睫毛の方へと泳ぎ寄って来る。先端で揺れている丸いものを餌だと思っているからで、一方、こちらは待ち伏せしながら身じろぎもしないが、相手が近くまで来ると、毛を体の方へ引っこめる。それは何かしら目に見えぬ秘密の仕方でしまいこまれる。貪欲ゆえに近づいてきた小魚は、こ

の蛙魚《カエルウオ》（鮟鱇）の餌食となるのである。（1）

註　（1）鮟鱇を蛙や釣り人との連想で命名するのは世界的なこと。鮟鱇の採餌はアリストテレス『動物誌』六二〇b一一以下、オッピアノス『漁夫訓』二-八六以下にも記される。

二五　伊勢海老と蛸

伊勢海老は蛸が大嫌いだ。その訳は、蛸が伊勢海老に巻腕を絡ませる時には、伊勢海老の背中に生えている棘など屁とも思わず、我が身をおっかぶせて窒息させてしまうからである。伊勢海老はそれをよく知っているので、逃げる。

その伊勢海老の性質。この魚は何も怖いものがない時には泳いで前進するが、その際、角（触角）をあちらこちらへ横揺れさせるのは、泳ぎに抵抗して流れて来る水が角を押し戻さぬよう、そして前進を妨げぬようするためである。逃げる時は後じさりしながら、角は完全に寝かせておく。その訳は、ちょうどオールを漕いでゆっくり移動する人のボートのように、十分に離れるためである。伊勢海老同士の間で争いが起こった場合には、角を振り立て、雄羊のように突っかかって額を打ちつけあう。鱓《ウツボ》と伊勢海老の争いについては上で（本書一-三二）述べた。

二六　蛇を駆除する草

しっとりと露に濡れた犬薄荷《イヌハッカ》や西洋人参木《セイヨウニンジンボク》は蛇を駆除するのに著効ありと言われている。後者はテスモポリア祭の期間中、アッティカの女たちがベッドに敷き広げるものだ。西洋人参木は毒蛇の敵と目されるが、そればかりでなく、性欲を抑える働きもあり、そこからこの名を得ているらしい。[1] 同じ毒蛇はまた、リバノーティス[2]と呼ばれる薬草をも怖れる。

註（1）テスモポリア祭は豊穣神デメテルとその娘ペルセポネを祀る既婚女性だけの祭。初冬の播種時にギリシア各地で営まれた。期間中、身を清浄に保つ女たちは西洋人参木をベッドにしたという（ディオスコリデス『薬草誌』一-一〇三）。hagnos（清浄な）から agnos（西洋人参木）の名が出るというのである。ニカンドロス『有毒生物誌』六〇以下は、この二つ以外にも蛇よけの効力ある植物を挙げる。（2）リバノーティスは乳香 (libanos) の香りより命名されたセリ科の草。テオプラストス『植物誌』九-一一-一〇では二種あるといい、実のあるリバノーティスは *Athamanta macedonica*, 英名 Macedonian parsley, 実のないのは *Lavandula stoechas*, フレンチラベンダーか、とされる。

二七　烏兜、一位《イチイ》の木

私はテオプラストストス（『植物誌』九-一八-二）でこんなことも読んだ。この人はある草を記述する中で、それを「雌殺し」の名で呼んでいる。それを蠍の背中に置いたままにすると、蠍はたちまち干からびるとのこと。同じ人はしかしまた、白いヘッレボロスを振りかけると、蠍は生き返るとも言っている。(1) 私としては「雌殺し」は称えるが、白いヘッレボロスはとてもその気にならない。その訳は、蠍を憎み人間を愛しているからである。

トラキスの地には一位という木が生えており、爬虫類はそれに近づき触れただけで死ぬ、とカッリマコス(断片六五九)が歌っている。(2)

註 (1) 烏兜の記述はテオプラストス『植物誌』九-一六-四以下、プリニウス『博物誌』二七-四以下に見える。ニカンドロス『毒物誌』三六以下は烏兜の異名として「鼠殺し」「豹の窒息」「雌殺し」、カンマロス(蝲蛄《ザリガニ》の類)を挙げる。「雌殺し」と呼ばれる訳はプリニウスによると、動物の雌の性器がこれに触れただけで即日死ぬからという。烏兜(akoniton)の呼称はAkonaiなる地名に由来する。ヘラクレスは黒海南岸の都市ヘラクレイア付近の洞窟から冥界に降ったが(本巻一八章への註参照)、アコナイはそこに近い村の名前。(2) トラキスはテッサリア南部の古都、ヘラクレス終焉の地。カッリマコスはヘレニズム時代を代表する学匠詩人。膨大な詩作、文芸批評、アレクサンドリア図書館の蔵書目録の作成など、殆どが失われたが後代への影響は甚大。一位を摑むと死の危険があることはニカンドロス『毒物誌』六一一以下にも歌われるが、その部分は真正を疑われている。

二八　豚肉

豚肉は他の肉より旨い、と昔から信じられている。試してみればそのことは一目瞭然だ。豚が蠑螈《イモリ》を食べた時は、豚自身は何の影響も受けないが、その豚を食した者を死に至らしめる。

二九　エウプラテス源流の蛇

パルティアとシュリアの真中を流れるエウプラテス河が他の諸河川に卓越する点は他にもあるが、それは別の機会に（本書一二-二七）語ることにして、パルティア人とシュリア人がよく知り、ここでの話題にもふさわしいことをお話ししよう。

この川が初めて地上に現れるあたりにある種の蛇が棲息するが、人間の大敵で、土地生え抜きの人でなく無縁の余所者には仇をなす。余所者がやって来ると、死の判定を下すのである。（1）

註　（1）このことはアリストテレス『異聞集』八四五b八に見える。

三〇　ライオンの歩み

ライオンが歩む時は一直線には進まず、自分の踏み跡の様子も単純なままにはしておかず、ここで進めばあちらで戻り、また再び前方方向をとるかと思えば反対方向を目指す。こうして行きつ戻りつすることで、狩人たちに自分の足跡を隠して辿らせず、憩いの場であり子供たちとの生活の場でもある塒《ねぐら》を容易に見つけられないようにする。これは自然からライオンへの独特の贈り物、高きところから彼らに授けられたものである。

三一　しゃっくりの妙薬

優れた技を持つ牧人を思い浮かべていただきたい。さてその牧人は羊を愛し山羊を愛するが、しゃっくりは憎む。しばしば人間を襲うしゃっくりというこの病気、羊や山羊の場合でも飽食がそれを惹き起こす。そこで牧人はこの動物たちの囲いの側に、この病患に対抗するある草を植えておくのだが、その草が家畜の患いを防ぐのである。試してみた人たちは、この草は人間の同じ病患にも効く、と言っている。(1)

註　(1) プルタルコス『食卓歓談集』六四八Aでは人間への効用が第一に語られ、草の名は alusson (lussa (狂気) を癒すもの) と明記される。アブラナ科のアリッサム、庭薺《ニワナズナ》の類、またはシソ科の *Sideritis romana* (mountain tea, shepherd's tea)。後者は現代ギリシアで *τσάι βουνό*（ツァイ・ブノ、山の茶）と呼ばれ愛飲されている。

三二　ヒヨス採り

ヒヨス[1]とその液汁を採取するのを業とする人は、周りに溝を掘って根をぐらつかせるが、自分の手で引き抜くことはせず、翼ある生き物を捕まえて来るか買い求めるかして、片方の脚をその草に結わえつける。鳥はのたうちまわったあげく、草を引き抜く。草も液汁も人間の必要とするものに役立つ。しかし、このやり方で引き抜かなかった場合には、うまい具合に〈垂涎の[2]〉宝物を手に入れたと思いこんでいるものも、役に立たないのである。

註　(1) huoskuamos（豚の空豆の意）の原音を採って和名ヒヨスとする。ナス科の毒草。プリニウス（『博物誌』二三-九四、二五-三五等）はこれが軟化薬、鎮痛剤になる一方、眩暈《めまい》や精神障害を惹き起こすと記す。尚、本書一四-二七にも本章に似た芍薬（？）の不思議な採取法が見える。(2) Hercher に従って改める。

三三　苦艾《ニガヨモギ》と腹の虫

苦艾は数々の効力を有し、呼吸の通りをよくするばかりか肺の浄化作用もあるが、今はそのことをお話しする時ではない。それとは別に、苦艾は悪い生き物の敵で、腹の虫を殺すのである。腹の虫といえばどんどん大きくなり成長すると、内臓に巣くう怪物となって、人間の疾病、それも極めつきの難病に数えられるまでになり、人間の手では治療不可能になるのである。これについてはヒッピュス（断片二）が十分な証拠となる。レギオン出身の歴史家が伝えるのはこのような話である(1)。

ある女が腹の虫を患っていたが、名医たちも治療できずに匙を投げた。そこで女はエピダウロス(2)に詣で、宿痾を癒して下されと神々に祈った。神様は不在であったが、社人《しゃにん》らがこの女を、神様が常々嘆願者を治療する場所に寝かせた。女が指図されるままにおとなしくしていると、社人らは神様に代わって女の治療に取りかかり、女の首から頭を取り外し、一人が手を突っこんで巨大な怪物となった腹の虫を引きずり出したが、頭をくっつけて元どおりの形に戻そうとしても、もはやできなかった。そこへ神様が戻ってきて、己れの技量に余る難しいことに手を出した、と言って社人らを叱りつける一方、自ら比類なき霊妙の力で頭を体に戻し、参詣の女を甦らせた、と。

人間を慈しむことにかけては神界随一のアスクレピオス様、私は何も苦艾をあなたの医術に比べようというのではありません。それほど正気を逸したくはないものです。ただ、苦艾の話になったところであなたの恩恵と驚くべき治癒力を思い出したのです。この薬草もあなたの贈り物であることは疑う必要もないことです。

註 (1) レギオン(イタリア半島西南端)出身のヒッピュス。西方ギリシアにおける最古の歴史家で、ペルシア戦争の頃(前五世紀初頭)に最初の『シケリア史』他を書いたとされるが、虚構の人物。(2) 本書八-一一への註参照。「神様」とは医神アスクレピオス。

三四 葵貝《アオイガイ》

ナウティロス(葵貝)というのは蛸に外ならず、殻を一枚持っている。(1) 海面に浮上する時は、海水を取りこんでまた下へ押し戻されぬよう、殻を下向きに変える。波の上に出ると、海が凪いでそよとの風もない時は、殻の背中を下にして殻を舟のようにして進み、両側から二本の巻腕を伸ばして、静かにオールを漕ぐような動きで、天然の舟を推し進める。風がある時は、それまでオールにしていた巻腕を更に伸ばして舵にし、別の巻腕を立ち上げると、その間にあるごく薄い膜を張り広げて帆とする。怖れるものがない時はこのようにして航行するが、何か手強いものに恐怖を覚えた場合は、潜って殻に水を満たし、重みで沈むことによって、姿を見えなくして敵を逃れる。怖いものがなくなると、浮上して航行を再開する。こういうところからナウティロス(舟人)の名を得たわけである。

註 (1) ナウティロスは舟人の意。葵貝、別名貝蛸。舟蛸という和名もある。第一腕の広く膨れた部分から特殊な物質を分泌して作る殻は雌だけのもの。アリストテレス（『動物誌』五二五a二〇以下、六二二b五以下）、プリニウス（『博物誌』九-八八）、オッピアノス（『漁夫訓』一-三三八以下）等に似た記述がある。

三五　海の深さ

三〇〇オルギュイアまでは海の中のものが人間にも見ることができるが、それ以上の深さとなるともはや不可能、と言われている。それより深いところは、尚も魚や海獣が泳いでいるにせよ、彼らにも近づきえないにせよ、海神たちや海の精霊たち、とりわけ水界の主が籤で抽き当てて領有する場であり、私の穿鑿するところではないし、余人も語らない(1)。

註　(1) 三〇〇オルギュイアの数字を含め、類似の考察はオッピアノス『漁夫訓』一-八三以下に見える。水界の主とはポセイドン。その妃アンピトリテはじめネレイデス（海神ネレウスの娘たち）が精霊。オリュンポスの神々が世界の支配者となった時、籤引きによりゼウスが天空を、ポセイドンが海を、ハデスが冥界を抽き当てた（アポロドロス『ギリシア神話』一-二-一）。

三六　陸に上がって眠る魚

岩場を常の住処とし、そこで餌を食む魚がいる。鯔《ボラ》の仲間で見た目は黄色。この魚については二つの呼び名が行われており、アドニスと呼ぶ人とエクソーコイトスと呼ぶ人がある。[1]そう呼ばれる訳は、風凪ぎ空晴れて波穏やかなる時は、波の動きに運ばれて自らを岸に打ち上げ、岩の上に体を伸ばして、いとも安らかに深い眠りに落ちるからである。この魚、あらゆる生き物と平和的な関係にあることを知悉している反面、海に命をつなぐ限りの鳥や、そのように思われている鳥には身震いする。それで、海鳥が現れるとこの魚は跳ね上がり、生まれついての踊り好き、名状しがたいダンスの振りでジャンプして、遂には岩場を離れ波間に跳びこんで身を全うするのである。

人々がこれをアドニスと呼び慣わすのは、この魚が陸も海も愛するからで、初めてこの命名を行った人たちは、私が思うに、キニュラスの息子の生が二人の女神によって分割されたことをほのめかしているのだ。地下の女神と地上の女神が共に彼を愛したという神話だ。[2]

註　（1）exōkoitos の文字通りの意は「外で眠るもの」。鯔、鯊《ハゼ》、銀宝《ギンポ》などとする説があるが、同定不可能。プリニウス（『博物誌』九-七〇）、オッピアノス（『漁夫訓』一-一五五以下）、アテナイオス（『食卓の賢人たち』三三二C以下）に記述があるが、アドニスの名の由来まで考証するのは本章のみ。（2）キュプロスの王キニュラス（別説、アッシリアの王テイアス）とその娘スミュルナの不倫の交わりからアドニスが生まれる。アプロディテは美しい赤子を箱に隠し、ペルセポネに養育を託すが、冥界の女王も赤子に惚れて返そうとしない。ゼウスの裁定で、アドニスは一年の三分の一ずつを二女神の所と自分の望む所で暮らすことになる（アポロドロス『ギリシア神話』三-一四-四）。アドニスは元、枯死と芽吹きを繰り返すオリエントの穀物神。

三七　宿り木

切り株の上に、多くの場合何の関係もない別の植物の若枝が生じることがある。テオプラストス（『植物原因論』二-一七-五および八）は極めて自然学的な探究を行って、その原因を説明している。それによると、小鳥が樹木の花を食べた後で木に止まって糞を排泄する。すると木の洞《うろ》や裂け目や窪みに落ちこんだ種が天からの雨に潤い、親木と同じものを生じさせる、となかなか説得的である。オリーブの株に無花果、等々の組み合わせが観察されるのもこのようなわけである[1]。

註　（1）「無花果の木がオリーブの実を結び、葡萄の木が無花果の実を結ぶことがあろうか」（新約聖書『ヤコブの手紙』三-一二）、「悪から善が生じないのは無花果からオリーブが生じないのと同じ」（セネカ『倫理書簡集』八七-二五）などの諺的表現との関連をJacobsは指摘する。

三八　動物の名を持つ魚

海の奥処《おくか》に潜んで暮らすものに、(海の) 羊、ヘーパトス (肝臓魚) と呼ばれる魚、漁師たちがプレポーンと呼び慣わす魚がある。これらは体格が見るからに巨大だが、泳ぎはのろく、寝ぐらの周りをうろちょろして、己れの隠れ家を離れることはなく、弱い魚が前を通り過ぎるのを待ち伏せする。驢馬魚もこの種の魚に数えてよかろう。シリウスの昇りを最も怖れるのはこの驢馬魚である。(1)

註 (1) 本章はオッピアノス『漁夫訓』一-一四五以下に拠るものであろう。海の羊、肝臓魚、プレポーンは鱈の類かとされるものの同定不可能。驢馬魚は本書五-二〇と六-三〇に出た。「シリウスの昇り」は、日の出直前にシリウスが東の空に現れる (heliacal rising) 七月半ばを指し、驢馬魚の怖れる熱暑の時期をいう。

三九　虫の居どころ

土斑猫《ツチハンミョウ》の仲間が小麦畑や黒ポプラ、それに無花果の中に生じることはアリストテレスが説くとおりである。(1) 芋虫の仲間は雛豆《ヒヨコマメ》の中で、ある種の毒蜘蛛はオロボスの中で、いわゆる韮切虫《ニラキリムシ》は韮葱《ニラネギ》の中で発生する。(2) 蛆虫の族はキャベツの中に生じ、生活の場から名前を得てキャベツ青虫と呼ばれる。(3) 林檎から生じるものもあって、その虫(4)はしばしば林檎の実を腐らせる反面、未だ子を生める年齢にある女性の妊娠に効能を有する。どのように用いるかは別の人に語ってもらおう。

註　(1) アリストテレス『動物誌』五五二b一以下では、土斑猫は無花果、梨、樅、野茨に付く芋虫から発生するという。土斑猫が小麦に生じることはテオプラストス『植物誌』八-一〇-一に見える。黒ポプラとしたのは、正式にはヨーロッパ黒山鳴《クロヤマナラシ》。(2) オロボスは飼料用、救荒食となる空豆の類。英名 bitter vetch. 韮葱（リーキ）を噛み切る虫は、一説にハナバエ科の玉葱蠅かという。毒蜘蛛がオロボスに生じることはテオプラストス前掲箇所にある。(3) krambē（キャベツ）から krambis（キャベツ青虫）。大紋白蝶の青虫であろう。(4) 林檎の芯を食い荒らす英名 codling moth の幼虫とされる。

四〇　天の配剤

どの動物も体のどの部分に自分の強さがあるかを知っているので、それを恃んで、攻撃する時には武器にし、危険に晒された時には防具とする。例えば、眼梶木《メカジキ》は吻《ふん》を剣のようにして身を守るところからその名を得た。(1) 赤鱏《アカエイ》は棘で、鱓《ウツボ》は歯で守るが、歯を二列も持っているので、これは至って当然のことである。(2)

註　(1) xiphos（剣）から xiphiās（眼梶木）の呼称。その記述はアリストテレスを引くアテナイオス『食卓の賢人たち』三一四Eに見える。(2) 鱓に歯が二列あることはアリストテレス『動物誌』五四三a二七が指摘する。動物が生き延びるためにそれぞれの特性を付与されているという話題は頻出する。プラトン『プロタゴラス』三二〇D以下、アリストテレス『動物部分論』六六二b三三以下、キケロ『神々の本性について』二‐一二七、オッピアノス『猟師訓』四‐二五以下、『イソップ寓話集』(Perry版)三一一「ゼウスと動物と人間」、他。

四一　鼠の三種

家の鼠は臆病にしてか弱い動物で、物音に怯え、鼬がキーと鳴けば震え上がる。臆病ということでは畠の鼠も同断だが、海の鼠(1)は家鼠より大胆である。体は小さいが胆力においては敵するものなく、強靭な皮と強力な歯という二つの武器を恃んで、自分よりごつい魚とでもこの上なく腕利きの漁師とでも争うのである。

註　(1)オッピアノス『漁夫訓』一‐一七四以下では獰猛な海の魚、アテナイオス『食卓の賢人たち』三五五Fでは猪魚《イノシシウオ》(不明)の別名とされ、皮剝《カワハギ》の類が提案される。Thompsonは、歯はないが強力な顎で噛む亀ではないかという。

四二　季節を知る鮪

鮪は季節の変化を感知し、太陽の変わり目(夏至、冬至)を極めて正確に知るので、天文学に通じているなどと称する人を必要としない。どこで冬の始まりに遭遇しようとも、その場で動かずじっとしていることに満足して、春分の日の到来まで待機するからである。このことはアリストテレス（『動物誌』五九八b二四以下）も証言している。[1]
鮪は片方の目が見えてもう一方は見えないことについては、アイスキュロスも同意見でこのように言っている。

鮪のように、左目で横目に見ながら、（断片三〇八）

鮪は黒海へと入って行く時は、目の見える右側の腹を陸に沿わせ、逆に出て行く時には、反対側の陸に沿って岸に密着して泳ぐ。細心の注意を払って、見える方の目で体を護っているのである。[2]

註（1）プルタルコス『動物の賢さについて』九七九Cも同じことを記す。（2）黒海の話柄はプルタルコス前掲書、九七九Eにも見える。アリストテレス『動物誌』五九八b二一は、鮪は本来視力が弱いが、右目の方がよく見えると言う。

四三　銀杏蟹《イチョウガニ》の脱皮

銀杏蟹は最初の殻が破れると、ちょうど蛇が老いの皮を脱ぐように、その殻を脱ぎ捨てる。銀杏蟹は肉から（新しい）殻が湧き上がって来るのを感知すると、突き動かされるようにして八方に動き回り、多量の餌を探し歩くのは、体が嵩ばり膨れあがることによって、殻を破りやすくするためである。そして殻からスルリと抜け出して自由になると、まるで死んだようにぐったりとして砂の上に横たわる。育ちつつある薄皮が未だ水っぽく柔らかいのを心配しているのだ。しかし、次第次第に気を取り直し、謂わば生き返ったようになると、先ずは砂を口に入れてみる。体の外側を覆うものが膜にすぎない間は、意気地なしで勇気のかけらもないが、膜が固まり始め殻の体をなすようになると、この時とばかりに臆病風を投げ捨てる。殻の守りを武器と恃み、謂わば生きて行くための完全武装と恃んでいるのである。(1)

註 (1) オッピアノス『漁夫訓』一-二八五以下に基づく記事であろう。

四四 穴居民を怖れる蛇

トログロデュタイ(穴居民)といえば人間の部族としてよく知られているが、住む所と生き方から名を得ていることは明らかだ。ところで、蛇はこの人々を怖れる。その訳は、この人々が蛇を食べるからである。(1)蛇が交尾する時は、えも言えぬ悪臭を発する。

註 (1) トログロデュタイについては本書六-一〇への註参照。彼らが蛇を食することはヘロドトス『歴史』四-一八三に見える。

四五　陸に上がる蛸

海の近くに農園がありそこに果樹が育っている場合、夏の季節など、蛸や臭蛸《ニオイダコ》が波間より現れ、木の幹を這い上り、枝に絡まりついて果実をもいでいるところに、農夫はよく出くわす。(1) 農夫は盗人を捕まえると罰を与える。蛸が摘み取ったものの代わりに、果実を奪われた農園主をその蛸で饗応するのである。

註　(1) オッピアノス『漁夫訓』一-三〇六以下に似た記事がある。

四六　回遊魚

回遊魚というのは季節の移りゆきを識別する賢い海の生き物のことである。現にそれは、冬が始まると寒冷を避けてじっと動かず、留まることで体を暖め、兄弟のように暖を分け合うのを喜びとする。やがて春になると長い旅路を泳ぎ始め、たまたま出くわすものばかりでなく、探し求めて突き止めたものをも餌にするのである。

四七　海胆《ウニ》

まだ殻の中で生きており、棘を突き出している海胆を粉々に砕いて、海のあちこちにばら蒔いて破片のままにしておいても、再び寄り集まって一つになる。自分の断片を認識して、結びついて一体として成長する。驚くべき独特の本性によって、再び完全体となるのである。(1)

註　(1) このことはオッピアノス『漁夫訓』一-三一八以下に歌われる。

四八　家畜の催淫剤

動物の子供の数が増えるようにと、飼育係や牧人は交尾の時期になると、両手一杯に塩とソーダ灰を摑んで、雌の羊、山羊、馬の性器にこすりつける。それの作用で動物たちの性欲は甚だしく昂進する。別の人たちはその部分に胡椒と蜂蜜を塗りつけるし、ソーダ灰と蕁麻《イラクサ》の種を用いる人もいる。更にはスミュルニオン(1)とソーダ灰を塗った人もいる。雌の群れはそのむず痒さ故に自分を抑えることができず、狂ったように雄を求めるのである。

註　(1) セリ科の二年生草本。*Smyrnium perfoliatum*. 英名 perfoliate alexanders.

四九　海の怪物

巨大な海の怪物は波打ち際や浜辺、いわゆる浅瀬や狭い場所に近づくものは皆無で、大海原に棲む。最も大きいのは海のライオンに撞木鮫《シュモクザメ》、海の豹にピューサロス、プレースティスにマルテーと呼ばれるもの(1)。こやつは争う手だてもない無敵の海獣である。海の雄羊(2)は見るからに敵意に満ちた生き物で、海をかき乱し大波を起こすので、遠くに現れただけでも危険だ。〈海のハイエナ〉(3)は縁起のよい見物《みもの》ではないし、船乗りたちに碌なことにならない。犬鮫の種類と勇猛さについては上（本書一-五五）で語った(4)。

註　（1）確実に同定できるのは撞木鮫のみ。ピューサロスは抹香鯨かとする説あり。プレースティス（prēstis, pristis）は priein（鋸で切る）との音の類似から鋸鮫かとする説があるが不確か。（2）Thompson は鯱かと想像する。本書一五-二で詳しく語られる。（3）原文は zugaina（撞木鮫）であるが上と重複するので、Hercher に従って huaina に改める。但し同定不可能な魚である。（4）海の怪物についてはオッピアノス『漁夫訓』一-三六〇以下、五-二〇以下と重なる名前が多い。

五〇　陸に上がる海獣

海豹《アザラシ》(1)は海の生き物で、磯辺や突き出た岩の上で一種不吉な嘆きを発し、陰々滅々たる声で鳴く。それで、その響きを耳にした人は逃れる術もなく、死ぬのである。

抹香鯨も海から出て、日の光にあたって体を暖める。海豹は昼日中から陸で眠るとはいえ、暗くなってから海より出ることの方が多い。(2) このことはホメロスも知っていて、『オデュッセイア』(四-四〇〇以下)には、メネラオスがテレマコスとペイシストラトスに海豹の昼寝を語って聞かせる場面がある。パロス島での経験、海神プロテウスのこと、プロテウスがメネラオスに告げた予言のこと、を二人に説明する場面である。(3)

註 (1) 原語 kastoris は海豹と解されるのが普通だが、直後に海豹 (phōkē) が出るので、ここではセイウチではないかと Scholfield は言う。オッピアノス『漁夫訓』一-三九八以下にその嘆き声の記述がある。(2) 鯨と海豹のことはオッピアノス『漁夫訓』一-四〇四以下に見える。(3) テレマコスは友人ペイシストラトスと共にメネラオス (トロイア戦争の張本人ヘレネの夫) を訪れ、永年帰らぬ父オデュッセウスの消息を訊く。メネラオスはエジプトのパロス島に漂着した時の経験を語る。

五一　比売知《ヒメジ》の崇拝

比売知についてては上で(本書二-四二)述べたが、そこで述べなかったことをお話ししよう。

この魚はエレウシスの秘儀入信者たちの尊崇を受けるが、(1) その理由は二様に伝えられる。ある人は、これが年に三回子を生むからだと言い、別の人は、人間に死をもたらす雨降《アメフラシ》を食べるからだという。(2) 比売知については後に（本巻六五章）また語ることもあろう。

註（1）アテナイの西北一八キロメートルにある聖地。穀物神デメテルとその娘ペルセポネを祀る神殿があり、その秘儀入信者は死後の幸福を約束された。（2）第二の説はプルタルコス『動物の賢さについて』九八三Fも記す。別にアテナイオス『食卓の賢人たち』三二五Cは、比売知は雨降を狩るので狩りの女神アルテミスに捧げられるとも言う。雨降が人間を殺すことについては本書二-四五への註参照。

五二　飛行する魚

恐怖にとらわれると魚も海から跳び出て飛翔する。槍烏賊、海の鷹、海の燕がそれだ。(1) 槍烏賊はその翼（鰭）を利して最も高くまで飛び上がり、上空を軽々と、鳥のように一群となって飛行する。海の燕はそれよりも水面に近くを飛ぶ。海の鷹はといえば、海面を隔たること僅かでしかないので、泳ぐのでなく飛んでいるとは認めがたいほどである。

註（1）海の鷹は蟬魴鮄《セミホウボウ》の仲間、海の燕は飛魚《トビウオ》と考えられる（Thompson）。但し、Thompsonもアリストテレス『動物誌』五三五b二七の英訳では、海の燕を蟬魴鮄としている。オッピアノス『漁夫訓』一-四二七以下にここに近い記述あり。

五三　様々な魚影

魚は流れ渡って漂泊するが、あるものは家畜の群れのように、あるいは隊列を組んで行軍する重装歩兵部隊のように一団となり、あるものは行儀よく列を成し、あるものは中隊ごとと言えるようなまとまりで進んで行く。一〇匹ずつ数えられるグループで泳ぐものもあれば、二匹ずつ番いで泳ぐものも。巣穴を守ってそこで生を終えるものもある(1)。

註　(1) このことはオッピアノス『漁夫訓』一-四四〇以下で歌われる。

五四　畜産術

聞き覚えたことだが、牧畜の達人は動物を太らせたいと思ったら、その角を取り去る。雄山羊を交尾へと促したい時には、その鼻孔に香油を塗りつけ、加えて顎にも塗ることもある。逆に、動物の尻尾の真ん中を麻紐で縛れば、過剰な性欲を抑えることになる。ランプの灯芯の消えた匂いを長時間嗅ぐと雌馬は流産する、とアリストテレス(『動物誌』六〇四b二九)は言っている(1)。

番犬が逃げ出さないようにするためには、こんな工夫がなされるとも聞いた。犬の尻尾を葦竿で計り、その葦竿にバターを塗ってから犬に与えて舐めさせる。すると犬は縛りつけられたように留まる、と言われている。[2]

註　（1）アリストテレスは続けて、妊娠中の女性にもこのことが起きる場合があると記す。馬の流産については、プリニウス『博物誌』七-四三も言及する。（2）葦竿を尻尾の長さに切るのであろう。十世紀の農学書『ゲオポニカ』一九-二-一六には、犬が逃げないようにするには、パンにバターを塗って与える、あるいは、犬の頭から尻尾までをしなやかな葦で計れ、とある。

五五　犬と驢馬を黙らせる法

これもまた犬の特性である。鼬の尻尾を持って近づけば、犬は吠えない。但し、捕まえた鼬の尻尾を切り取った後、鼬は生きたまま逃がしてやらねばならない。[1] 驢馬の尻尾に石を吊り下げると嘶かない、と言われている。

註　（1）プリニウス『博物誌』二九-九九に、犬の舌を靴の親指の下に入れておくか、鼬の尻尾を持つ人には犬は吠えない、とある。

五六　象の臭覚

時は夏、烈日最も盛んな時には、象たちはたっぷりと泥をかけあうが、それが彼らに涼をもたらし、窪みに潜む住処、あるいは木や枝の繁茂する住処以上にこの動物にとって快いものとなる。象は匂いで跡を辿ることに秀で、極めて鋭い臭覚を持っている。現に、彼らは道を行くにあたっては互いに前後ろになって一列で進むのだが、先頭の象は足許の草の匂いに気づき、足の感触から人間が通過したことを察知すると、その草を毟りとって後ろの象に渡して嗅がせる。その象も同じことをして、謂わばこの交換(1)が全員に行きわたる。最後尾まで達した時に、殿《しんがり》を守る象が大声を上げると、残余は軍隊の合図を受け取ったかの如く、山峡《やまかい》の茂みへ、あるいは低湿地へ、更には藪深い平原へと方向転換する。人の足が踏み入る所から何としても逃げようとするのは、人間という動物こそ最も危険な敵だと思うからである。餌場が不足する時には、根を掘ってそれを食する者もあれば、〈彼らはそれまで食べるが(2)〉食糧を探しに余所へ行く者もある。最初に獲物を見つけた者は、仲間を呼びに戻り、掘り出し物の所へと導くのである。

註　(1) いわゆる「交換（アンティドシス）」はアテナイの制度の用語。公共奉仕（悲劇の合唱隊の訓練費用、軍船の艤装など）をポリスから命じられた富裕市民は、別の市民に肩代わりさせる代わりに、その人と財産交換することを申し出ることができた。この語はここではやや不適当。(2) 重複と見て削除する Hercher に従う。

五七　冬の魚

極寒の冬、海は波立ち、強く激しく風吹きすさぶ折りには、鱗《うろくず》は棲み馴れた大好きな海を怖れる。ある者は鰭で砂をかき寄せ、体を覆って暖をとり、ある者は石などの下に這いこみ、寒冷から守られじっとしていることに満足する。またある者は海の奥処《おくか》に急降下すると、深海にて上方よりの波動を避ける。そこは上と違って、荒波が沸き立ち打ち合うことがないと言われているからだ。やがて春立ちそめると、空は澄みわたり、植物は芽吹きそめ、草原は持ち前の草花に覆われて、海が穏やかに凪ぐのに気づいた魚たちは、浮上し跳びはねて、陸近くに泳ぎ寄るのは、まるで旅から戻って来たかのようである(1)。

註　(1) オッピアノス『漁夫訓』一-四四六以下に同様のことが歌われる。

五八　諸王の有する長寿の象

最小のものから最大のものへと育つ動物はこの三つのようだ。水中動物では鰐(1)、翼あるものでは駝鳥、四足獣では象。

ユバ(2)（断片四九）の記録によると、彼の父親（ユバ一世）は先祖から相続した高齢のリビア象を持っていた。プトレマイオス・ピラデルポスにはエチオピア象がいたが、これも長生きしてきた象で、一つには人間との共同生活故に、一つには生まれてよりの訓練の故に、大そうおとなしくよく馴れていた、という。ユバの伝えでは、セレウコス・ニーカートールの所有したのはインド象で、これまたアンティオコスたちの治世まで生き延びたという。(3)

註 (1) このことはヘロドトス『歴史』二-六八にも見える。(2) ユバ二世。ユバ一世と二世のことは本書七-二〇への註参照。(3) セレウコス・ニーカートール(勝利者の意)はアレクサンドロス大王の後継者、セレウコス朝シュリアを開く。在位、前三一二—二八一年。その長男アンティオコス一世(在位、前二八一—二六一年)から前六四年にポンペイユスに滅ぼされる十三世まで、アンティオコスの名は繰り返し現れる。Jacobyは「アンティオコスたちの治世」は「ローマ人たちの治世」の誤りであろうという。尚、アリストテレス『動物誌』五九六a一一以下は、象の寿命二〇〇年説、三〇〇年説を挙げる。ピロストラトス『テュアナのアポロニオス伝』二-一二には少なくとも三五〇年以上生きた象の話が出る。

五九　淡水で産卵する海水魚

常に棲む海の近くに川か湖を持つ魚は全て、卵を生もうとする時には海の外へと泳ぎ出る。波よりは凪、風に騒ぎ立つこともなく打ち合うこともない静かな水を選ぶのである。平和な水域は産卵を受け入れるによく、稚魚を危害や攻撃から守るのに好都合で、それは他にも理由はあるが、とりわけ海獣が棲まないか稀少であることによる。湖と川は普通、この自由に恵まれているものである。黒海が多くの魚に富むのも同じ理由による。黒海は海獣を育むことを知らないのだから。せいぜい極めて小さな海豹と海豚を育むのみで、ここの魚はそれ以外のあらゆる海獣から守られているのである。(1)

註 (1) ほぼ同じ内容がプルタルコス『動物の賢さについて』九八一Cに記されている。黒海へ産卵に行く魚のことは本書四-一〇と註参照。

六〇　楊枝魚の産卵

楊枝魚は細くて、胎児を収容できる膨らんだ子宮がないので、体内で子が成長することに耐えられず破裂する。このようにして、子供を生むのではなく投げ出すのである。(1)

註 (1) 楊枝魚の原語 belonē は針の意で、本巻一七章では駄津《ダツ》と考えられた。楊枝魚の雌は雄の腹にある育児嚢に卵を生みつけ、そこで稚魚が孵化して出てくる。アリストテレス『動物誌』五六七b二三以下や本章は、これが雌の体で起こると考えている。

六一　コブラの咬み跡

コブラに咬まれた跡やそれを示す徴候は全くはっきりせず、とても見つけにくいと言われている。その理由はこんな風に教えられた。

コブラの毒は激烈で回るのも極めて速いので、咬まれると、毒は表面に留まっていずに体内の管に潜りこみ、目に見える表層や皮膚からは姿を隠して、内部に突き進む。アウグストゥスの側近たちがクレオパトラの死の原因を容易に理解できなかったのもこれがためで、ようやく二つの穴、それもまことに隠微で見つけにくいものに気がついて、それで死の謎が解けたのであった。因みに、このコブラが這った跡も見られたが、この種の動物の動きに精通している人には紛れもない跡であった(1)。

註 (1) エジプト・コブラの恐ろしさはニカンドロス『有毒生物誌』一五七以下が歌う。クレオパトラの最期の様子はプルタルコス『英雄伝』中「アントニウス」八六に詳しい。本巻一一章も参照。

六二 蛇遣いの死

ポンペイユス・ルフス(1)が造営官であった時のことである。フォルム・ロマヌムで挙行される習いのローマ人のパナテナイア祭(2)において、薬売りで〈見世物〉のために蛇を飼う男が(3)、多数の同業者の中に立ち交じって、その術を試して見せるためにコブラを腕に近づけ、咬ませた。次いで男は口で毒を吸い出したものの、水をがぶりと飲むことはしなかった。水の用意はしてあったのに、悪意から容器がひっくり返されていたのである。毒を洗い流さず洗滌もしなかったものだから、二日後だと思うが、男は命を落とした。苦痛はいささかもなかったが、毒はゆっくりと男の歯茎と口とを腐らせていったのである。

註 (1) ローマの政治家。前八八年にスッラと共に執政官に選ばれたが、同年暗殺された。造営官は出世の階梯の初期に経験すべき政務官職。都市生活全般、祭儀のことなどを管掌した。(2) 三月十九日、軍神マルスを、後にはミネルウァを祀って行われたクインクァトルス祭のこと。ミネルウァがギリシアのアテナと同一視されたため、アテナの祭の名を借りている。(3)「薬売り」の原語 pharmakotribēs は「薬種を擂り潰す人」の意。露店の蝦蟇の油売りのようなものと思われるが、ここでは蛇遣いを指す。〈見世物〉は Hercher に従った読み。

六三 魚の交尾と産卵

春酣《たけなわ》、大地に花の萌え出ずる頃ともなれば、動物は春情鬱勃として目合《まぐわい》のことを思い、山の獣に海の鱗《うろくず》、空飛ぶ鳥も例外なく、連合いと絡み合うことを渇望する。魚の中には、みっしりと繋がりあった卵を砂に生みつけるものもいれば、泳ぎながら夥しい卵を放出すると、後を泳ぐ魚が大部分を呑みこんでしまうものもいる。詳しく言えば、雄が先頭を行きつつ白子を撒き散らし、後続の雌が大口を開けて、飽きることなく満腹するほど呑みこむ。(1) これが魚の交尾である。

夫婦のように一緒に棲んで妻を護る魚もいること、嫉妬のようなものが燃え上がる魚の種類もあることは上で(本書一-一三と二-五と五五)語った。

註 (1) ヘロドトス『歴史』二-九三はナイル河の魚について、雄が白子を撒きながら進むと、後続の雌がそれを呑みこんで受胎すること、逆に雌が卵を撒き散らし、雄に呑みこまれなかったものが成長することを記す。魚の産卵についてはアリストテレス『動物誌』五四一a一二以下、プルタルコス『動物の賢さについて』九八一F、オッピアノス『漁夫訓』一-四七七以下にも見える。

六四 海中の真水

アリストテレス(『動物誌』五九〇a一八以下)が語り、その前にはデモクリトス(断片A一五五a)、三番目にはテオプラストス(『植物原因論』六-一〇-二)その人も主張することだが、魚は塩水ではなく、海に混じりこんでいる真水で育まれる。これはどうも信じがたいように思われるということで、ニコマコスの子(アリストテレス)はその説を事実そのもので確証したいと思い、こう語る。どの海にも飲める水が少しは存在しており、そのことは実証できる。蜜蠟を薄く刳りぬいて瓶を作り、後で引き上げられるよう何かに結びつけておいてから、空のままで海に降ろし、一昼夜経って引き上げると、器は飲める真水で一杯になっている、と。(1)

アクラガスのエンペドクレス(2)(断片A六六)も、海の中には幾ばくかの真水が存在し、万人に見えるものではないがそれが魚を育んでいる、と語っている。そして、塩水の中に真水が生じることの原因は自然的なものだと説く。読者は彼の著作からその自然の原因を学ぶことができよう。

註　(1)この方法のことはプリニウス『博物誌』三一-七〇にも見える。Thompson(『動物誌』英訳)は苦労してこの実験をしてみたが、真水は得られなかったという。(2)アクラガス(シケリア島西南岸の都市)出身の哲学者、宗教家。前四九二頃—四三二年頃。叙事詩の詩形で『自然《ピュシス》について』『浄め《カタルモイ》』を書いた。

六五　魚のタブー

二柱の女神(1)の秘儀入信者は小鮫を口にすることはない、と言われている。小鮫は口から子を生むので、食物として不浄だから、という。しかし少数意見によると、口から生むのではなく、何か攻撃してくるものに怖れて、子供を呑みこんで隠し、脅威が去ると生きたままそれを吐き戻すのだという。この同じ入信者は比売知《ヒメジ》を口にすることはないし、アルゴスのヘラ女神の巫女も同様である。その理由は既にどこかで(本巻五一章)述べたと承知している。

註　(1)穀物神デメテルとその娘ペルセポネを指す。本巻五一章への註参照。

六六　再び鱓《ウツボ》と蝮

鱓と蝮の目合《まぐわい》、一方は海から進出して、他方は巣穴から這い出てどんな風に交わるか、私は先に(本書一-

五〇）語ったことを忘れてはいないが、そこで語らなかったことをお話ししたい。
蝮は鱓と交わろうとすると、温和で花婿らしく見てもらえるように、毒を吐き出して捨て、こうしてからシュウシュウと声あげて花嫁を呼び出すのは、まるで婚礼前に祝いの歌を奏でるかのようである。そして、二人して愛の営みの秘儀を勤め終えると、一方は海の波間へと急ぎ、他方はかの毒を呑み戻して、いつもの住処に戻るのである[1]。

註（1）オッピアノス『漁夫訓』一―五五四以下から採り残したことをここで語っている。蝮が毒を吐いてから鱓と愛し合うことは、アキレウス・タティオスの小説『レウキッペとクレイトポン』一―一八―三にも言及される。作者不詳『フィシオログス』一一「蛇」では、蛇の第二の性質として、水を飲みに川へ行く時、決して毒を持って行かない、穴に置いておく、とある。

イ ア
カスピ海
ア
バクトリア
タクシラ
パルティア
ヒュルカニア
インダス河
メディア
エクバタナ
ペ ル シ ア
スーサ
インド
ビロニア
アリアネ
ペルセポリス
ゲドロシア
カルマニア
エリュトラ海

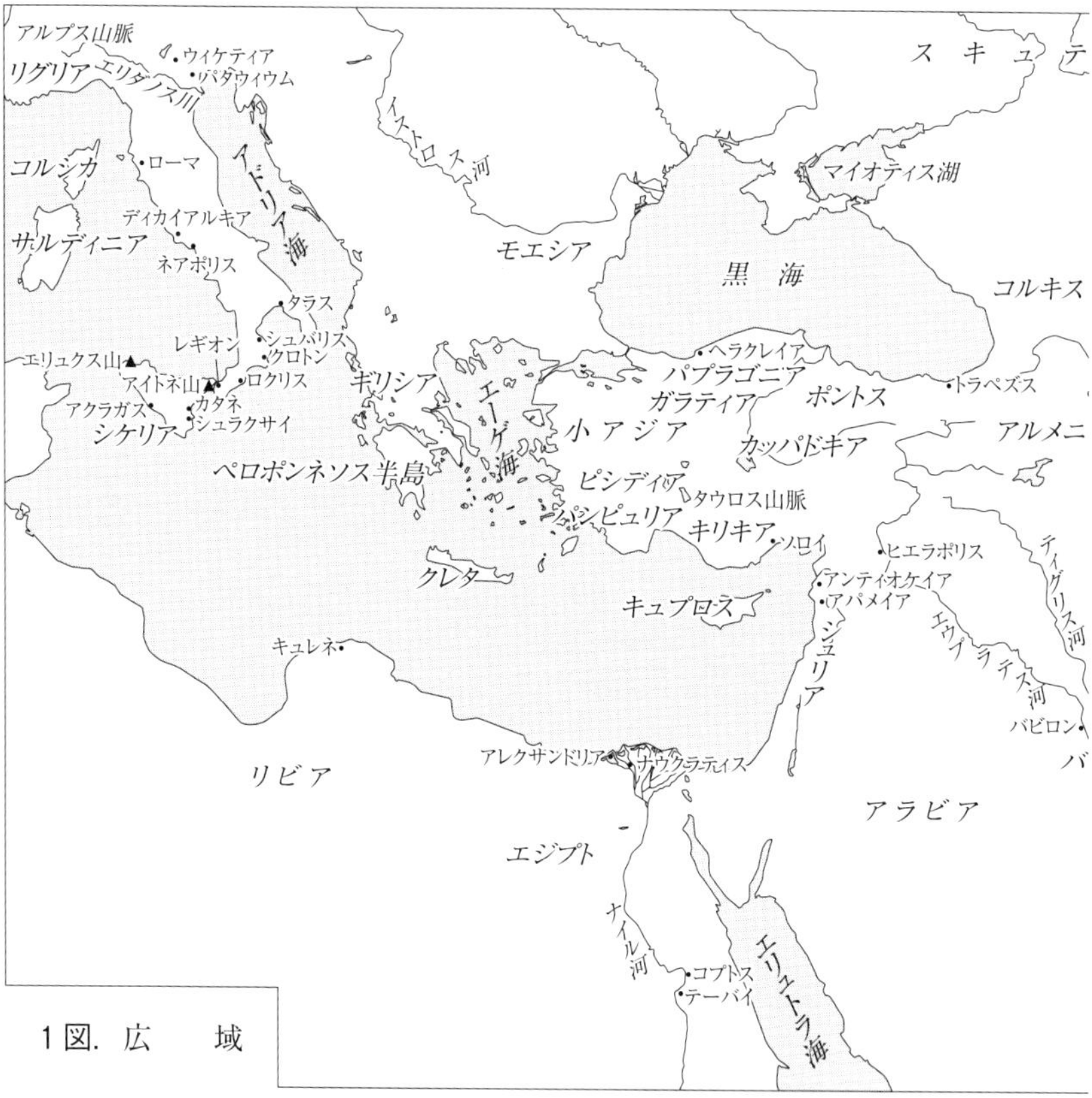
アルプス山脈
リグリア
エリダノス川
ウィケティア
パタウィウム
コルシカ
ローマ
アドリア海
サルディニア
ディカイアルキア
ネアポリス
タラス
レギオン
シュバリス
クロトン
エリュクス山
アイトネ山
ロクリス
カタネ
アクラガス
シュラクサイ
シケリア
ギリシア
ペロポンネソス半島
エーゲ海
クレタ
イストロス河
モエシア
黒海
マイオティス湖
スキュテ
コルキス
ヘラクレイア
パプラゴニア
ガラティア
ポントス
トラペズス
小アジア
カッパドキア
アルメニ
ピシディア
タウロス山脈
パンピュリア
キリキア
ソロイ
ヒエラポリス
アンティオケイア
アパメイア
キュプロス
シュリア
エウプラテス河
ティグリス河
バビロン
バ
キュレネ
リビア
アレクサンドリア
ナウクラティス
アラビア
エジプト
ナイル河
コプトス
テーバイ
エリュトラ海

1図. 広　域

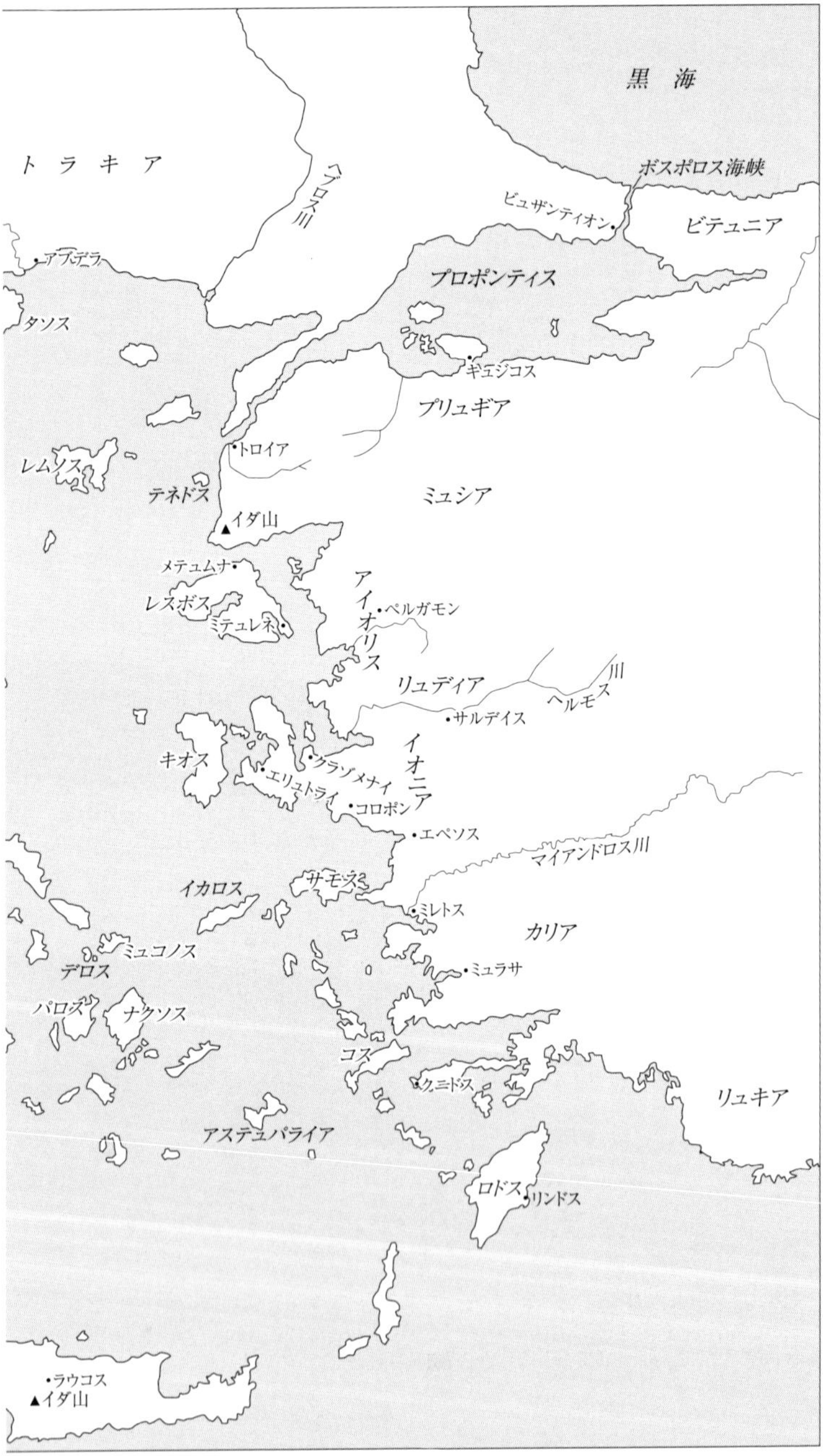
黒 海
トラキア
ヘブロス川
ボスポロス海峡
ビュザンティオン
ビテュニア
アブデラ
プロポンティス
タソス
キュジコス
プリュギア
トロイア
レムノス
テネドス
ミュシア
イダ山
メテュムナ
アイオリス
ペルガモン
レスボス
ミテュレネ
リュディア
ヘルモス川
サルデイス
キオス
イオニア
クラゾメナイ
エリュトライ
コロポン
エペソス
マイアンドロス川
サモス
イカロス
ミレトス
カリア
ミュコノス
デロス
ミュラサ
パロス
ナクソス
コス
クニドス
リュキア
アステュパライア
ロドス
リンドス
ラウコス
イダ山

ストリュモン川
パイオニア
イリュリア
マケドニア
テッサロニケ
カルキディケ半島
オリュントス
オリュンポス山
カオニア
エペイロス
アトス岬
ケルキュラ
オッサ山
クランノン
マグネシア
テッサリア
アンブラキア
レウカス
トラキス
エウボイア
デルポイ
オルコメノス
カルキス
レバデイア
エレトリア
ボイオティア
ヘリケ
テバイ
キタイロン山
ケパッレニア
アカイア
メガラ
アッティカ
コリントス
エレウシス
ザキュントス
サラミス
アテナイ
エリス
ピサ
オリュンピア
アルゴリス
アルカディア
アルペイオス川
アイギナ
エピダウロス
ラコニア
スパルタ
セリポス
タイナロン岬
キュテラ
クレタ

2図. ギリシア中心部

度量衡単位

長　さ

ダクテュロス：指の幅、約 1.85 センチメートル

パライステー（パラメー）：4 ダクテュロス、指 4 本の幅、約 7.4 センチメートル

スピタメー：12 ダクテュロス、親指と小指を広げた長さ、約 22 センチメートル

プース：16 ダクテュロス、足の長さ（フィート）、約 30 センチメートル

ピュゴーン：20 ダクテュロス、肘から握り拳の先までの長さ、約 37 センチメートル

ペーキュス：24 ダクテュロス、肘から中指の先までの長さ（肘尺）、約 44 センチメートル

オルギュイア：6 プース、両手を広げた長さ（一尋）、180 センチメートル弱

プレトロン：100 プース、約 30 メートル

スタディオン：600 プース、約 180 メートル

容　積

コテュレー：固体・液体の容量単位、約 0.27 リットル

クース：液体の容量単位、12 コテュレー、約 3.28 リットル

アンポレウス：液体の容量単位、12 クース、40 リットル弱

メディムノス：固体の容量単位、192 コテュレー、約 52 リットル

貨　幣（銀との換算はアッティカ地方基準）

オボロス：6 分の 1 ドラクメー

ドラクメー：銀 4.37 グラム

ムナー：100 ドラクメー

タラントン：6000 ドラクメー

45	46
46	47
47	48
48	49
49	50
50	51
51	52
52	53
53	54
54	56
55	57
56	58
57	59
58	55
59	60
60	61

第5巻

1-56	1-56

第6巻

1-65	1-65

第7巻

1-18	1-18
19-22	19
23	20
24	21
25	22
26	23
27	24
28	25
29	26
30	27
31-32	28
33	29
34	30
35	31
36	32
37	33
38	34
39	35
40	36
41	37
42	38
43	39
44	40
45	41
46	42
47	43
48	44

第8巻

1-6	1-6
7-8	7
9	8
10	9
11	10
12	11
13	12
14	13
15	14
16	15
17	16
18	17
19	18
20	19
21	20
22	21
23	23
24	22
25	24
26	25
27	26
28	27

第9巻

1-66	1-66

章番号対照表

Hercher 版	本訳書
第 1 巻	
1-6	1-6
7-8	7
9	8
10	9
11	10
12	11
13	12
14	13
15	14
16	15
17	16
18	17
19	18
20	19
21	20
22	21
23	22
24	23
25	24
26	25
27	26
28	27
29	28
30	29
31	30
32	31
33	32
34	33
35	34
36	35
37	36
38	37-38
39-60	39-60
第 2 巻	
1-57	1-57
第 3 巻	
1-47	1-47

第 4 巻	
1-4	1-4
5	5-6
6	7
7	8
8	9
9	10
10	11
11	12
12	13
13	14
14	15
15	16
16	17
17	18
18	19
19	20
20	21
21	22
22	23
23	24
24	25
25	26
26	27
27	28
28	30
29	29
30	31
31	32
32	33
33	34
34	35
35	36
36	37
37	38
38	39
39	40
40	41
41	42
42	43
43	44
44	45

訳者略歴

中務哲郎（なかつかさ　てつお）

京都大学名誉教授

一九四七年　大阪市生まれ

一九七五年　京都大学大学院文学研究科博士課程単位取得退学

京都産業大学助教授、京都大学教授を経て二〇一〇年退職

主な著訳書

『物語の海へ――ギリシア奇譚集』（岩波書店）

『イソップ寓話の世界』（ちくま新書）

『饗宴のはじまり』（岩波書店）

『ヘロドトス「歴史」――世界の均衡を描く』（岩波書店）

『極楽のあまり風――ギリシア文学からの眺め』（ピナケス出版）

キケロー『老年について』『友情について』（岩波文庫）

ヘシオドス『全作品』（京都大学学術出版会）

ソポクレース『アンティゴネー』（岩波文庫）

動物奇譚集《どうぶつきたんしゅう》 1　西洋古典叢書　2017 第1回配本

二〇一七年五月十五日　初版第一刷発行

訳　者　中《なか》　務《つかさ》　哲《てつ》　郎《お》

発行者　末　原　達　郎

発行所　京都大学学術出版会

606-8315 京都市左京区吉田近衛町六九 京都大学吉田南構内

電　話　〇七五-七六一-六一八二

FAX　〇七五-七六一-六一九〇

http://www.kyoto-up.or.jp/

印刷／製本・亜細亜印刷株式会社

ISBN978-4-8140-0093-7

定価はカバーに表示してあります

3　桑山由文・井上文則訳　3500円
4　井上文則訳　3700円
セネカ　悲劇集（全2冊・完結）
1　小川正廣・高橋宏幸・大西英文・小林　標訳　3800円
2　岩崎　務・大西英文・宮城徳也・竹中康雄・木村健治訳　4000円
トログス／ユスティヌス抄録　地中海世界史　合阪　學訳　4000円
プラウトゥス／テレンティウス　ローマ喜劇集（全5冊・完結）
1　木村健治・宮城徳也・五之治昌比呂・小川正廣・竹中康雄訳　4500円
2　山下太郎・岩谷　智・小川正廣・五之治昌比呂・岩崎　務訳　4200円
3　木村健治・岩谷　智・竹中康雄・山澤孝至訳　4700円
4　高橋宏幸・小林　標・上村健二・宮城徳也・藤谷道夫訳　4700円
5　木村健治・城江良和・谷栄一郎・高橋宏幸・上村健二・山下太郎訳　4900円
リウィウス　ローマ建国以来の歴史（全14冊）
1　岩谷　智訳　3100円
2　岩谷　智訳　4000円
3　毛利　晶訳　3100円
4　毛利　晶訳　3400円
5　安井　萠訳　2900円
9　吉村忠典・小池和子訳　3100円

5　丸橋　裕訳　3700 円
6　戸塚七郎訳　3400 円
7　田中龍山訳　3700 円
8　松本仁助訳　4200 円
9　伊藤照夫訳　3400 円
10　伊藤照夫訳　2800 円
11　三浦　要訳　2800 円
13　戸塚七郎訳　3400 円
14　戸塚七郎訳　3000 円
プルタルコス／ヘラクレイトス　古代ホメロス論集　内田次信訳　3800 円
プロコピオス　秘史　和田　廣訳　3400 円
ヘシオドス　全作品　中務哲郎訳　4600 円
ポリュビオス　歴史（全 4 冊・完結）
1　城江良和訳　3700 円
2　城江良和訳　3900 円
3　城江良和訳　4700 円
4　城江良和訳　4300 円
マルクス・アウレリウス　自省録　水地宗明訳　3200 円
リバニオス　書簡集（全 3 冊）
1　田中　創訳　5000 円
リュシアス　弁論集　細井敦子・桜井万里子・安部素子訳　4200 円
ルキアノス　全集（全 8 冊）
3　食客　丹下和彦訳　3400 円
4　偽預言者アレクサンドロス　内田次信・戸高和弘・渡辺浩司訳　3500 円
ギリシア詞華集（全 4 冊・完結）
1　沓掛良彦訳　4700 円
2　沓掛良彦訳　4700 円
3　沓掛良彦訳　5500 円
4　沓掛良彦訳　4900 円

【ローマ古典篇】
アウルス・ゲッリウス　アッティカの夜（全 2 冊）
1　大西英文訳　4000 円
ウェルギリウス　アエネーイス　岡　道男・高橋宏幸訳　4900 円
ウェルギリウス　牧歌／農耕詩　小川正廣訳　2800 円
ウェレイユス・パテルクルス　ローマ世界の歴史　西田卓生・高橋宏幸訳　2800 円
オウィディウス　悲しみの歌／黒海からの手紙　木村健治訳　3800 円
クインティリアヌス　弁論家の教育（全 5 冊）
1　森谷宇一・戸高和弘・渡辺浩司・伊達立晶訳　2800 円
2　森谷宇一・戸高和弘・渡辺浩司・伊達立晶訳　3500 円
3　森谷宇一・戸高和弘・吉田俊一郎訳　3500 円
4　森谷宇一・戸高和弘・伊達立晶・吉田俊一郎訳　3400 円
クルティウス・ルフス　アレクサンドロス大王伝　谷栄一郎・上村健二訳　4200 円
スパルティアヌス他　ローマ皇帝群像（全 4 冊・完結）
1　南川高志訳　3000 円
2　桑山由文・井上文則・南川高志訳　3400 円

1　内山勝利訳　3200円
セクストス・エンペイリコス　ピュロン主義哲学の概要　金山弥平・金山万里子訳　3800円
セクストス・エンペイリコス　学者たちへの論駁（全3冊・完結）
1　金山弥平・金山万里子訳　3600円
2　金山弥平・金山万里子訳　4400円
3　金山弥平・金山万里子訳　4600円
ゼノン他／クリュシッポス　初期ストア派断片集（全5冊・完結）
1　中川純男訳　3600円
2　水落健治・山口義久訳　4800円
3　山口義久訳　4200円
4　中川純男・山口義久訳　3500円
5　中川純男・山口義久訳　3500円
ディオニュシオス／デメトリオス　修辞学論集　木曾明子・戸高和弘・渡辺浩司訳　4600円
ディオン・クリュソストモス　弁論集（全6冊）
1　王政論　内田次信訳　3200円
2　トロイア陥落せず　内田次信訳　3300円
テオグニス他　エレゲイア詩集　西村賀子訳　3800円
テオクリトス　牧歌　古澤ゆう子訳　3000円
テオプラストス　植物誌（全3冊）
1　小川洋子訳　4700円
2　小川洋子訳　5000円
デモステネス　弁論集（全7冊）
1　加来彰俊・北嶋美雪・杉山晃太郎・田中美知太郎・北野雅弘訳　5000円
2　木曾明子訳　4500円
3　北嶋美雪・木曾明子・杉山晃太郎訳　3600円
4　木曾明子・杉山晃太郎訳　3600円
トゥキュディデス　歴史（全2冊・完結）
1　藤縄謙三訳　4200円
2　城江良和訳　4400円
ピロストラトス／エウナピオス　哲学者・ソフィスト列伝　戸塚七郎・金子佳司訳　3700円
ピロストラトス　テュアナのアポロニオス伝（全2冊）
1　秦　剛平訳　3700円
ピンダロス　祝勝歌集／断片選　内田次信訳　4400円
フィロン　フラックスへの反論／ガイウスへの使節　秦　剛平訳　3200円
プラトン　エウテュデモス／クレイトポン　朴　一功訳　2800円
プラトン　饗宴／パイドン　朴　一功訳　4300円
プラトン　ピレボス　山田道夫訳　3200円
プルタルコス　英雄伝（全6冊）
1　柳沼重剛訳　3900円
2　柳沼重剛訳　3800円
3　柳沼重剛訳　3900円
4　城江良和訳　4600円
プルタルコス　モラリア（全14冊）
1　瀬口昌久訳　3400円
2　瀬口昌久訳　3300円
3　松本仁助訳　3700円

西洋古典叢書 [第 I ～ IV 期、2000 ～ 2016] 既刊全 126 冊(税別)

【ギリシア古典篇】

アイスキネス　弁論集　木曾明子訳　　4200 円
アキレウス・タティオス　レウキッペとクレイトポン　中谷彩一郎訳　　3100 円
アテナイオス　食卓の賢人たち(全 5 冊・完結)
　1　柳沼重剛訳　　3800 円
　2　柳沼重剛訳　　3800 円
　3　柳沼重剛訳　　4000 円
　4　柳沼重剛訳　　3800 円
　5　柳沼重剛訳　　4000 円
アラトス/ニカンドロス/オッピアノス　ギリシア教訓叙事詩集　伊藤照夫訳　　4300 円
アリストクセノス/プトレマイオス　古代音楽論集　山本建郎訳　　3600 円
アリストテレス　政治学　牛田徳子訳　　4200 円
アリストテレス　生成と消滅について　池田康男訳　　3100 円
アリストテレス　魂について　中畑正志訳　　3200 円
アリストテレス　天について　池田康男訳　　3000 円
アリストテレス　動物部分論他　坂下浩司訳　　4500 円
アリストテレス　トピカ　池田康男訳　　3800 円
アリストテレス　ニコマコス倫理学　朴　一功訳　　4700 円
アルクマン他　ギリシア合唱抒情詩集　丹下和彦訳　　4500 円
アルビノス他　プラトン哲学入門　中畑正志編　　4100 円
アンティポン/アンドキデス　弁論集　高畠純夫訳　　3700 円
イアンブリコス　ピタゴラス的生き方　水地宗明訳　　3600 円
イソクラテス　弁論集(全 2 冊・完結)
　1　小池澄夫訳　　3200 円
　2　小池澄夫訳　　3600 円
エウセビオス　コンスタンティヌスの生涯　秦　剛平訳　　3700 円
エウリピデス　悲劇全集(全 5 冊・完結)
　1　丹下和彦訳　　4200 円
　2　丹下和彦訳　　4200 円
　3　丹下和彦訳　　4600 円
　4　丹下和彦訳　　4800 円
　5　丹下和彦訳　　4100 円
ガレノス　解剖学論集　坂井建雄・池田黎太郎・澤井　直訳　　3100 円
ガレノス　自然の機能について　種山恭子訳　　3000 円
ガレノス　身体諸部分の用途について(全 4 冊)
　1　坂井建雄・池田黎太郎・澤井　直訳　　2800 円
ガレノス　ヒッポクラテスとプラトンの学説(全 2 冊)
　1　内山勝利・木原志乃訳　　3200 円
クセノポン　キュロスの教育　松本仁助訳　　3600 円
クセノポン　ギリシア史(全 2 冊・完結)
　1　根本英世訳　　2800 円
　2　根本英世訳　　3000 円
クセノポン　小品集　松本仁助訳　　3200 円
クセノポン　ソクラテス言行録(全 2 冊)